高等职业教育系列教材

U0738023

校企合作｜产教融合｜理论与实践相结合

自动化生产线
典型应用项目教程

主　编｜姜　颖

副主编｜杨文婧

参　编｜李红伟

机械工业出版社

CHINA MACHINE PRESS

本书是以自动化生产线典型应用案例为基础，与装备制造业系统集成企业深度合作，依据企业实际项目开发过程编写的项目式教程。本书内容涵盖 PLC 硬件组态、PLC 程序设计、伺服驱动系统调试、变频器调试、ABB 工业机器人编程与操作、NX MCD 虚拟仿真调试等，所有内容通过项目方式进行组织，包含项目描述、相关知识、项目要求和项目实施等环节，其后还附有注意事项和问题与思考。书中每个项目均可独立进行设计、开发、调试和运行。

本书既可作为高等职业教育专科和本科自动化类专业的教材，也可作为电气工程技术人员的技术参考书。

本书配有微课视频，可扫描书中二维码直接观看，还配有电子课件及全部工程项目源代码，需要的教师可登录 www.cmpedu.com 免费注册，审核通过后下载，或联系编辑索取（微信：13261377872，电话：010-88379739）。

图书在版编目（CIP）数据

自动化生产线典型应用项目教程 / 姜颖主编.
北京：机械工业出版社，2025. 7. --（高等职业教育系列教材）. -- ISBN 978-7-111-78405-0

I. TP278

中国国家版本馆 CIP 数据核字第 2025BE5723 号

机械工业出版社（北京市百万庄大街 22 号　邮政编码 100037）
策划编辑：曹帅鹏　　　　　　　　　责任编辑：曹帅鹏　戴　琳
责任校对：张勤思　王小童　景　飞　责任印制：单爱军
北京盛通数码印刷有限公司印刷
2025 年 7 月第 1 版第 1 次印刷
184mm × 260mm · 15 印张 · 370 千字
标准书号：ISBN 978-7-111-78405-0
定价：59.00 元

电话服务　　　　　　　网络服务
客服电话：010-88361066　机　工　官　网：www.cmpbook.com
　　　　　010-88379833　机　工　官　博：weibo.com/cmp1952
　　　　　010-68326294　金　　书　　网：www.golden-book.com
封底无防伪标均为盗版　机工教育服务网：www.cmpedu.com

Preface

前　言

　　我国装备制造领域各行业正在飞速发展，不论是产业技术，还是设备的应用，都已经超前于普通高等教育和职业教育，并非是教育引领着企业的发展，而是企业率先走在了教育的前头。部分学校课程的开展还停留在基础理论的讲解和虚拟仿真的验证层面。所以，教材作为学校培养人才的指导性材料，其内容必须依托行业领域分析、岗位需求调研及行业企业深度合作等方式进行搭建、重构或更新。

　　本书就是将装备制造企业中的真实生产项目、典型工作任务、工程实践案例进行拆解重构，将典型应用项目构建为模块化教学单元，便于师生根据实际需要灵活选用。本书对接行业标准和专业教学标准，将岗位典型工作任务所需的理论知识、操作技能及职业规范等有机融合，以学生为中心、以能力培养为目标设计教学模块，并秉承着 EPIP（工程实践创新项目）的核心思想，即真实性、完整性来设计教学单元，使学生学会解决"真实"的问题、"实际"的问题，能够在真实世界和现实生活中得心应手地工作、生活。

　　本书共 10 个项目，以自动化生产线典型应用案例为基础，与装备制造业系统集成企业深度合作，依据企业实际项目开发过程进行编写，贴近生产实际。内容涵盖 PLC 硬件组态、PLC 程序设计、伺服驱动系统调试、变频器调试、ABB 工业机器人编程与操作、NX MCD 虚拟仿真调试等，所有内容通过项目的方式进行组织，包含项目描述、相关知识、项目要求和项目实施等环节，其后还附有注意事项和问题与思考。书中每个项目均可独立进行设计、开发、调试和运行。

　　本书所有 PLC 应用项目均在博途 V16.0 环境下调试运行通过，虚拟仿真项目均在 NX 2312 环境下调试运行通过，并配有相应的微课视频、电子课件及全部工程项目源代码，供读者使用。

　　本书编写分工如下：姜颖编写项目 1 和项目 5 ~ 8，杨文婧编写项目 2、3、9、10，李红伟编写项目 4。全书由姜颖统稿。本书能够顺利出版，要感谢天津机电职业技术学院的老师与肯拓（天津）智能制造有限公司的领导给予的大力支持和帮助。

　　由于时间仓促，书中难免存在不妥之处，敬请各位读者批评指正。

编　者

二维码清单

名称	图形	名称	图形
1-1 PLC 硬件组态及下载（方法一）		3-3 自动化生产线供料站项目实施程序讲解	
1-2 PLC 硬件组态及下载（方法二）		4-1 S7-1200 PLC 脉冲发生器控制直流电机	
1-3 PLC 项目上传		4-2 S7-1200 PLC 高速计数器的应用	
1-4 PLCSIM 应用（方法一）		4-3 自动化生产线皮带分拣单元项目实施	
1-5 PLCSIM 应用（方法二）		4-4 自动化生产线皮带分拣单元项目实施组态	
1-6 纯净水自动化生产线项目实施硬件组态		4-5 自动化生产线皮带分拣单元项目实施程序讲解	
2-1 PLC 常用硬件配置设置		5-1 PID 组态与参数设置	
2-2 自动化生产线指示灯控制综合应用项目实施		5-2 S7-1200 模拟量应用	
2-3 自动化生产线指示灯控制综合应用项目实施程序讲解		5-3 自动化生产线温度模块 PID 调节项目实施	
3-1 自动化生产线供料站项目实施		5-4 自动化生产线温度模块 PID 调节项目实施程序讲解	
3-2 自动化生产线供料站硬件组态		6-1 S7-1200 PLC S7 通信	

（续）

名称	图形	名称	图形
6-2　S7-1200 PLC PROFINET 智能 IO 自由口通信		7-5　G120 变频器模拟量信号输入实现电机调速面板参数设置	
6-3　S7-1200 PLC Modbus TCP 通信程序讲解		7-6　G120 变频器 PN 通信实现电机调速组态	
6-4　S7-1200 PLC Modbus TCP 通信组态		7-7　G120 变频器 PN 通信实现电机调速程序讲解	
6-5　S7-1200 PLC Modbus TCP 通信现场调试		8-1　自动化生产线伺服驱动典型应用项目实施	
6-6　自动化生产线网络通信典型应用项目实施		8-2　自动化生产线伺服驱动典型应用项目实施硬件组态	
6-7　自动化生产线网络通信典型应用组态		8-3　自动化生产线伺服驱动典型应用项目实施程序讲解	
6-8　自动化生产线网络通信典型应用程序讲解		9-1　创建 ABB 机器人虚拟工作站	
7-1　G120 变频器项目要求		9-2　自动化生产线 ABB 工业机器人综合应用项目实施	
7-2　G120 变频器数字量驱动控制电机调速程序讲解		9-3　自动化生产线 ABB 工业机器人综合应用程序讲解	
7-3　G120 变频器数字量驱动控制电机调速项目 BOP 面板参数设置		10-1　自动化生产线虚拟仿真技术应用项目实施	
7-4　G120 变频器模拟量信号输入实现电机调速程序讲解		10-2　自动化生产线虚拟仿真技术应用讲解	

目 录 Contents

项目 8 / 自动化生产线伺服驱动典型应用 ········· 136

项目 9 / 自动化生产线 ABB 工业机器人综合应用 ··· 158

项目 10 / 自动化生产线虚拟仿真技术应用 ········· 196

参考文献 / ················· 231

项目 1 自动化生产线 PLC 硬件组态应用

【知识目标】

1. 了解自动化生产线的基本概念。
2. 熟悉西门子 PLC 硬件组态方法。
3. 熟悉西门子 PLC 上传、下载的应用。

【能力目标】

1. 掌握博途软件的基本操作方法。
2. 掌握西门子 PLC 硬件组态的方法。
3. 掌握西门子 PLC 上传、下载的方法。
4. 能够完成自动化生产线系统多台西门子 PLC 硬件组态。

【素养目标】

1. 培养严谨认真、实事求是的工作态度。
2. 培养自主学习的能力，以及主动获取知识、分析问题的能力。

1.1 项目描述

自动化生产线是在工业生产中应用各种自动化设备和技术，实现产品自动化加工和生产的自动控制系统。自动化生产线通过集成先进的自动化设备、智能机器人、传感器以及计算机控制系统，实现了生产过程的高度自动化。这种生产系统能够将原材料或零部件从仓库自动输送到生产线上，经过一系列加工工序，最终完成产品的包装和运输。在整个过程中，自动化设备如 PLC、机器人、传送带、自动检测设备等发挥着关键作用，而工人的主要任务则转变为监控、调整和管理生产线的运行。

自动化生产线的开发流程是根据客户提出的要求，通过虚拟仿真技术对生产线进行设计，通过虚拟仿真软件进行系统前期不同方案的仿真模拟来决定最优方案。装配调试工程师根据仿真模拟进行硬件设计，通过装配来对设备进行整体的搭建及调试。网络技术工程师进行网络搭建并将其用于生产线的上位系统，用于 PLC 和其他硬件设备的通信以及数据传输。电气工程师对生产线进行程序的编写及调试，调试完成并能够连续稳定运行后将成品交付给客户。自动化生产线开发流程如图 1-1 所示。

电气工程师设计软件的流程如下：

1）了解现场设备和控制需求，包括设备的机械结构、工作原理、电气控制电路接线。掌握设备的输入信号接到 PLC 的哪个输入点，哪一个动作对应哪个输出来进行控制，掌握现场设备的控制动作及运行流程。

2）根据现场的 PLC 型号进行硬件组态，并进行对应的参数设置，包括 I/O 地址、IP 地址、通信通道等，根据1）对设备的了解以及设备的工作流程进行程序编写，之后进行程序下载调试。

3）对在完成1）、2）过程中产生的技术文档、图片和视频资料、客户验收报告及最终程序等进行归档整理。

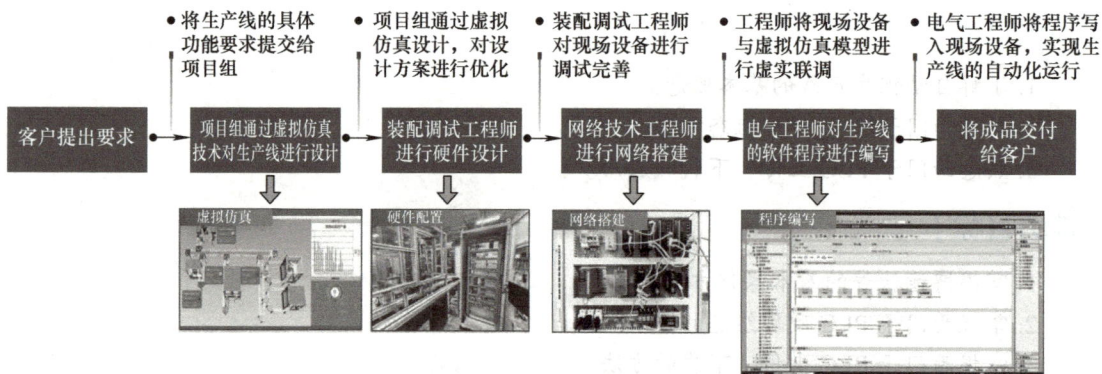

图 1-1　自动化生产线开发流程

在这里，要特别强调一下硬件组态。在工业现场、试验（调试）现场中如何正确组态硬件和软件，如何高效地进行硬件（软件）组态上传、下载，如何利用编译环境对软硬件资源进行仿真是学习工业自动化、调试自动化生产线的必要且重要的环节。

本项目主要演示自动化生产线中多台 PLC 硬件组态过程及上传、下载的方法和启动仿真。

1.2　相关知识

在工业控制领域，自动化生产线控制系统中，都需要进行 PLC 硬件组态及下载程序。本项目的相关知识包括博途的常用操作、PLC 硬件组态编译及下载、PLC 项目上传、PLCSIM 的应用。

1.2.1　博途常用操作

博途软件，全称为 TIA 博途全集成自动化软件，它整合了 PLC 编程、HMI 组态、运动控制等诸多功能，让工程师可在同一平台完成项目开发各环节，无须切换软件，大幅提升了效率。

博途软件支持多种编程语言，适配西门子多款控制器，满足多样化编程需求，可通过强大的仿真调试工具，提前查错，减少现场调试风险。其版本多样，涵盖基础版到专业版，小型项目、复杂工业场景都有对应的选择，在制造、能源、化工等领域都有广泛应用，堪称工业自动化的得力助手。本书全部实训项目在博途 V16.0 版本下完成。

打开博途软件，双击项目树中的"设备和网络"项，如图 1-2 所示，打开硬件和网络编辑器。硬件和网络编辑器是一个集成开发环境，用于对设备和模块进行组态、联网和参数分配。自动化项目的常用硬件操作基本上都在该编辑器上实现。

图 1-2　项目视图（设备和网络）

如图 1-3 所示，在"硬件目录"中进行 PLC 选型，在"属性"→"常规"选项卡中进行硬件设置。

图 1-3　硬件和网络编辑器

硬件和网络编辑器为项目提供了三种不同的视图。用户可以根据需求，在设备视图中实现单个设备或组态模块的编辑，在网络视图中实现设备之间连接的配置，在拓扑视图中实现整个网络和设备的组态以及项目管理等操作，可以随时在这三个视图间切换。巡视窗口包含当前选中对象的相关信息。在此处可更改选中对象的设置。

可将自动化系统所需的设备和模块从硬件目录拖到设备视图、网络视图或拓扑视图中。

此外，还可以根据需求修改梯形图程序设计字体。如图 1-4 所示，首先单击"设置"，然后单击"选项"找到"PLC 编程"→"LAD/FBD（梯形图 / 功能块图）"→修改字体。

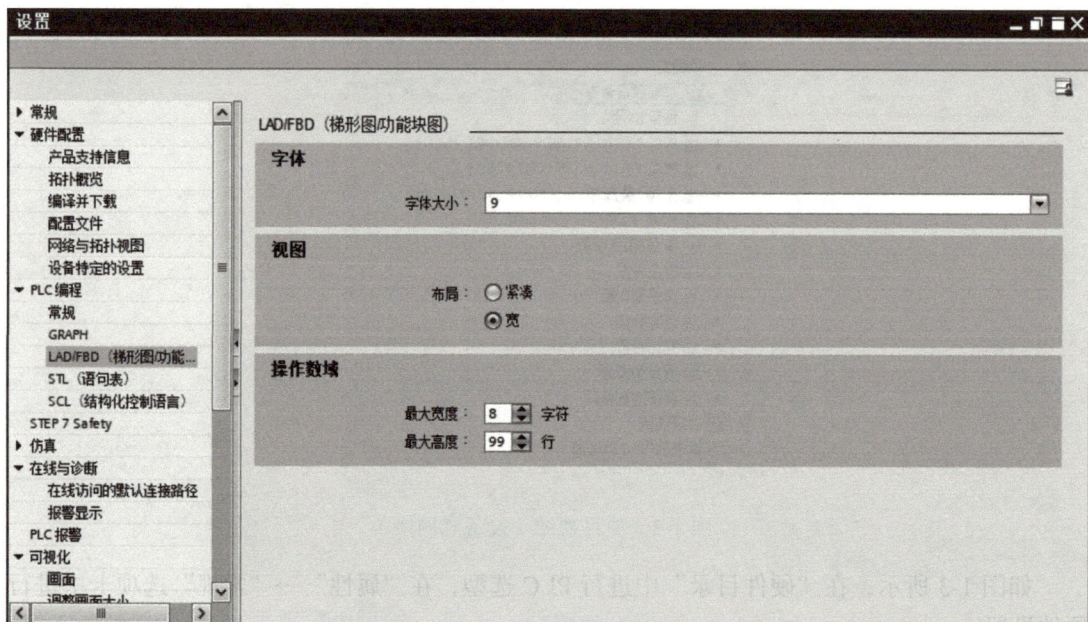

图 1-4　修改字体

利用垂直拆分编辑器空间可以一边监视程序的执行，一边进行程序的修改，如图 1-5 所示。

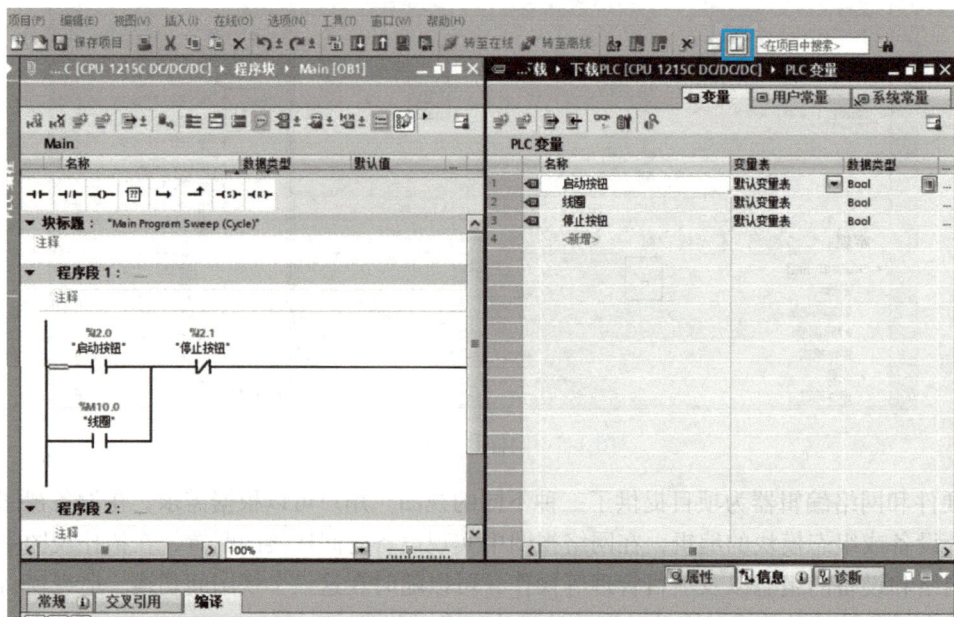

图 1-5　打开垂直拆分编辑器空间

1.2.2 PLC 硬件组态方法

1. PLC 组态方法一（远程办公或者工业现场可用）

1）打开编程软件。在桌面上双击"TIA Portal V16"图标，如图 1-6 所示。

2）新建项目。打开博途软件后，弹出图 1-7 所示对话框。在对话框中单击"创建新项目"，在"创建新项目"界面中根据需要修改项目名称；通过"路径"选项可以修改程序在硬盘中存储的位置，并标明作者、注释等信息。项目名称、注释等信息编写完成后，单击"创建"按钮，创建项目，如图 1-7 所示。

图 1-6　软件图标

1-1　PLC 硬件组态及下载（方法一）

图 1-7　新建项目界面

3）组态设备。组态的顺序一般是先组态硬件设备，再创建程序。在"新手上路"界面中，单击"组态设备"按钮，如图 1-8 所示，进入"项目视图"界面。

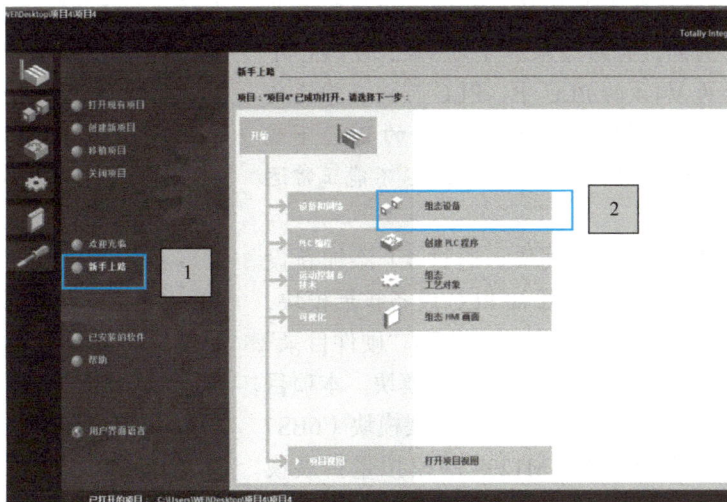

图 1-8　新建设备组态

4）在"项目视图"界面中单击"添加新设备"按钮，选择"控制器"图标，单击"SI-MATIC S7-1200"前面的 ▶，然后单击"CPU"前面的 ▶，按照工业现场、试验现场外部硬件和订货号选择相应的 CPU 型号。

这里以设备 CPU1215C DC/DC/DC、订货号 6ES7 215-1AG40-0XB0 为例。选择相应订货号的 CPU 后，选择对应的版本号为 V4.4，然后单击右下方"添加"按钮或双击订货号完成硬件组态。设备名称默认为"PLC_1"，可以根据需要修改设备名称，如图 1-9 所示。

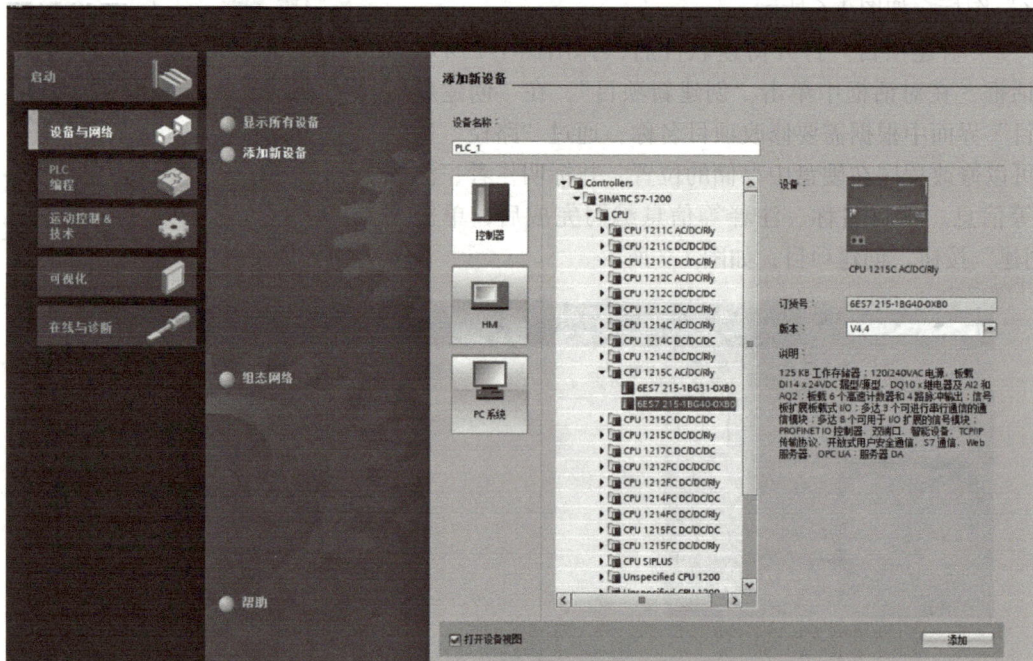

图 1-9 "项目视图"界面

注意：组态 PLC 的版本号，一定要根据工业、试验现场中 PLC 的硬件版本号选择。PLC 的硬件版本号是向下兼容的。例如，将组态版本号为 V4.2 的 PLC 下载到硬件版本号为 V4.4 的 PLC 中，PLC 可以正常运行且不会报错；反之，将组态版本号为 V4.4 的 PLC 下载到硬件版本号为 V4.2 的 PLC 中，此时 PLC 不能正常运行且会报错。

5）添加 PLC 的 IO 扩展模块。通过 4）添加新设备后，进入新项目视图界面，添加 PLC 设备扩展模块，如图 1-10 所示。在新项目视图界面中找到"硬件目录"窗口，根据扩展类型及订货号，添加扩展模块。本项目中分别添加了型号为 SM1223 的数字量扩展模块（6ES7 223-1PH32-0XB0）和型号为 SM1234 的模拟量扩展模块（6ES7 234-4HE32-0XB0）。在"硬件目录"中找到该订货号的设备，如图 1-11 所示，然后单击并拖拽设备，分别添加至设备视图中 CPU 右侧 2 号槽位置与 3 号槽位置（若没有 IO 扩展模块，跳过此步）。

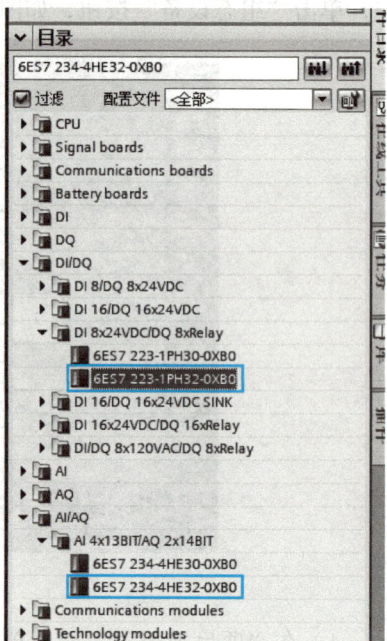

图 1-10 添加 PLC 设备扩展模块

注意：根据添加模块的不同类型、订货号及平台设备槽位置顺序，添加对应的扩展模块。添加模块完成后，需要注意各个模块的 I 地址与 Q 地址，在编程时需要硬件与组态的地址对应。

在图 1-11 所示设备概览的位置可以修改 I/O 地址。

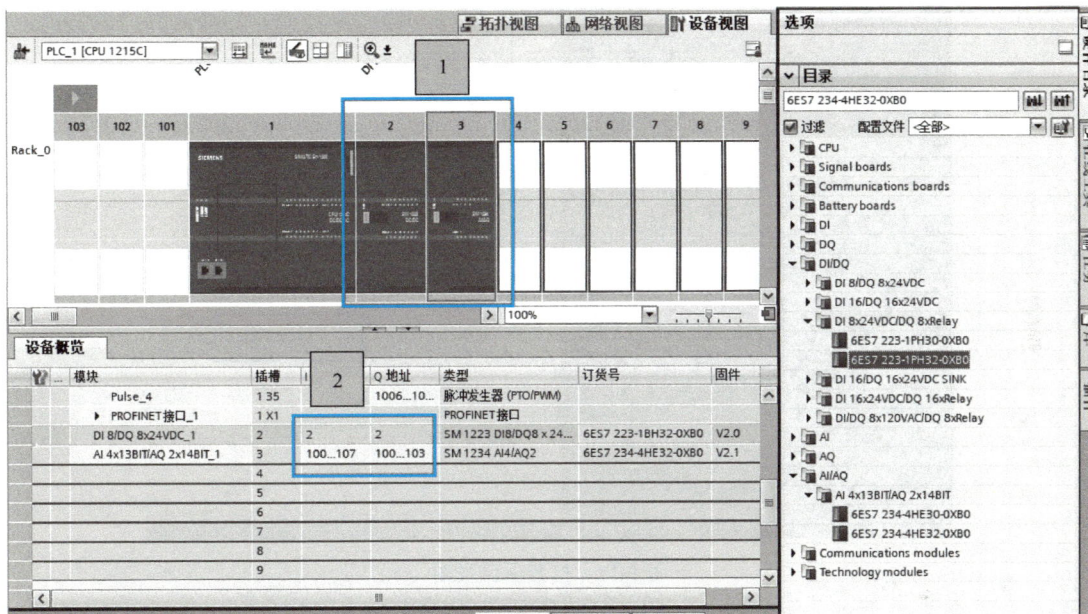

图 1-11　硬件目录窗口

2. PLC 组态方法二（工业现场高效组态）

该方法仅适用于在工业现场、试验现场进行快速组态，不适用于远程办公。

1）打开编程软件。方法同 PLC 组态方法一。

2）新建项目。方法同 PLC 组态方法一。

3）单击"打开项目视图"，如图 1-12 所示。进入项目视图后，在项目树上添加新设备，如图 1-13 所示。

1-2　PLC 硬件组态及下载
（方法二）

4）在项目视图"设备和网络"界面中单击"添加新设备"按钮，选择"控制器"图标，单击"SIMATIC S7-1200"前面的 ▶，然后单击"CPU"前面的 ▶，如图 1-14 所示。

这里以非特定的 CPU 1200、订货号 6ES7 2XX-XXXXX-XXXX 为例。选择相应订货号的 CPU 后，选择对应的版本号为 V4.4，然后单击右下方"确定"按钮或双击订货号完成硬件组态。设备名称默认为"PLC_1"，可以根据需要修改设备名称。

5）如图 1-15 所示，先单击"获取"，然后在检测界面中选择 PG/PC 接口类型为"PN/IE"，PG/PC 接口选择对应的网卡即可，单击"开始搜索"，选择要下载的目标设备，最后单击"检测"按钮，即可完成设备的正确添加，如图 1-16 所示。在 PLC 的检测界面中，会检测出 PLC 主 CPU、PLC 拓展模块。

注意：需要在 PC 和 PLC 端设置相同网段的 IP 地址，否则会导致检测 PLC 失败。

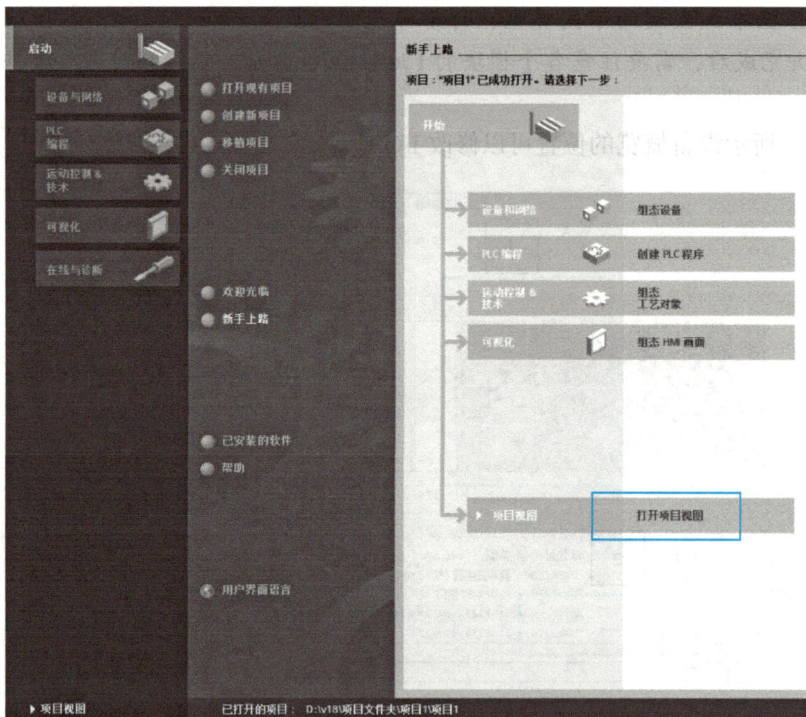

图 1-12　打开项目视图

图 1-13　项目视图（项目树）

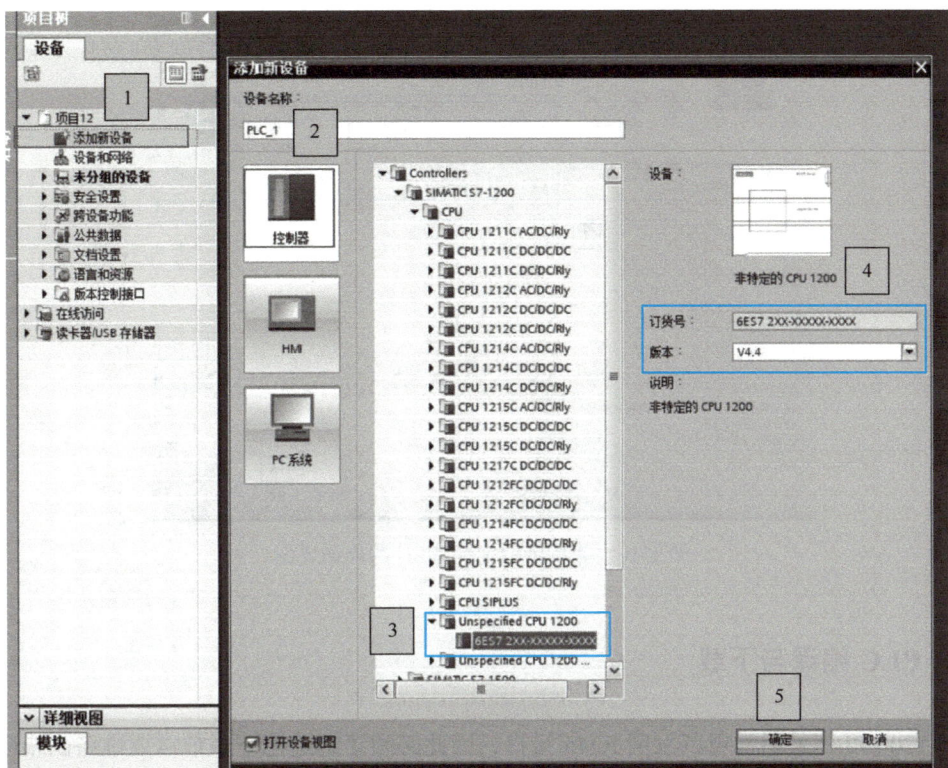

图 1-14　添加新设备

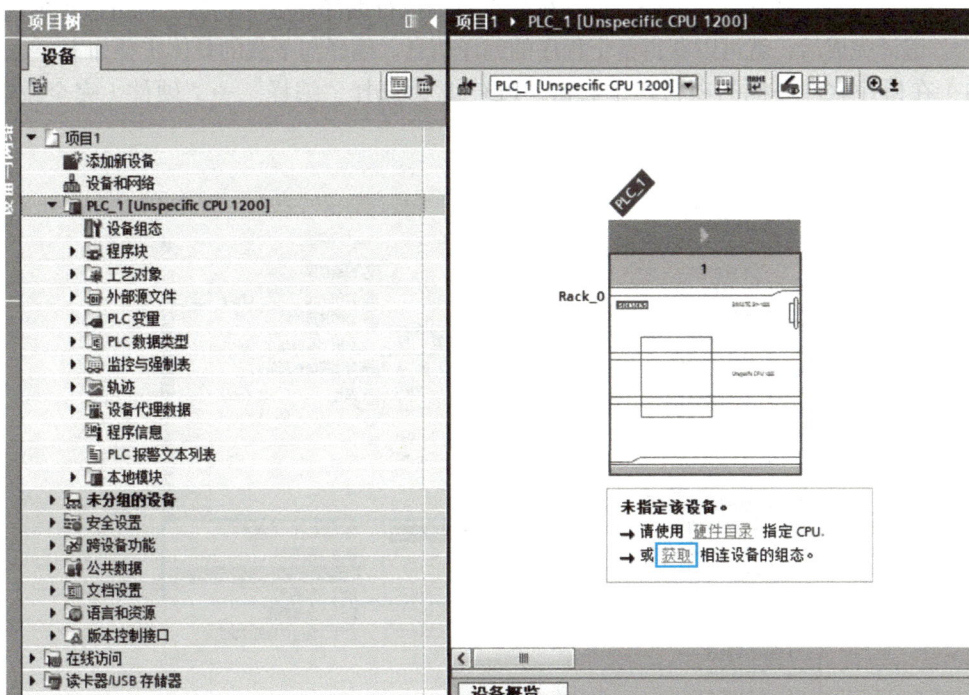

图 1-15　非特定的 1200 PLC

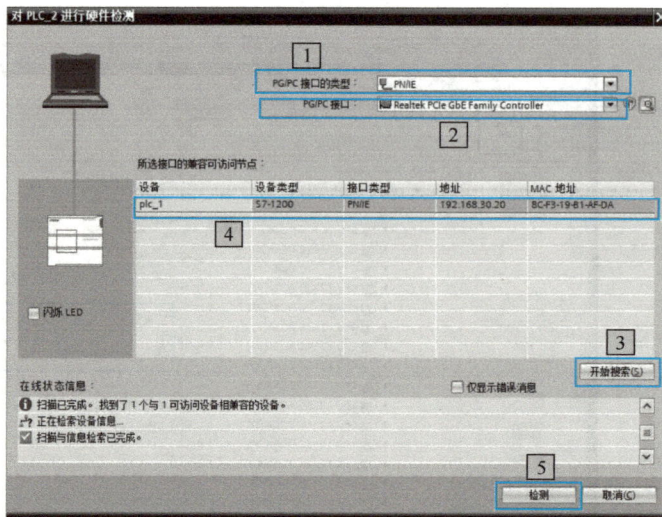

图 1-16　非特定的 1200 PLC 的检测界面

1.2.3　PLC 编译与下载

S7-1200 PLC 采用常规以太网 RJ45 接口，因此必须了解组态下载前需要准备的步骤。首先需要用一根网线连接 PC 和 PLC 网口，并在 PC 和 PLC 端设置相同网段的 IP 地址。在编辑阶段只是完成了基本编辑语法的输入验证，要实现程序的可行性还必须执行编译命令。一般情况下，用户可以直接选择下载命令，博途软件会自动执行编译命令。当然，也可以单独选择编译命令。编译完成后，就可以获得整个程序的编译信息。编译与下载的具体步骤如下：

1）在博途软件左侧的项目树中右击"PLC_1"，选择"编译"→"硬件（完全重建）"，如图 1-17 所示。

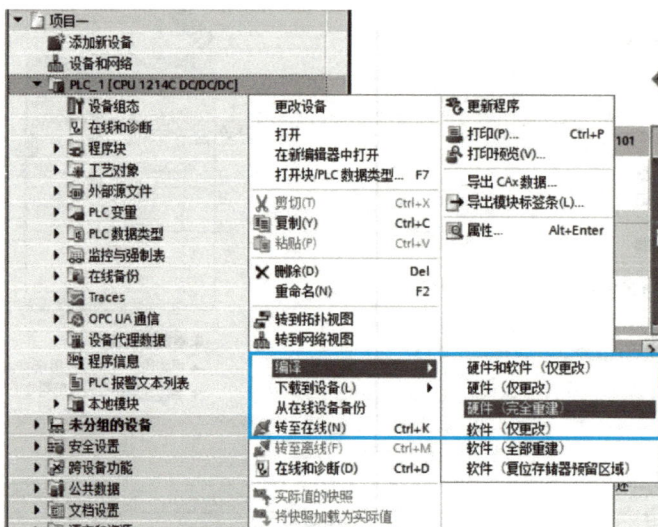

图 1-17　硬件组态编译

2）编译完成后，在博途软件左侧的项目树中右击"PLC_1"，分别选择"下载到设备"→"硬件配置"和"下载到设备"→"软件（全部下载）"，如图 1-18 所示，完成 PLC 下载。

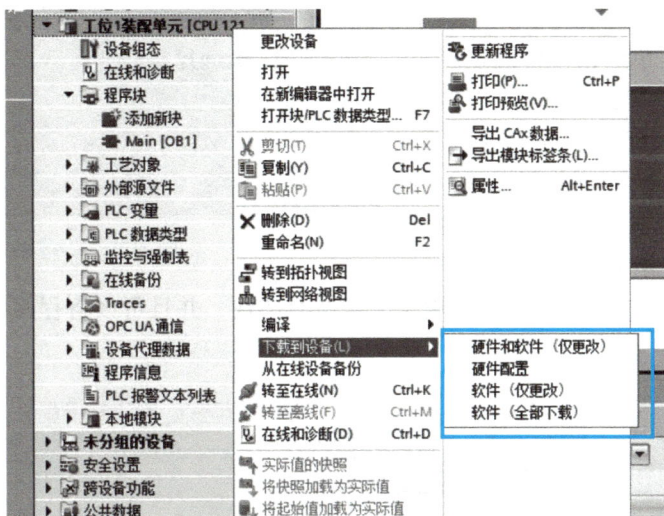

图 1-18　PLC 的软硬件单独下载

"下载到设备"选项下有 4 个子选项："硬件和软件（仅更改）"，硬件部分一般包括硬件组态及网络等信息，软件主要包括更改的当前程序信息及块信息等；"硬件配置"，只会下载硬件项目数据；"软件（仅更改）"，仅下载更改的块的信息；"软件（全部下载）"，将下载所有的块，并且所有的值都会复位为初始的状态。

3）设置设备 PLC 通信接口。选择 PG/PC 接口类型为"PN/IE"，并选择"显示所有兼容的设备"。若"目标子网中的兼容设备"中没有任何显示，可单击"开始搜索"按钮重新搜索兼容设备，如图 1-19 所示。

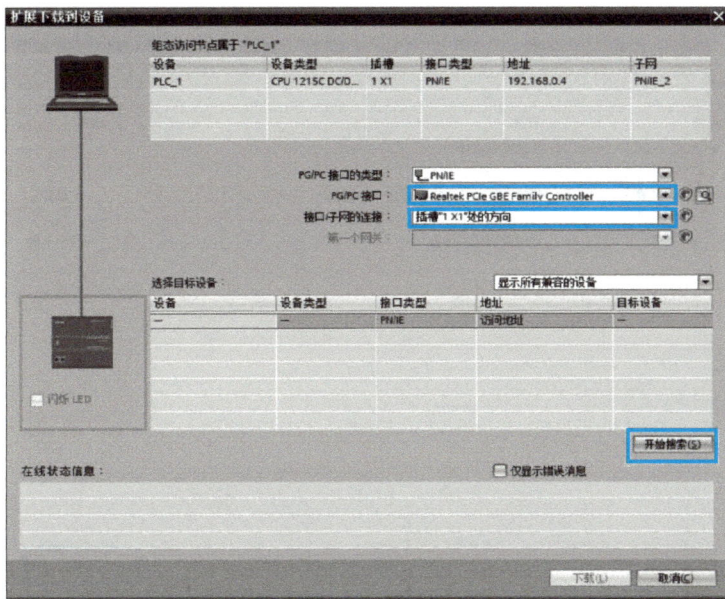

图 1-19　PLC 通信连接

选择可访问的设备，单击"下载"按钮，下载程序之前软件会自动进行编译组态，如图 1-20 所示。

除了用上述方法可以下载，在菜单栏"在线"下拉菜单中，也可以选择下载的选项，如"下载到设备""扩展的下载到设备"及"下载并复位 PLC 程序"，如图 1-21 所示。"下载到设备"的功能相当于下载按钮，"扩展的下载到设备"一般用于初次下载或者需要重新设置接口时，"下载并复位 PLC 程序"用于下载所有的块，并且可以将程序中所有的过程值进行复位。

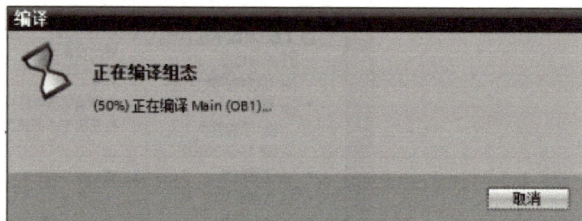

图 1-20 等待编译

图 1-21 PLC 下载的多个选项

4）下载检查完成后，单击"下载"按钮，开始下载，如图 1-22 所示。

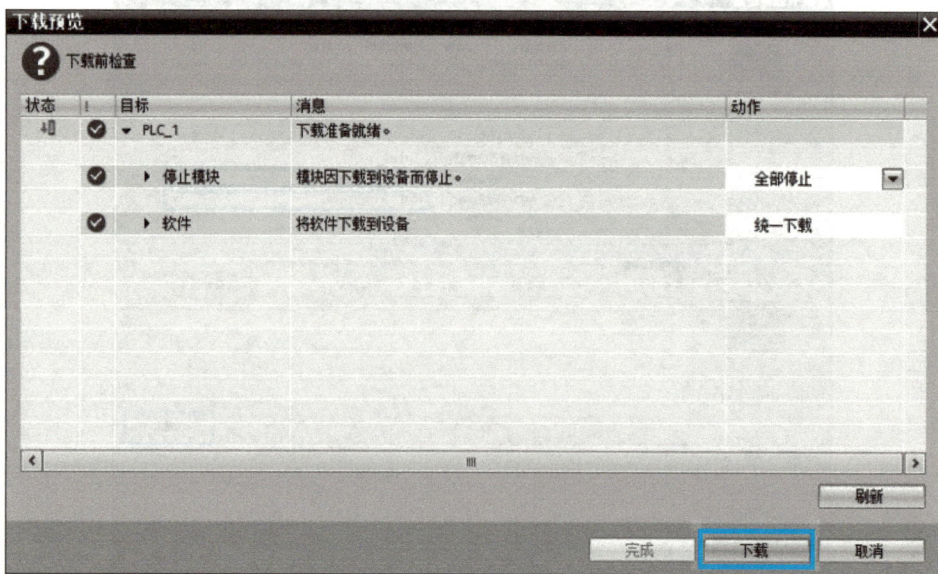

图 1-22 下载预览

5）下载完成后，单击"完成"按钮，如图 1-23 所示。

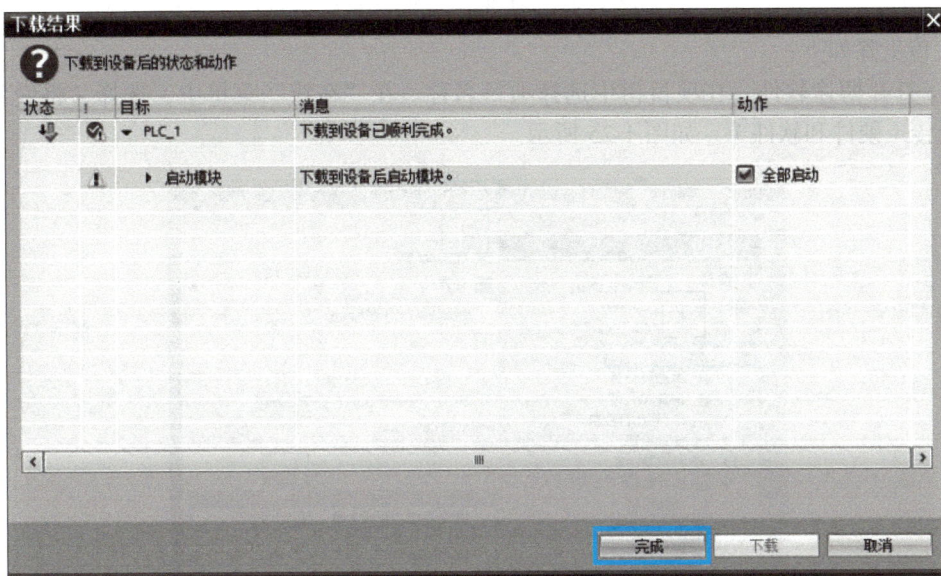

图 1-23　下载完成

6）PLC 转至在线后所有指示灯全为绿色，表示硬件组态成功，如图 1-24 所示。

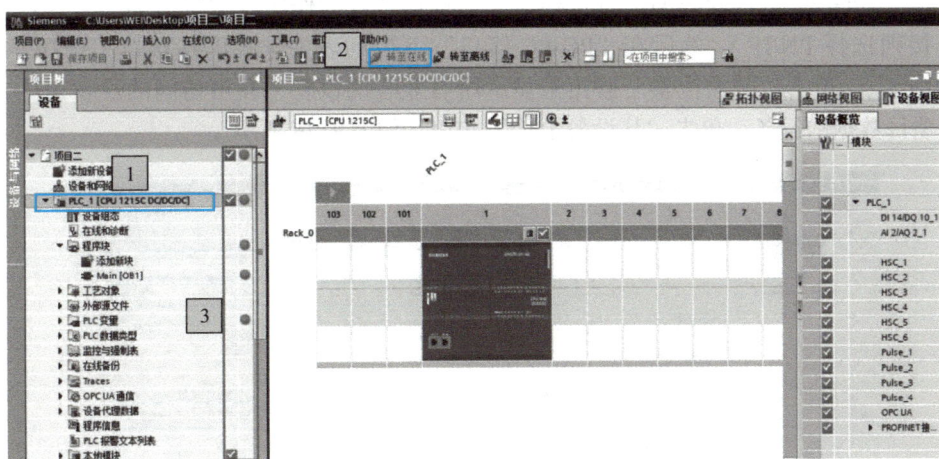

图 1-24　PLC 转至在线后所有指示灯全为绿色

1.2.4　PLC 项目上传

　　PLC 项目的上传，是将 PLC 的硬件组态及程序上传至计算机博途软件的项目视图中，可以使工程师能够在不清楚现场真实设备的情况下，第一时间了解现场 PLC 的硬件组态与程序，并进行程序更改，完成项目要求。

　　S7-1200 PLC 用户经常会用到将项目中的程序或者硬件组态上传等功能，有多种方式可以上传，比较常用的一种方式是获取非特定的用户，在

1-3　PLC 项目
上传

使用该功能时，通过新添加设备选择非特定的 S7-1200 PLC。这时需要注意：选择的版本号必须与使用的版本号一致，否则将不能实现将设备的硬件组态及程序上传等操作。

上传步骤如下：

1）打开博途软件，在项目树中选择项目名称。在"在线"菜单中，选择"将设备作为新站上传（硬件和软件）"，如图 1-25 所示。

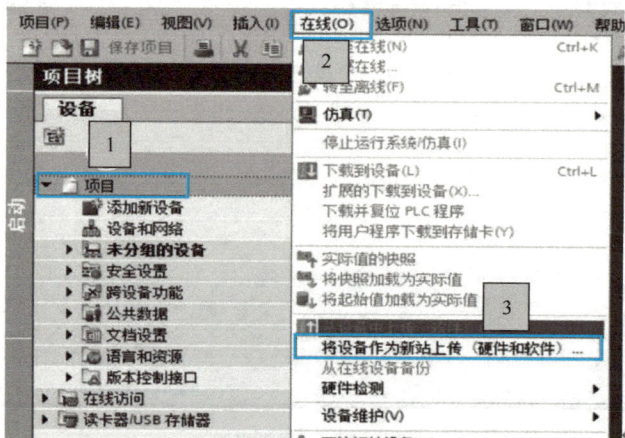

图 1-25　将设备作为新站上传（硬件和软件）

2）在"PG/PC 接口的类型"下拉列表中，选择装载操作所需的接口类型（计算机使用网线连接则选择 PN/IE）。然后在"PG/PC 接口"下拉列表中选择网络接口（选择 PC 连接 PLC 的网卡），单击"开始搜索"按钮来显示所有兼容的设备，在可访问的设备表中，选择要上传项目数据的设备。单击"从设备上传"按钮，如图 1-26 所示。

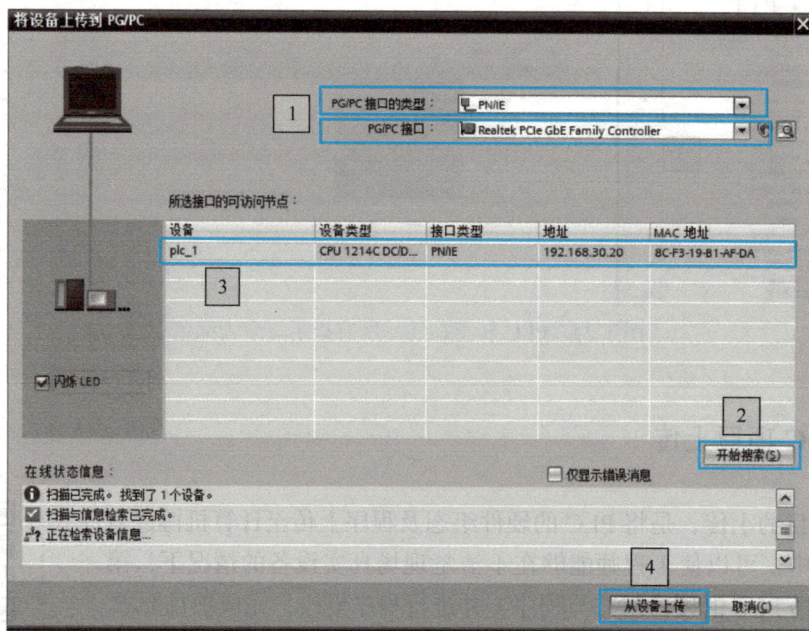

图 1-26　将设备上传到 PG/PC

3）上传成功后，可以获取 CPU 完整的硬件配置和软件，如图 1-27 所示。

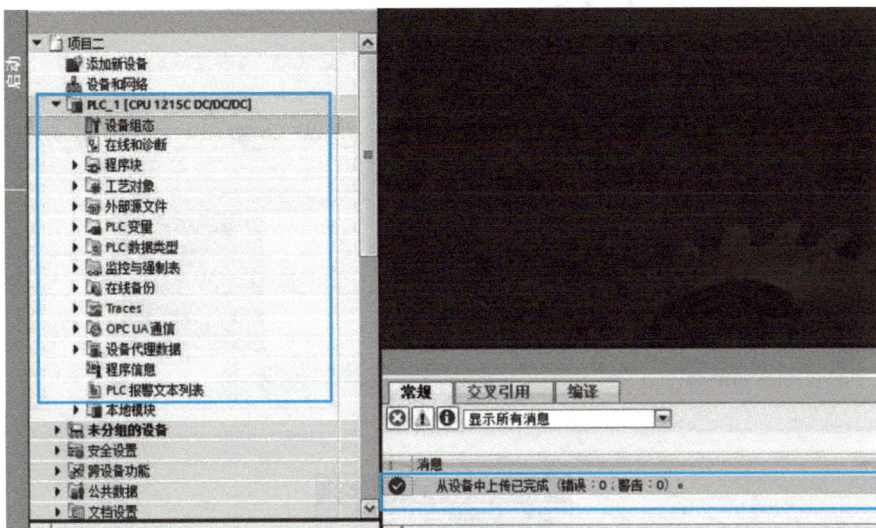

图 1-27　上传成功

1.2.5　PLCSIM 应用

S7-PLCSIM 是西门子 PLC 自带的仿真工具，我们可以利用仿真检查程序是否有逻辑错误。

S7-PLCSIM 支持在不使用实际硬件的情况下调试和验证单个 PLC 程序，允许用户使用所有 S7-1200 调试工具，其中包括监视表、程序状态、在线与诊断功能及其他工具。

S7-PLCSIM 还提供了特有的工具，包括 SIM 表、序列编辑器、事件编辑器和扫描控制等。

S7-PLCSIM 与博途软件中的 PLC 编程结合使用。可使用 S7-1200 虚拟 PLC 执行以下任务：①在项目视图中组态虚拟 PLC 和任何相关模块；②编写应用程序逻辑；③将硬件配置和程序下载到 S7-PLCSIM。

S7-PLCSIM 的应用有两种方法，第一种方法如下：

1）新建 PLC，单击"PLC_2[CPU1214C DC/DC/DC]"，再单击菜单栏中"启动仿真"按钮，如图 1-28 所示。

2）单击"启动仿真"按钮，先后弹出如图 1-29、图 1-30 所示的窗口。

3）PG/PC 接口默认选择 PLCSIM，此时无法连接真实 CPU，然后单击"开始搜索"按钮，选中搜索到的 CPU，最后单击"下载"按钮，弹出一个提示对话框，显示"PLC_1 可能不是一个可信任的设备"信息，如图 1-31 所示。单击"连接"按钮完成下载。

第二种方法如下：

1）在桌面上找到如图 1-32 所示的图标，双击该图标，打开如图 1-33 所示的窗口，此时 PLCSIM 的 CPU 处于未上电的状态，需要接通虚拟电源。

1-4　PLCSIM 应用（方法一）

1-5　PLCSIM 应用（方法二）

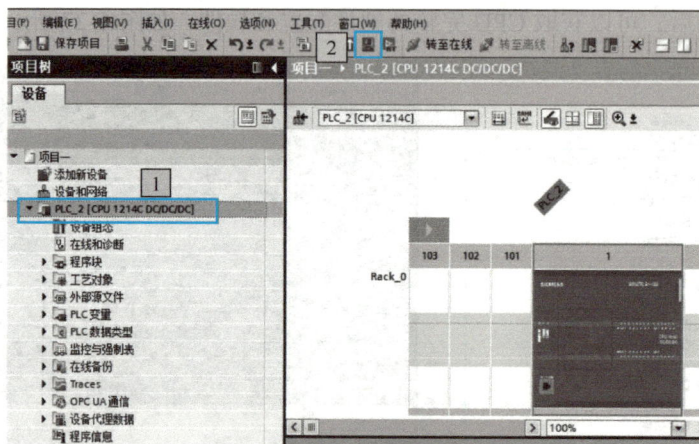

图 1-28　启动仿真

图 1-29　上电的 PLCSIM 仿真器

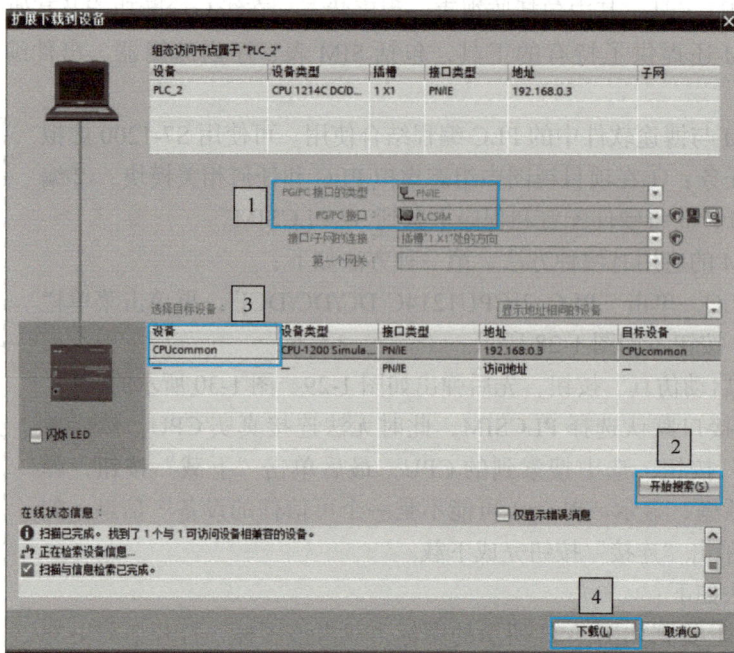

图 1-30　扩展下载到设备

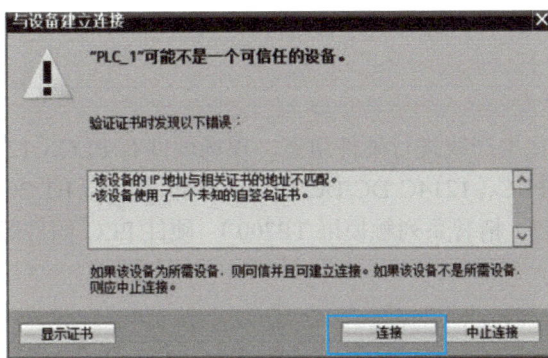

图 1-31　PLCSIM 仿真器连接

图 1-32　PLCSIM 图标

图 1-33　未上电的 PLCSIM

2）单击虚拟电源图标，即接通了 PLCSIM 的电源，如图 1-34 所示，正常下载 PLC 程序的方法与第一种方法相同。下载完成后，仿真界面如图 1-35 所示。

图 1-34　上电的 PLCSIM

图 1-35　已下载的仿真界面

3）正常监视程序和真实 CPU 基本一致。

注意：在 PLCSIM 中只能建立 2 个实例，即最多同时支持仿真 2 个 S7-1200 PLC 或者 1 个 S7-1200 PLC 和 1 个 S7-1500 PLC。

1.3　项目要求

要求对纯净水自动化生产线进行硬件组态，现场硬件有 PLC（1215C DC/DC/DC）、PLC（1215C AC/DC/RLY）、PLC（1214C DC/DC/DC）、分布式 IO（ET 200 SP）、HMI1（精智系列触摸屏 TP700）、HMI2（精智系列触摸屏 TP700），硬件 PLC 固件版本为 4.4，HMI 的版本号为 16.0.0.0。

1.4　项目实施

1.4.1　纯净水自动化生产线硬件设备上传

纯净水自动化生产线硬件设备上传步骤如下：

1）首先对编程设备进行网络设置，在 PC 的系统设置中找到控制面板→网络和 Internet→网络连接；双击以太网接口（PLC 连接的网卡），在"以太网状态"窗口中单击"属性"；在"以太网属性"窗口中双击"Internet 协议版本 4（TCP/IPv4）"，在"Internet 协议版本 4（TCP/IPv4）属性"窗口中更改 IP 地址和子网掩码，更改完成后单击"确定"按钮，如图 1-36 所示。

注意：计算机的 IP 地址要与 PLC 在同一网段。

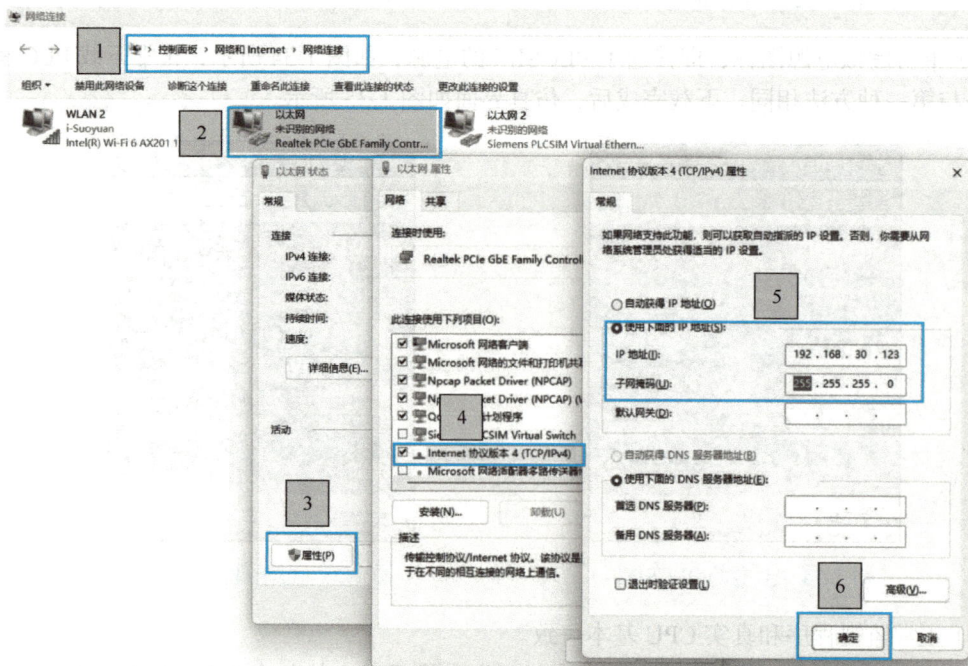

图 1-36　PC 配置 IP 地址

2）打开博途软件，单击"创建新项目"，项目名称设为"项目 1（纯净水自动化生产
线）"，单击"创建"按钮，如图 1-37 所示。弹出图 1-38 所示新手上路窗口，单击"打开项
目视图"。

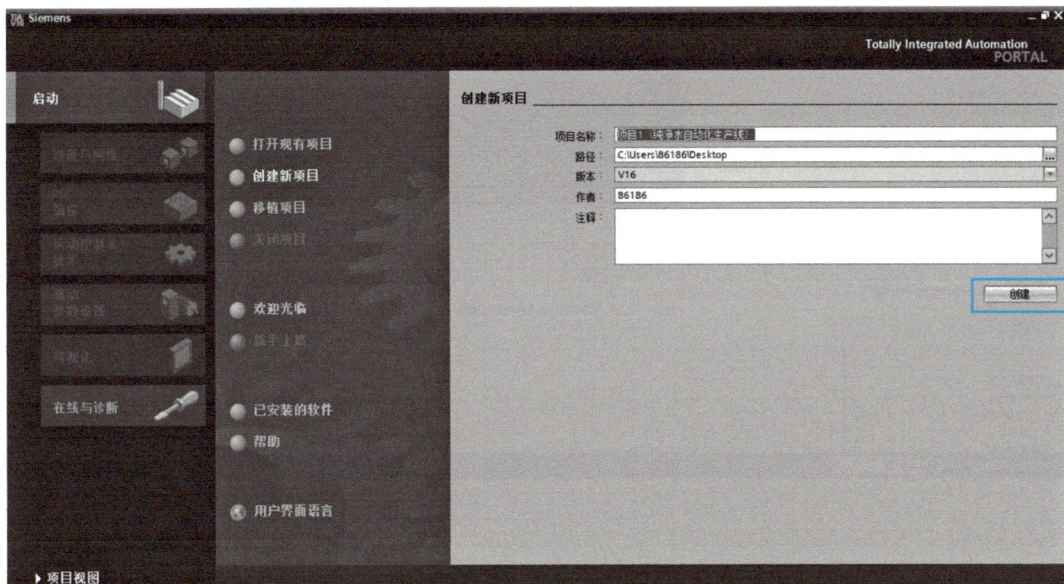

图 1-37　创建新项目

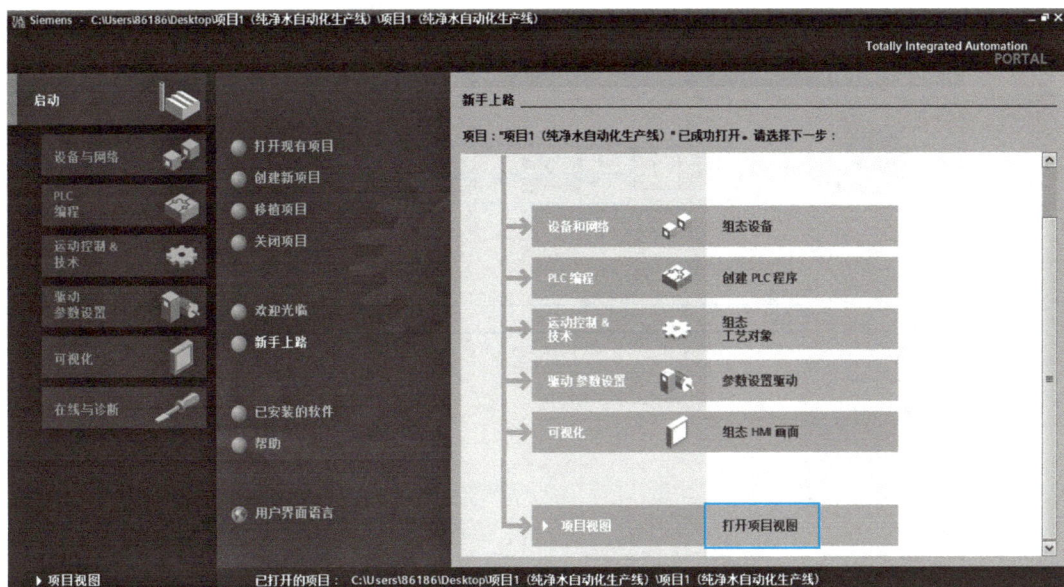

图 1-38　新手上路窗口

3）在博途软件的项目树中选择项目名称，在"在线"菜单中，选择"将设备作为新站
上传（硬件和软件）"，如图 1-39 所示。

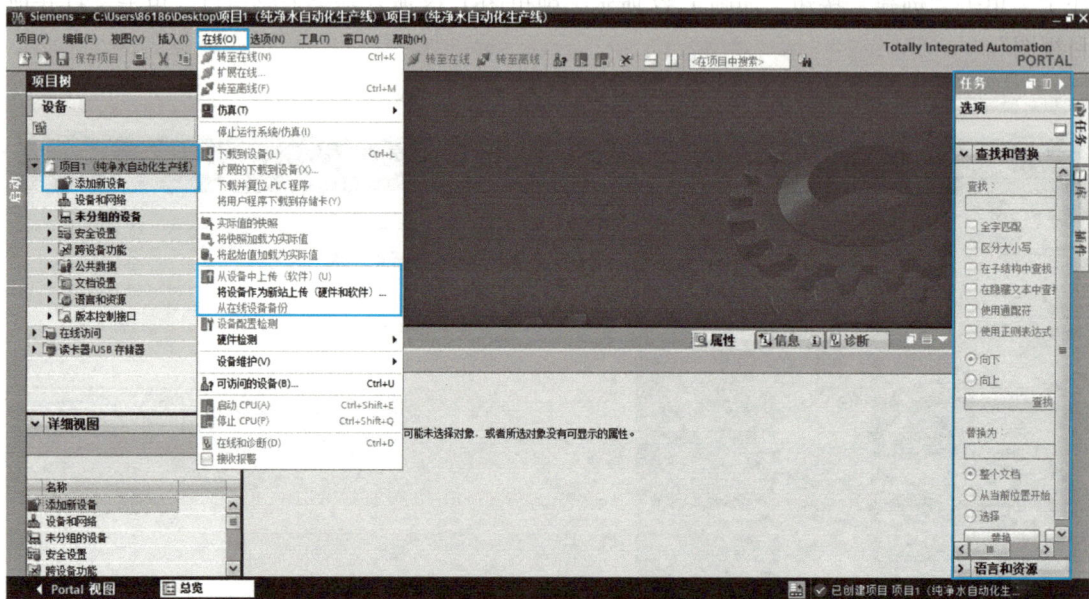

图 1-39　将设备作为新站上传（硬件和软件）

4）在"PG/PC 接口的类型"下拉列表中，选择装载操作所需的接口类型（计算机使用网线连接则选择 PN/IE）。然后在"PG/PC 接口"下拉列表中选择网络接口（选择计算机连接 PLC 的网卡），单击"开始搜索"按钮来显示所有兼容的设备，在可访问的设备表中，选择要上传项目数据的设备。单击"从设备上传"按钮，如图 1-40 所示。

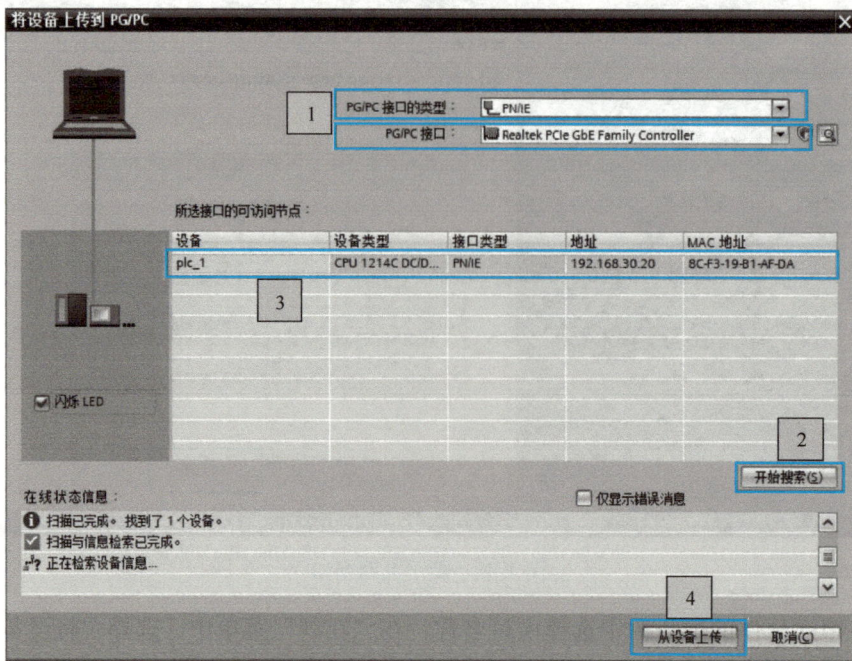

图 1-40　将设备上传到 PG/PC 接口

5）上传成功后，可以获取 CPU 完整的硬件配置和软件程序，如图 1-41 所示。

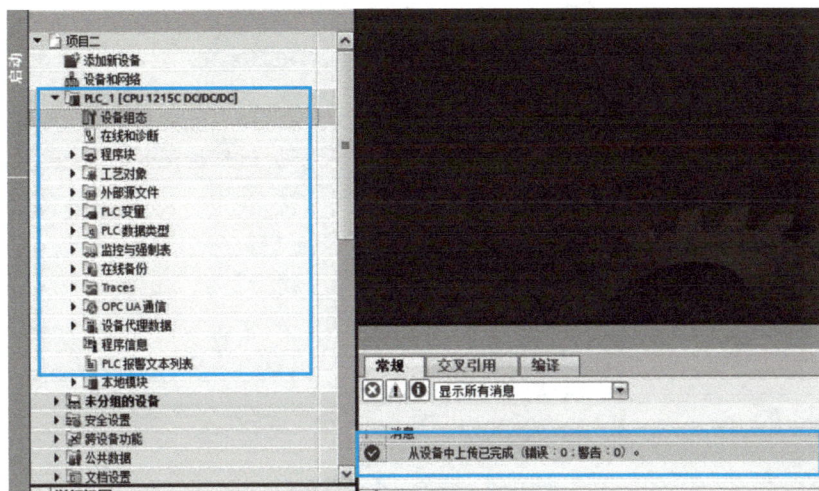

图 1-41　上传成功

1.4.2　纯净水自动化生产线硬件组态

纯净水自动化生产线硬件组态步骤如下：

1）首先创建项目，然后单击项目视图，在项目视图中添加设备，步骤如图 1-42 所示。

图 1-42　项目视图添加设备

注意：一定要正确添加对应 PLC 的订货号，否则会使 PLC 组态错误。

2）完成多个 PLC 设备的添加。重复图 1-14 所示的步骤即可添加多个 PLC 设备。多个设备添加完毕，如图 1-43 所示。

3）在网络视图下，从右侧硬件目录中找到"分布式 I/O"，添加一个 ET 200SP，如图 1-44 所示。

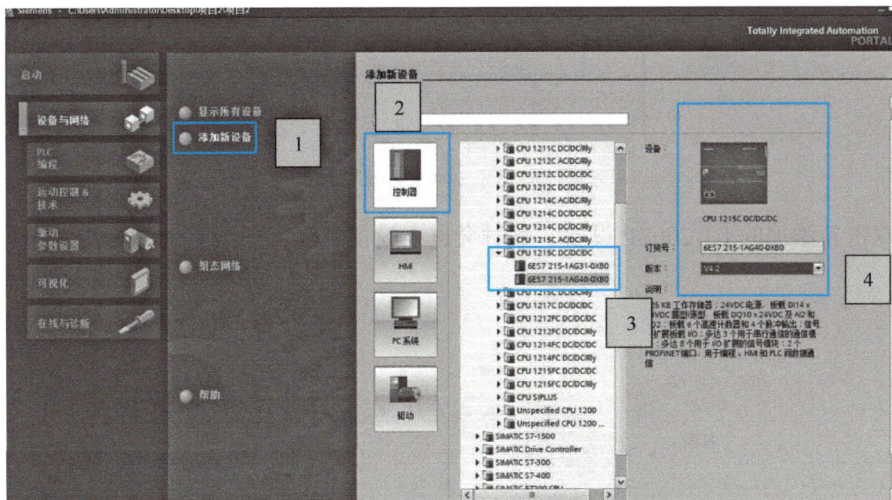

1-6　纯净水自动化生产线项目实施硬件组态

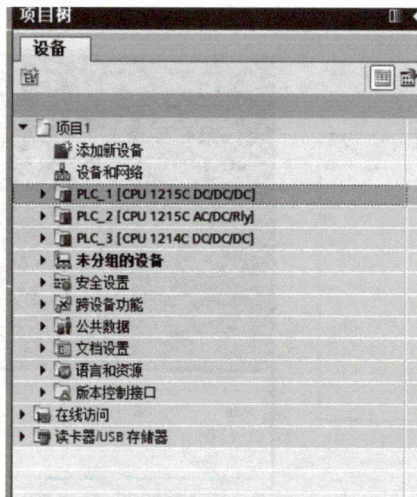

图 1-43　多个设备硬件组态

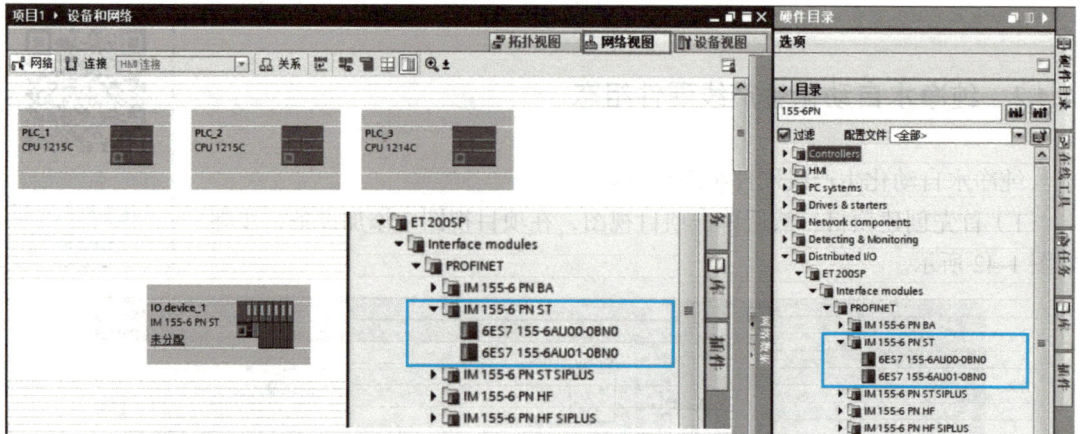

图 1-44　ET 200SP CPU 型号

4）双击新添加的 ET 200SP 设备，此时会进入设备视图，如图 1-45 所示。

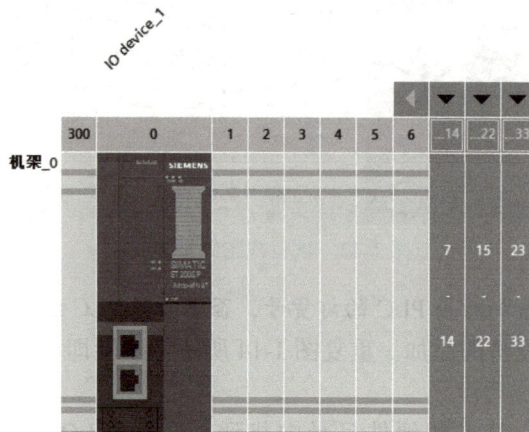

图 1-45　ET 200SP CPU 组态

5）根据现场实际设备添加所需的模块，硬件目录如图 1-46 所示。单击 ET 200SP，此时会显示 ET 200SP 的所有模块组件。组态完成之后的 ET 200SP 如图 1-47 所示。

注意：各个模块都有对应订货号和类型号，一定要一一对应，否则组态会失败。

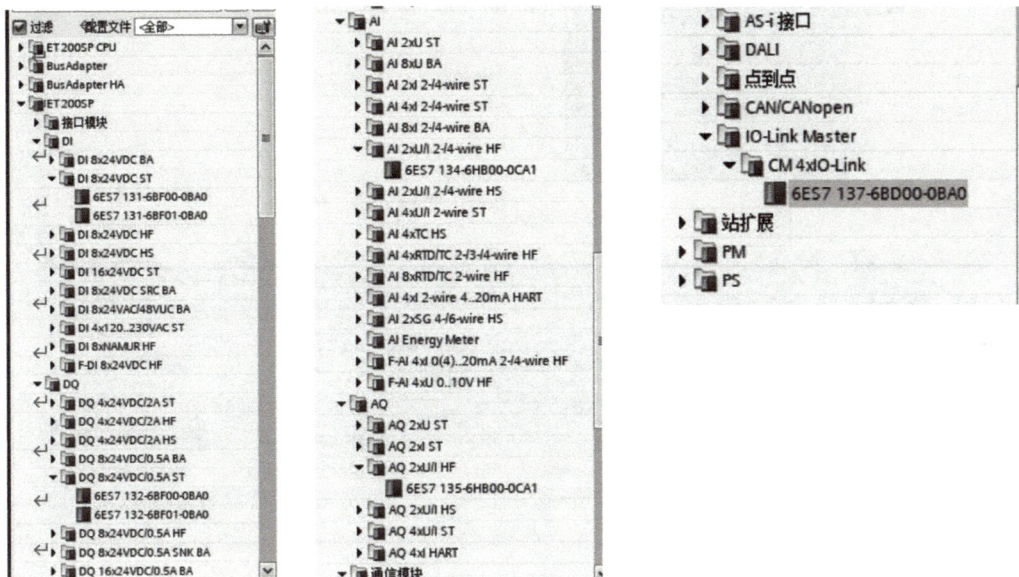

图 1-46 ET 200SP 的硬件目录

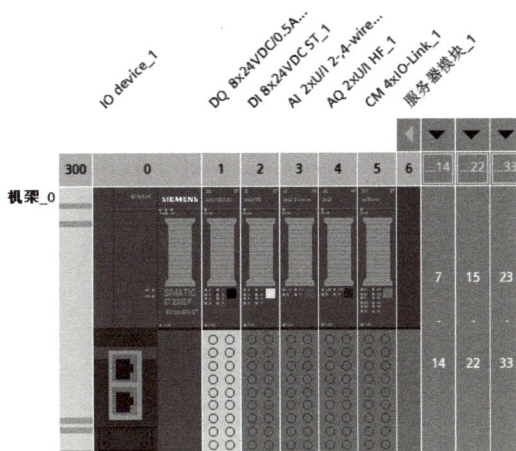

图 1-47 组态完成后的 ET 200SP

6）根据实际设备选择是否开启电位组，浅色基础模块需要启用新的电位组，深色基础模块使用左侧模块的电位组。

注意：将 ET 200SP 组件的翻盖打开，就可以看到每个模块组件颜色的深浅，双击该模块组件，在"常规"→"电位组"中可以选择对应的电位组，如图 1-48 所示。

7）在项目视图中，单击"添加新设备"，选择"HMI"，取消勾选"启动设备向导"，最后选择现场对应类型的 HMI 以及订货号，具体步骤如图 1-49 所示。

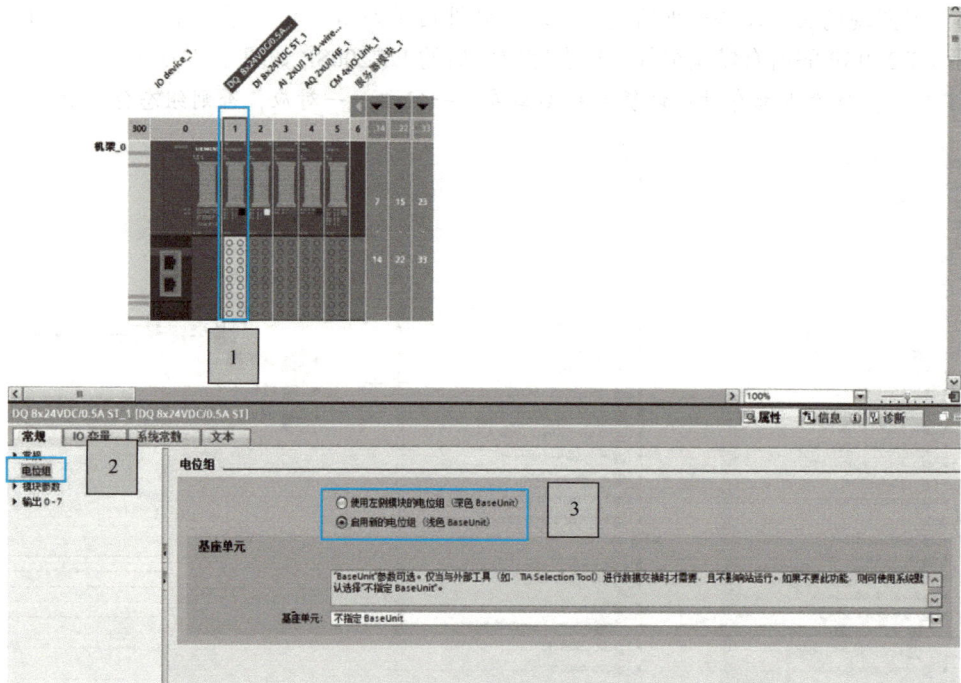

图 1-48　ET 200SP 的属性

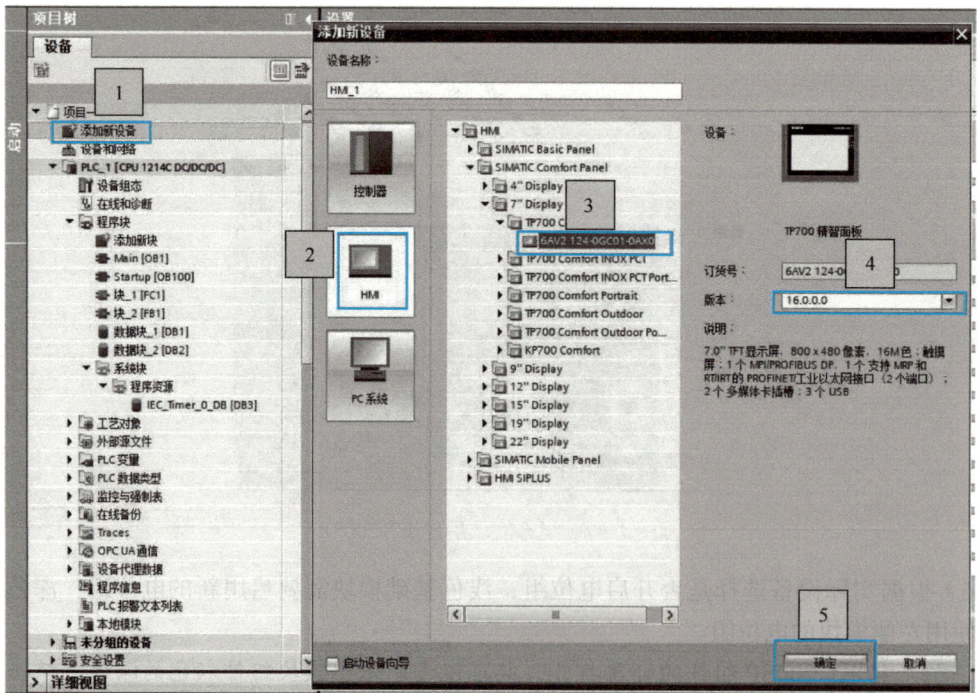

图 1-49　添加 HMI 设备

8）添加多个 HMI 设备，重复步骤 7）即可。

现场设备组态完毕，如图 1-50 所示。

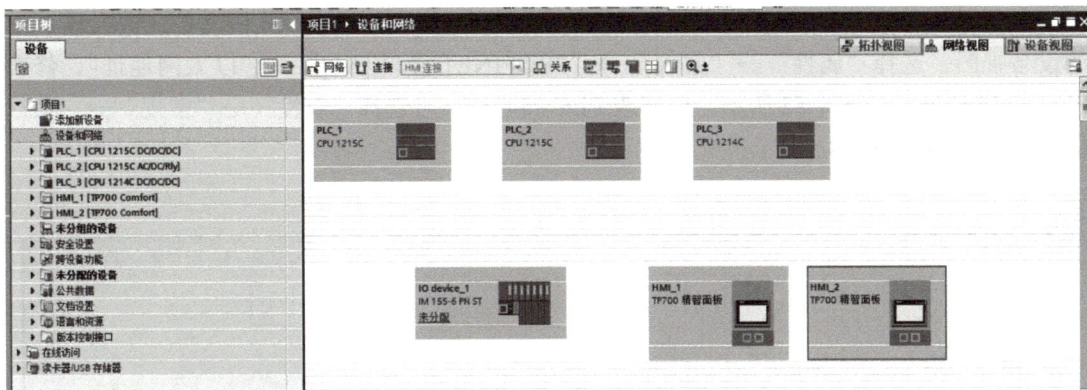

图 1-50　现场设备组态图

1.4.3　网络配置

单击"网络视图"，只需将现场组态设备与 PLC 连接即可。可以顺着设备连接的网线，找到与之对应的 PLC，最后在网络视图中单击 PLC 的网口，拖拽至对应设备即可。网络配置完成，如图 1-51 所示。

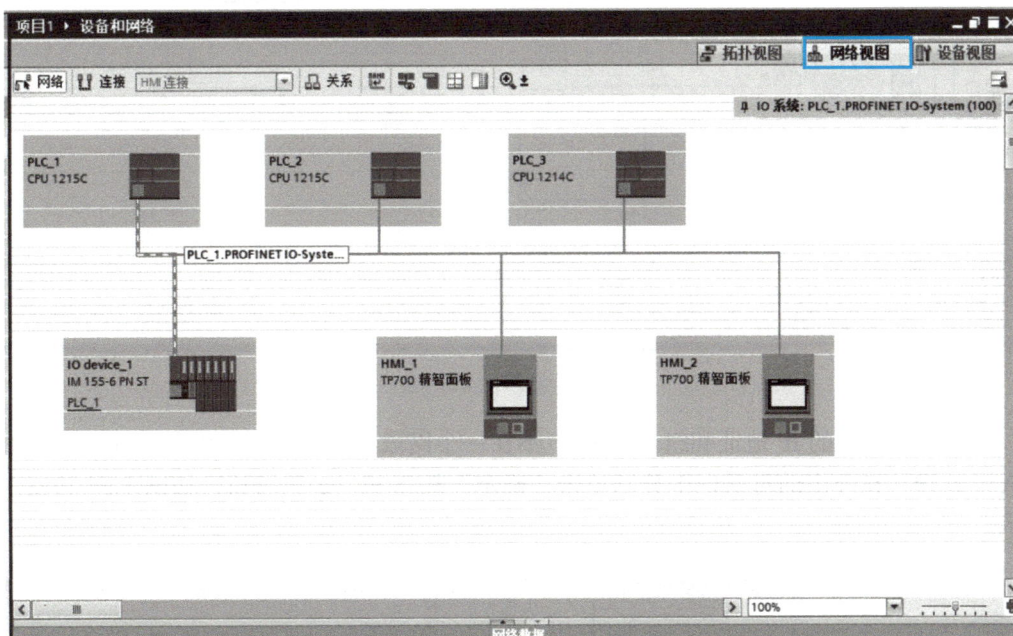

图 1-51　网络配置完成

1.4.4　编译下载

硬件组态编译下载的方式已经在 1.2.2 节和 1.2.3 节讲过，这里不再赘述。

　　如果需要修改 PLC 的名称和 IP 地址，可在网络视图中双击该 PLC 设备，进入该 PLC 的设备视图，选择"属性"→"常规"→"PROFINET 接口 [X1]"→"以太网地址"，修改 PLC 的 IP 地址，如图 1-52 所示。要修改 PLC 的名称，可选择"属性"→"常规"→"项目信息"，如图 1-53 所示。

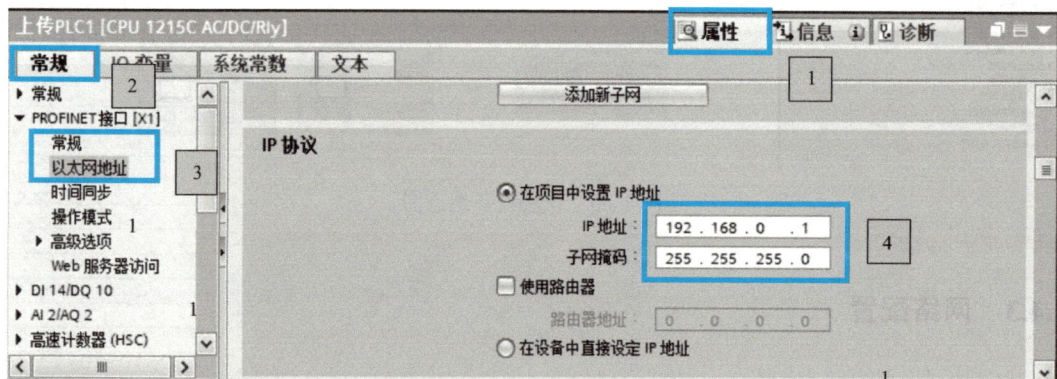

图 1-52　修改 PLC 的 IP 地址

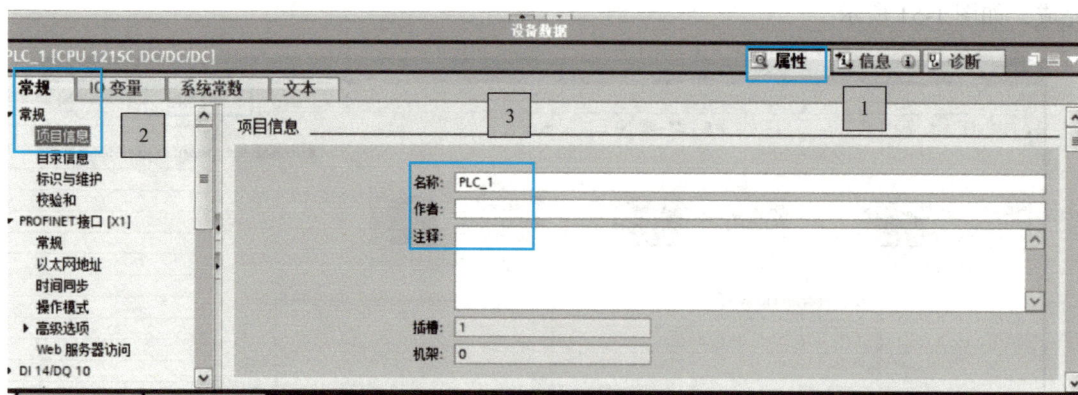

图 1-53　修改 PLC 的名称

　　如果编程设备的 IP 地址和组态的 PLC 不在一个网段，需要给编程设备添加一个与 PLC 同网段的 IP。在弹出的对话框中分别单击"确定"按钮和"是"按钮，如图 1-54 和图 1-55 所示。

图 1-54　添加同网段 IP 确认

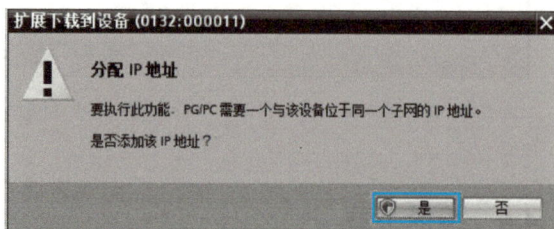

图 1-55　添加 IP 完成

如果项目没有被编译，在下载前会自动被编译。在"下载预览"对话框中，会显示要执行的下载信息和动作要求，如图 1-56 所示。

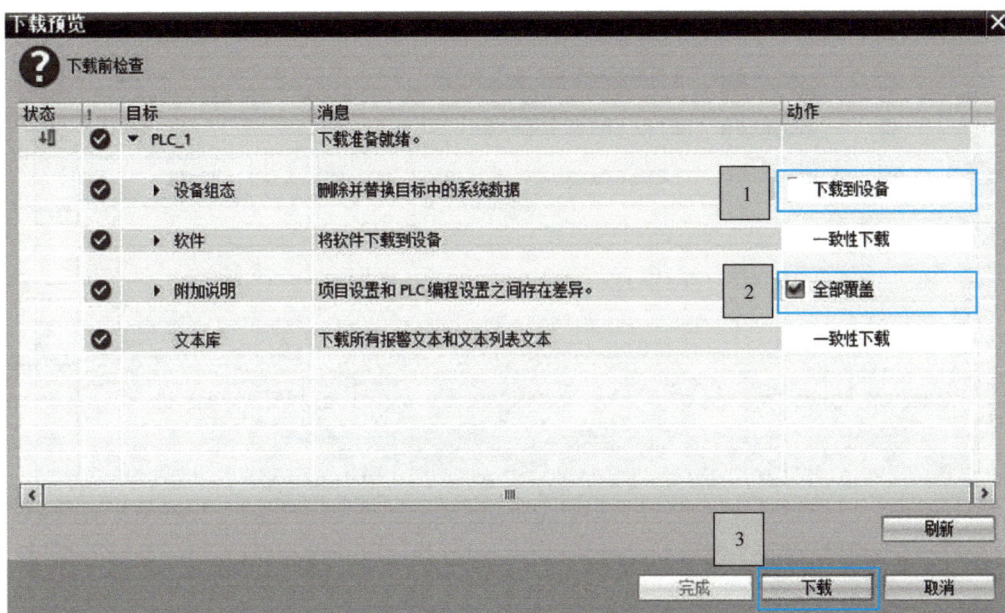

图 1-56　"下载预览"对话框

如果要下载修改过的硬件组态且 CPU 处于运行模式时，需要把 CPU 转为停止模式，如图 1-57 所示。

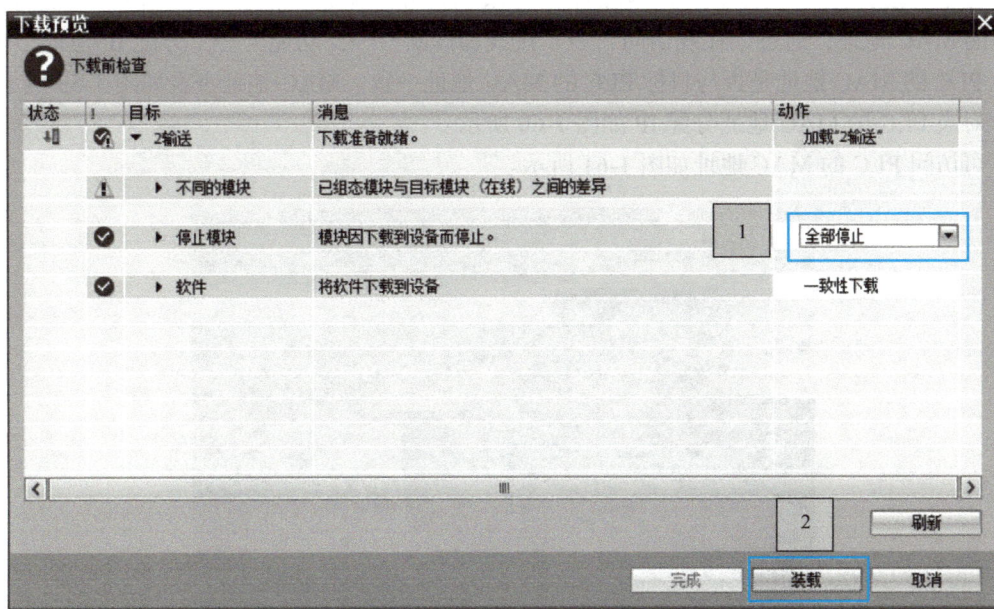

图 1-57　CPU 运行模式要求

下载后启动 CPU，如图 1-58 所示。

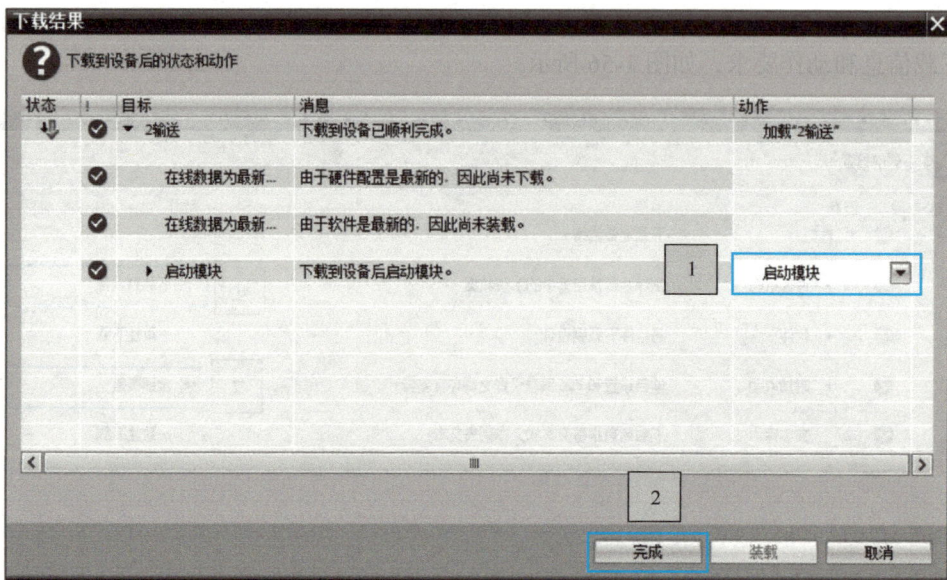

图 1-58　启动 CPU

1.5　注意事项

1）组态设备型号（MAC 地址）须与实际设备一致。

在组态设备时，应找到准备下载的目标 PLC 的 MAC 地址，然后在下载设备时找到与之对应的 MAC 地址，通过"在线访问"→"在线和诊断"→"功能"→"分配 IP 地址"也可查看 PLC 的 MAC 地址是否与目标 PLC 的 MAC 地址一致。MAC 地址查看如图 1-59 所示。

对应 PLC 的 MAC 地址分配 IP 如图 1-60 所示。

可访问 PLC 的 MAC 地址如图 1-61 所示。

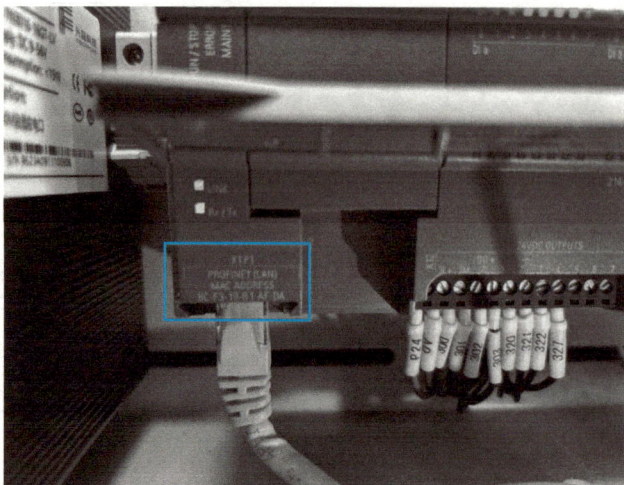

图 1-59　PLC MAC 地址的查看方法

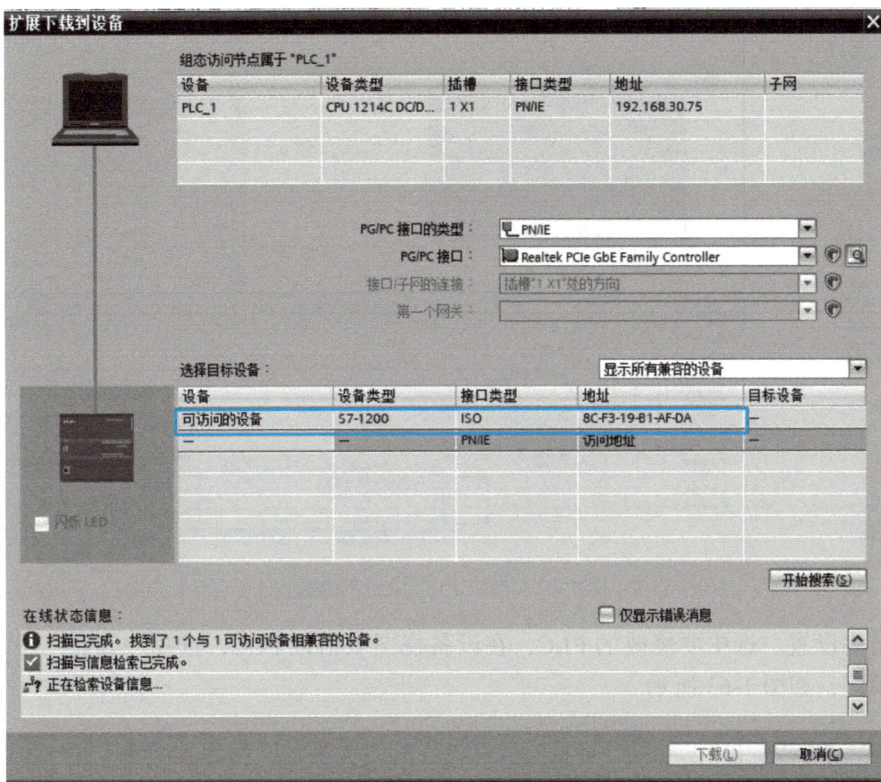

图 1-60　对应 PLC 的 MAC 地址分配 IP

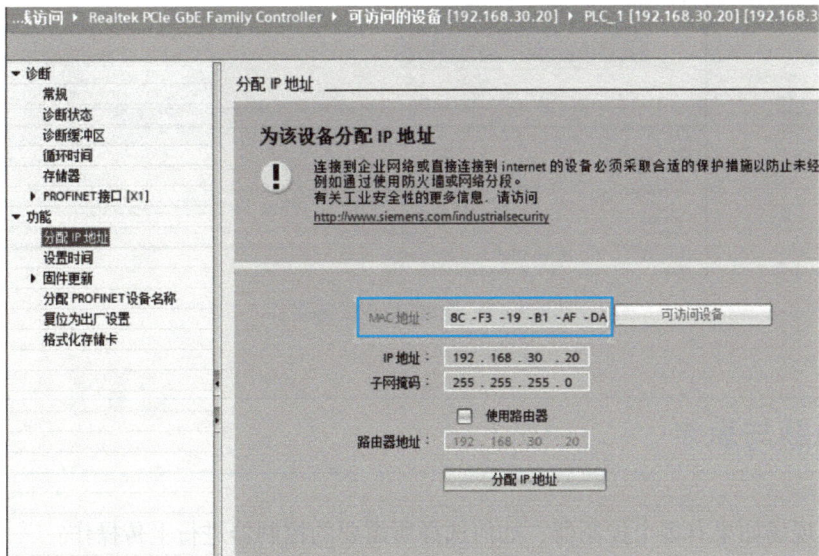

图 1-61　可访问 PLC 的 MAC 地址

2）PLC 的 IP 地址与名称的设置（避免 IP 冲突和 PLC 名字混淆）。

① IP 地址的设置。选中要修改的 PLC，在设备视图中双击该 PLC，选择"属性"→"常规"→"PROFINET 接口 [X1]"→"以太网地址"，在项目中设置 IP 地址，如图 1-62 所示。

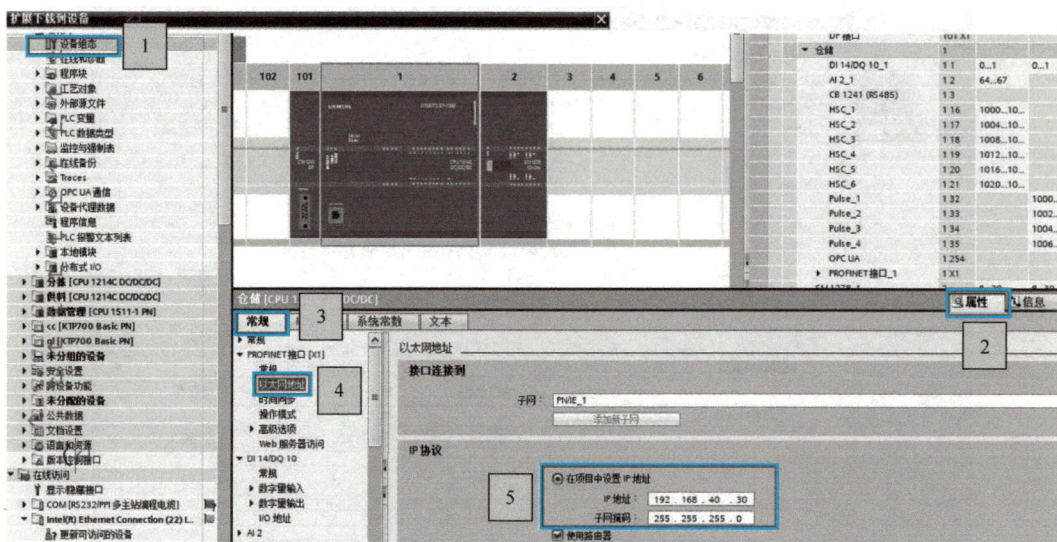

图 1-62　修改 PLC 设备 IP 地址

② 名称设置。选中要修改的 PLC，在设备视图双击该 PLC，选择"属性"→"常规"，设置"名称"，如图 1-63 所示。

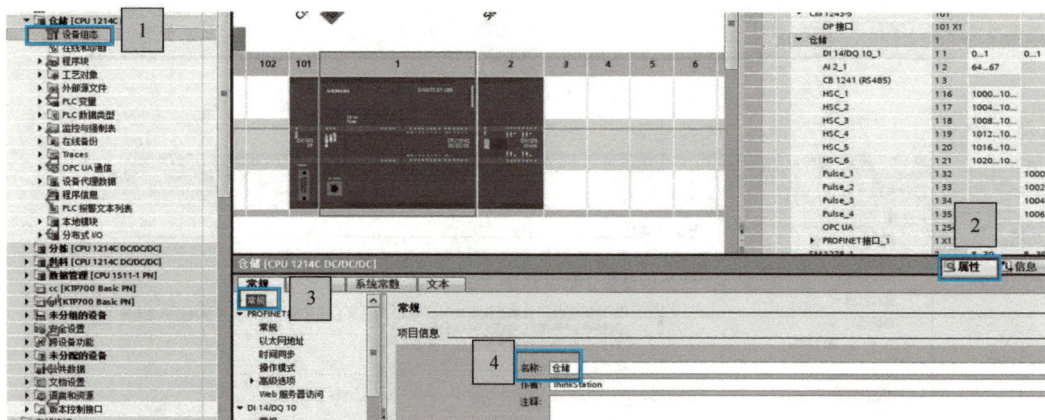

图 1-63　修改 PLC 设备名称

1.6　问题与思考

1. 工业现场如果有多个控制器，如何选择所需要的控制器进行上传操作？
2. 在工业现场中如何高效正确组态并下载？
3. 如何避免因 IP 冲突导致找不到 PLC？如何避免 PLC 名称混淆？
4. 如何设置 PC 的 IP 地址，使其与 PLC 在同一网段？

项目 2 自动化生产线指示灯控制综合应用

【知识目标】

1. 熟悉基本逻辑指令。
2. 熟悉定时器指令。
3. 熟悉计数器指令。

【能力目标】

1. 掌握应用基本逻辑指令编程的能力。
2. 掌握应用定时器指令编程的能力。
3. 掌握应用计数器指令编程的能力。

【素养目标】

1. 培养严谨认真、实事求是的工作态度。
2. 培养科学探究精神和科学态度。
3. 培养团队协作精神和沟通能力。

2.1 项目描述

在现代工业生产中，自动化生产线的复杂程度不断提高，生产过程中的每一个环节都需要精确的控制和监控。指示灯通过不同颜色的信号，实时反映生产线的运行状态，帮助操作员快速做出反应，减少人为操作失误，提高生产线的自动化水平，例如绿色表示设备正常运行，黄色表示设备准备就绪，红色则表示设备故障或异常。

本项目将学习使用计数指令、定时指令、逻辑指令，基于西门子 S7-1200 PLC 实现按钮多方式控制指示灯。

2.2 相关知识

2.2.1 PLC 常用硬件配置设置

1. 时钟存储器字节启用方法

当程序中需要不同频率的方波信号时，例如指示灯以某一频率闪烁，

2-1 PLC 常用
硬件配置设置

可以启用时钟存储器字节，方便程序编写。启用过程：单击"设备组态"→"PLC"→"属性"，在"常规"栏中找到"系统和时钟存储器"，勾选"启用时钟存储器字节"，如图 2-1 所示。启用时钟存储器字节后，在程序中添加一个常开触点，双击 <??,?>，单击右侧▣图标，即可看到一些开头为 Clock 的内部存储位，如图 2-2 所示，单击即可使用。例如选择"Clock_1Hz"，则 Q1.0 绿色指示灯将以 1Hz 频率闪烁。

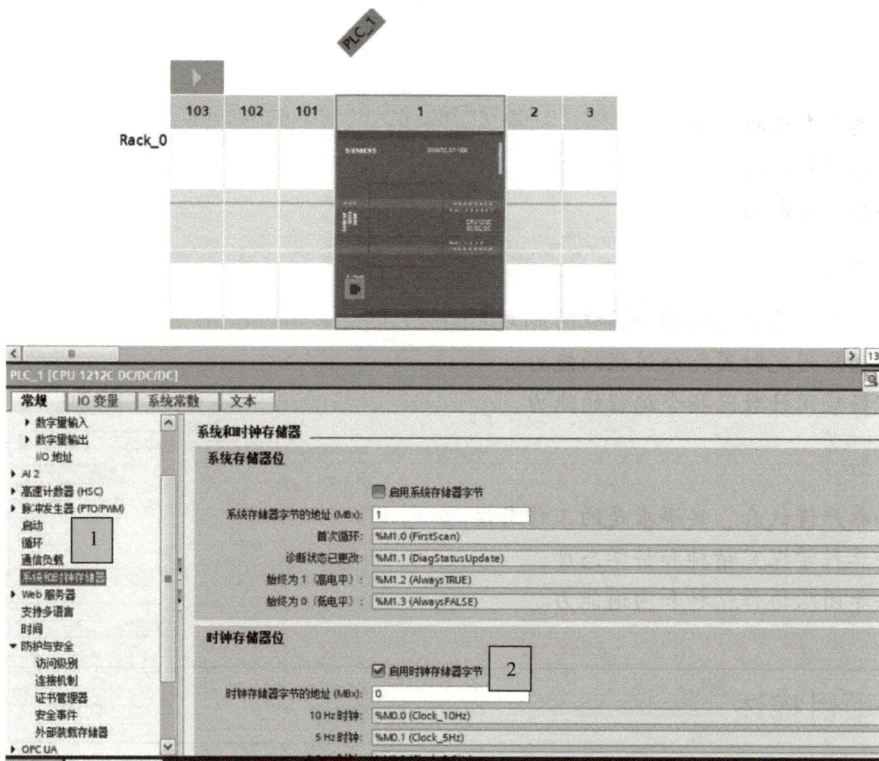

图 2-1　启用时钟存储器字节

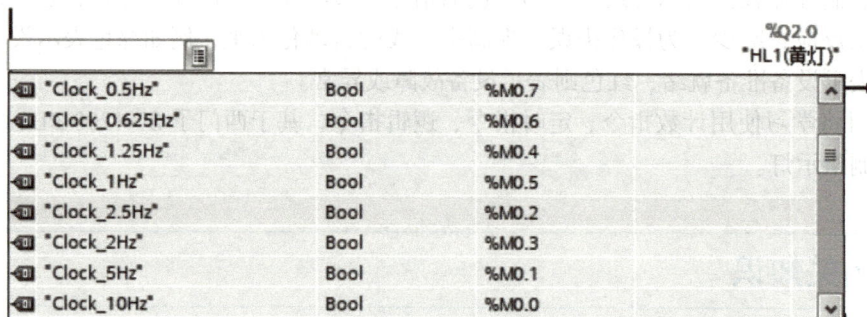

图 2-2　使用时钟存储器字节

2. 系统存储器字节启用方法

当编写程序时需要进行初始状态检测或者复位，例如 PLC 首次运行，需要检测气缸是否在初始位置或 Q 点是否全部复位，可以启用系统存储器字节，方便程序编写。启用过程：单击"设备组态"→"PLC"→"属性"，在"常规"栏中找到"系统和时钟存储器"，勾选

"启用系统存储器字节",如图 2-3 所示。启用系统存储器字节后,在程序中添加一个常开触点,双击 <??,?>,单击右侧▤图标,即可看到 M1.0 到 M1.3 的内部存储位,如图 2-4 所示,单击即可使用。例如选择 M1.0,则 M1.0 在 PLC 进入 run 模式的第一个周期置位为 1,并将 M1.0 气缸 1 复位,之后的周期 M1.0 始终为 0。

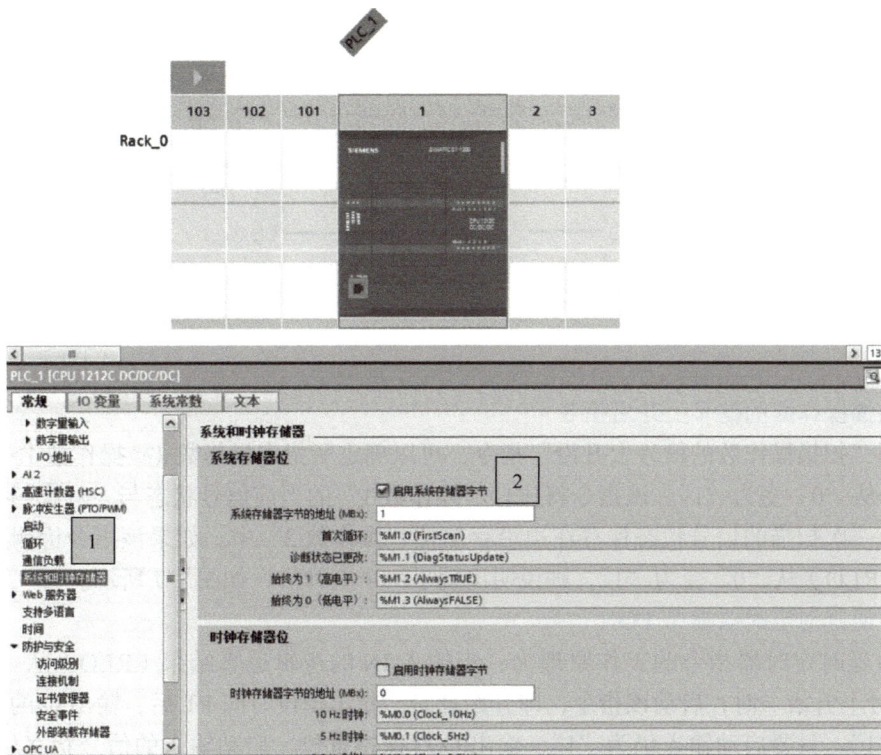

图 2-3　启用系统存储器字节

图 2-4　使用系统存储器字节

2.2.2　PLC 常用基本指令

1. 加计数指令 CTU

可以使用加计数指令,递增输出 CV 的值。如果输入 CU 的信号状态从"0"变为"1"(信号上升沿),则执行该指令,同时输出 CV 的当前计数器值加 1。每检测到一个信号上升沿,计数器值就会递增 1,直到达到输出 CV 所指定数据类型的上限。达到上限时,输入 CU 的信号状态将不再影响该指令,如图 2-5 所示。

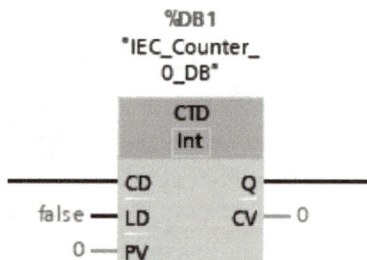

2. 减计数指令 CTD

可以使用减计数指令，递减输出 CV 的值。如果输入 CD 的信号状态从 "0" 变为 "1"（信号上升沿），则执行该指令，同时输出 CV 的当前计数器值减 1。每检测到一个信号上升沿，计数器值就会递减 1，直到达到指定数据类型的下限为止。达到下限时，输入 CD 的信号状态将不再影响该指令，如图 2-6 所示。

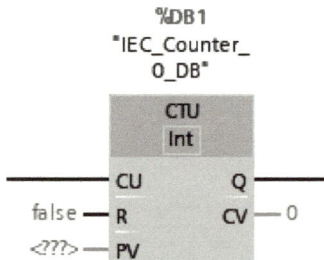

图 2-5　加计数指令 CTU　　　　图 2-6　减计数指令 CTD

3. 扫描操作数的信号上升沿指令

使用 "扫描操作数的信号上升沿" 指令，可以确定所指定操作数（＜操作数 1＞）的信号状态是否从 "0" 变为 "1"。该指令将比较 "操作数 1" 的当前信号状态与上一次扫描的信号状态，上一次扫描的信号状态保存在边沿存储位 "操作数 2" 中。如果该指令检测到逻辑运算结果（RLO）从 "0" 变为 "1"，则说明出现了一个上升沿，如图 2-7 所示。

4. 接通延时定时器指令 TON

接通延时定时器指令的工作原理为：当输入 IN 的逻辑运算结果（RLO）从 "0" 变为 "1"（信号上升沿）时，启动该指令，即开始计时。超出预设时间 PT 后，输出 Q 的信号状态将变为 "1"。只要启动输入仍为 "1"，输出 Q 就保持置位。启动输入的信号状态从 "1" 变为 "0" 时，将复位输出 Q。在启动输入检测到新的信号上升沿时，该定时器功能将再次启动，如图 2-8 所示。

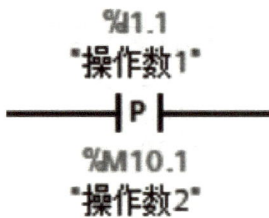

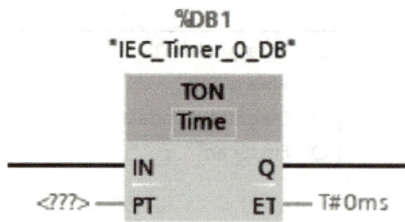

图 2-7　上升沿指令　　　　图 2-8　接通延时指令 TON

5. 关断延时定时器指令 TOF

关断延时定时器指令的工作原理为：当 IN 输入的逻辑运算结果（RLO）从 "1" 变为 "0"（信号下降沿）时，将置位输出 Q。当输入 IN 处的信号状态变回 "1" 时，预设的时间 PT 开始计时。只要持续时间 PT 仍在计时，输出 Q 就保持置位。持续时间 PT 计时结束后，将复位输出 Q。如果输入 IN 的信号状态在持续时间 PT 计时结束之前变为 "1"，则复位定时器。输出 Q 的信号状态仍将为 "1"，如图 2-9 所示。

6. 生成脉冲指令 TP

生成脉冲指令的工作原理为：当输入 IN 的逻辑运算结果（RLO）从"0"变为"1"（信号上升沿）时，启动该指令，即开始计时。无论后续输入信号的状态如何变化，都将输出 Q 置位由 PT 指定的一段时间。当 PT 正在计时时，在 IN 输入处检测到的新的信号上升沿对 Q 输出的信号状态没有影响，如图 2-10 所示。

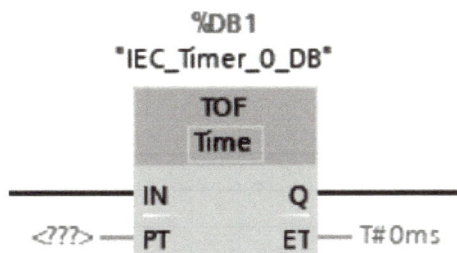

图 2-9　关断延时指令 TOF

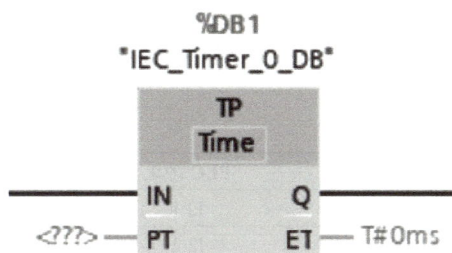

图 2-10　生成脉冲指令 TP

2.3　项目要求

报警指示灯控制：根据指示灯实物，使用 HL1（黄灯）、HL2（绿灯）、HL3（红灯）、按钮 SB1、按钮 SB2、按钮 SB3 和旋钮 SA1，设计一个报警指示灯系统。系统上电，设备自检完成。顺时针旋转 SA1，系统启动，运行指示灯 HL2（绿灯）长亮。按下 SB1，系统出现第一类报警信息，HL2（绿灯）保持，HL1（黄灯）以 1Hz 频率闪烁。按下 SB2，系统出现第二类报警信息，HL1（黄灯）和 HL2（绿灯）同时以亮 1s 灭 0.5s 形式闪烁。按下 SB3，系统出现第三类报警信息，HL1（黄灯）和 HL2（绿灯）熄灭，HL3（红灯）以 2Hz 频率闪烁，当闪烁超过 5 次后，全部指示灯按黄、绿、红的顺序以 1Hz 间隔依次亮起，再全部熄灭，以此往复。逆时针旋转 SA1，系统停止，所有指示灯熄灭。实训设备如图 2-11 所示。

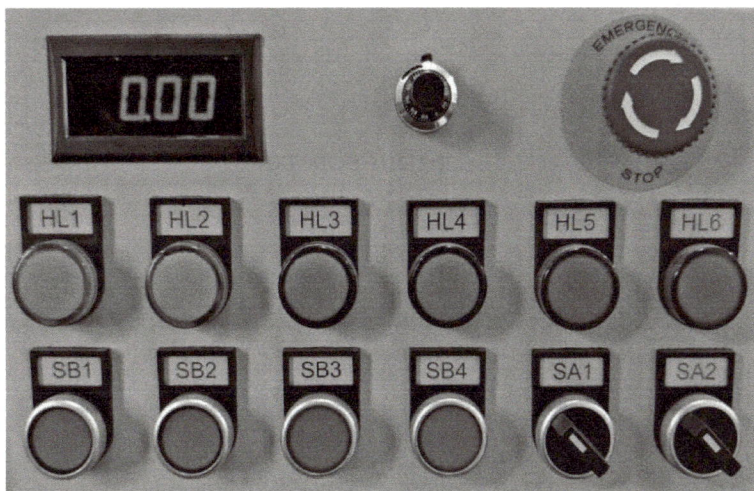

图 2-11　指示灯实训设备

2.4 项目实施

2.4.1 设计 I/O 分配表

根据项目要求设计 I/O 分配表，见表 2-1。

2-2 自动化生产线
指示灯控制综合应
用项目实施

表 2-1 I/O 分配表

序号	PLC 地址	符号	功能
1	I2.1	SB1	按钮 1
2	I2.2	SB2	按钮 2
3	I2.3	SB3	按钮 3
4	I2.5	SA1	启动 / 停止按钮
5	Q2.0	HL1	黄灯
6	Q2.2	HL2	绿灯
7	Q2.4	HL3	红灯

2.4.2 绘制 I/O 接线图

根据项目要求和 I/O 分配表绘制 I/O 接线图，如图 2-12 所示。

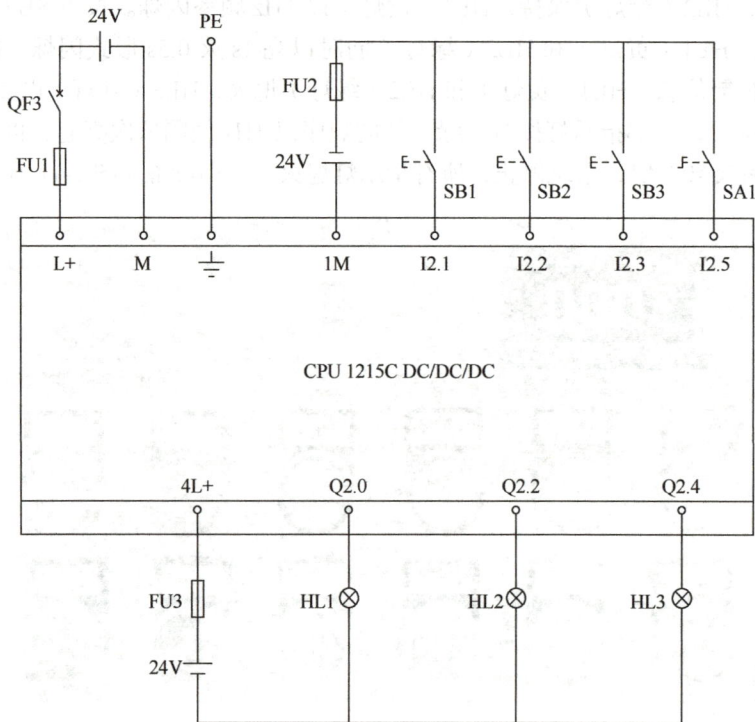

图 2-12 报警指示灯项目 I/O 接线图

2.4.3 绘制触摸屏界面

如图 2-13 所示，绘制触摸屏界面，将变量连接到对应的按钮或指示灯上。(注意：变量连接好后，在 HMI 变量的默认变量表中将每个变量的采集周期设置为 100ms，如图 2-14 所示，若为默认的 1s，会出现灯不闪烁的情况。)

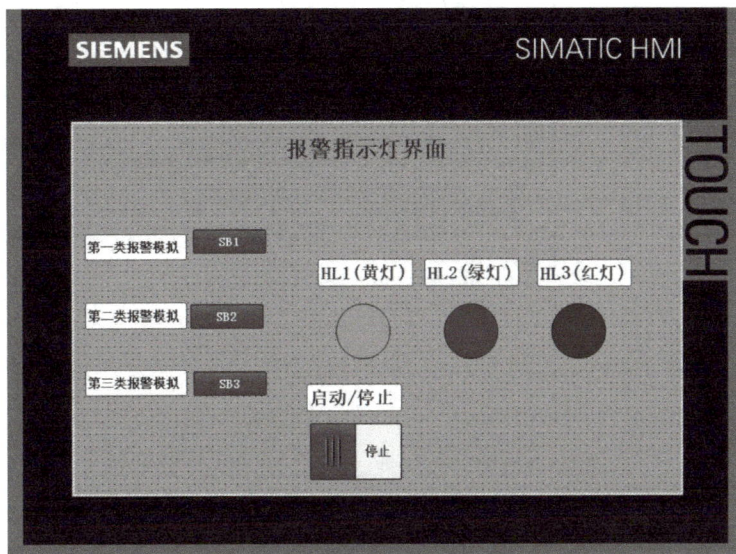

图 2-13 触摸屏绘制参考

图 2-14 采集周期更改

2.4.4 创建工程

双击打开博途软件，选择"创建新项目"，输入项目名称"报警指示灯控制"，选择项目保存路径，然后单击"创建"按钮创建新项目。

2.4.5 PLC 硬件组态

根据项目 1 所述方法进行设备组态，参考图 2-15 ~ 图 2-18 添加 PLC、IO 扩展模块和 HMI 触摸屏（注意 IO 模块的地址）。

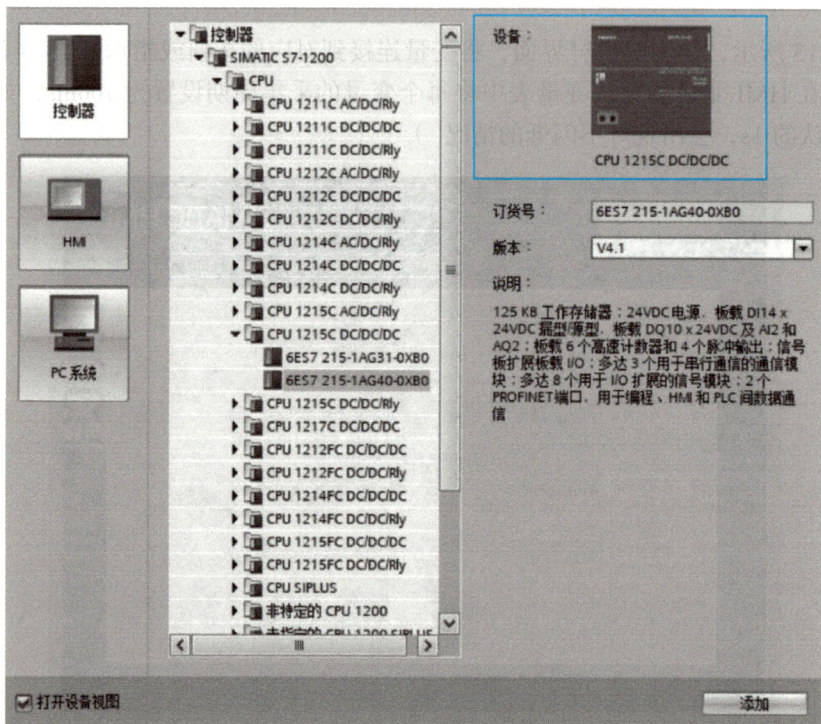

图 2-15 添加 PLC 设备界面

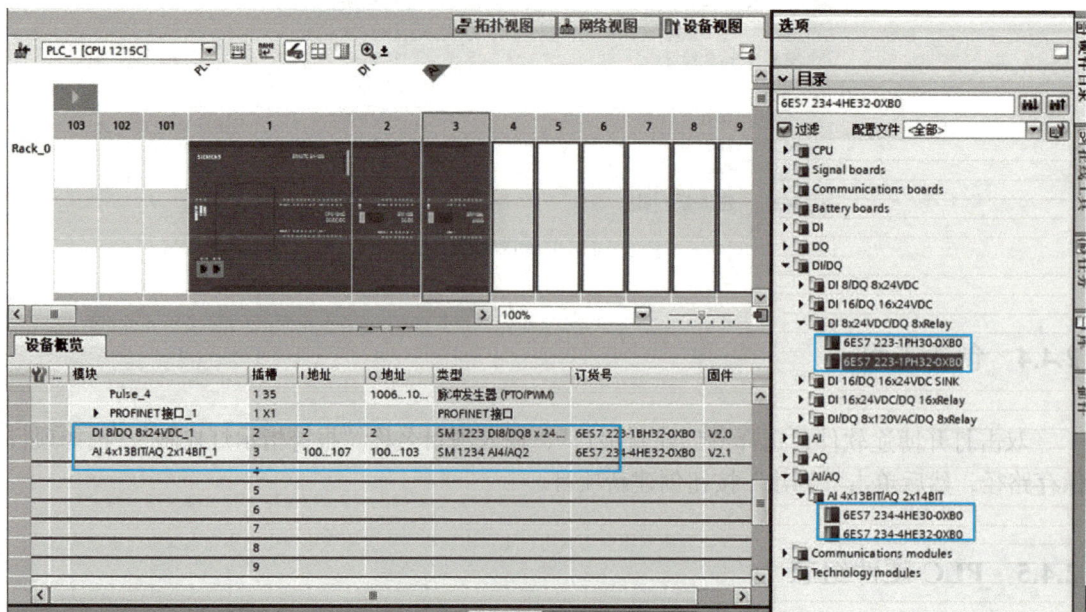

图 2-16 添加 PLC 设备扩展模块

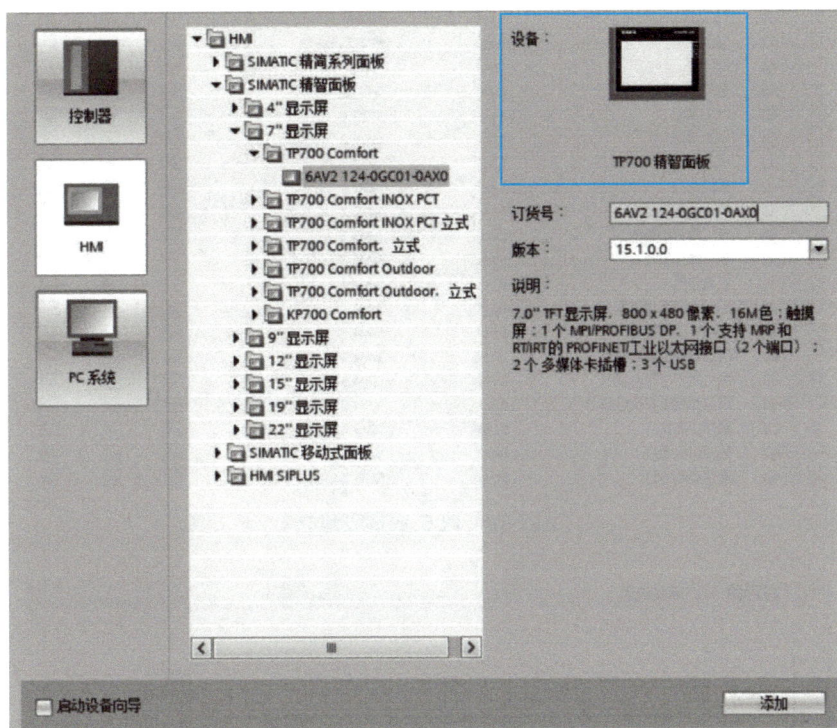

图 2-17　添加触摸屏设备界面

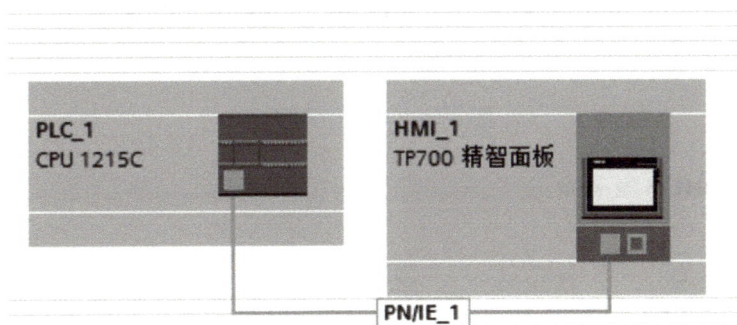

图 2-18　设备组态完成界面

2.4.6　PLC 程序设计

PLC 程序设计的具体步骤如下：

1）根据 I/O 分配表建立 PLC 变量，如图 2-19 所示。

2）根据控制要求编写程序，系统启停程序如图 2-20 所示。

① 第一类报警利用时钟存储器字节实现指示灯 1Hz 闪烁，如图 2-21 所示。

② 第二类报警利用接通延时定时器指令 TON 实现亮 1s 灭 0.5s，如图 2-22 所示。

2-3　自动化生产线指示灯控制综合应用项目实施程序讲解

		名称	数据类型	地址	保持	从 H...	从 H...	在 H...
1		SB1	Bool	%I2.1	☐	☑	☑	☑
2		SB2	Bool	%I2.2	☐	☑	☑	☑
3		SB3	Bool	%I2.3	☐	☑	☑	☑
4		启动/停止按钮	Bool	%I2.5	☐	☑	☑	☑
5		HL1(黄灯)	Bool	%Q2.0	☐	☑	☑	☑
6		HL2(绿灯)	Bool	%Q2.2	☐	☑	☑	☑
7		HL3(红灯)	Bool	%Q2.4	☐	☑	☑	☑
8		系统运行	Bool	%M2.0	☐	☑	☑	☑
9		第一类报警模拟	Bool	%M3.1	☐	☑	☑	☑
10		第二类报警模拟	Bool	%M3.2	☐	☑	☑	☑
11		第三类报警模拟	Bool	%M3.3	☐	☑	☑	☑
12		正常运行	Bool	%M4.1	☐	☑	☑	☑
13		第一类报警模拟黄灯	Bool	%M4.2	☐	☑	☑	☑
14		第一类报警模拟绿灯	Bool	%M4.3	☐	☑	☑	☑
15		第二类报警模拟黄灯	Bool	%M4.4	☐	☑	☑	☑
16		第二类报警模拟绿灯	Bool	%M4.5	☐	☑	☑	☑
17		第三类报警模拟红灯	Bool	%M4.6	☐	☑	☑	☑
18		顺序点亮黄灯	Bool	%M5.0	☐	☑	☑	☑
19		顺序点亮绿灯	Bool	%M5.1	☐	☑	☑	☑
20		顺序点亮红灯	Bool	%M5.2	☐	☑	☑	☑

默认变量表

图 2-19　PLC 变量表建立

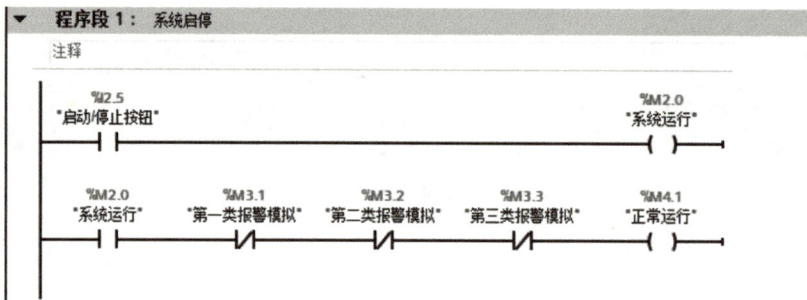

图 2-20　系统启停程序

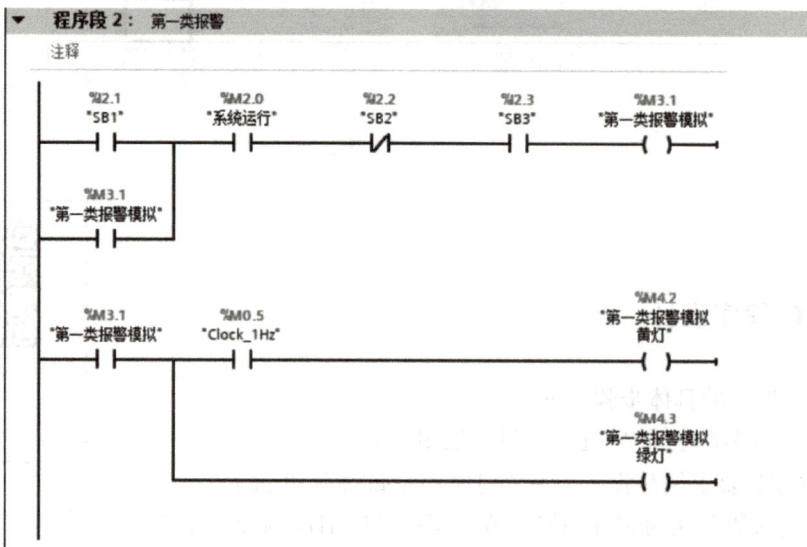

图 2-21　第一类报警程序

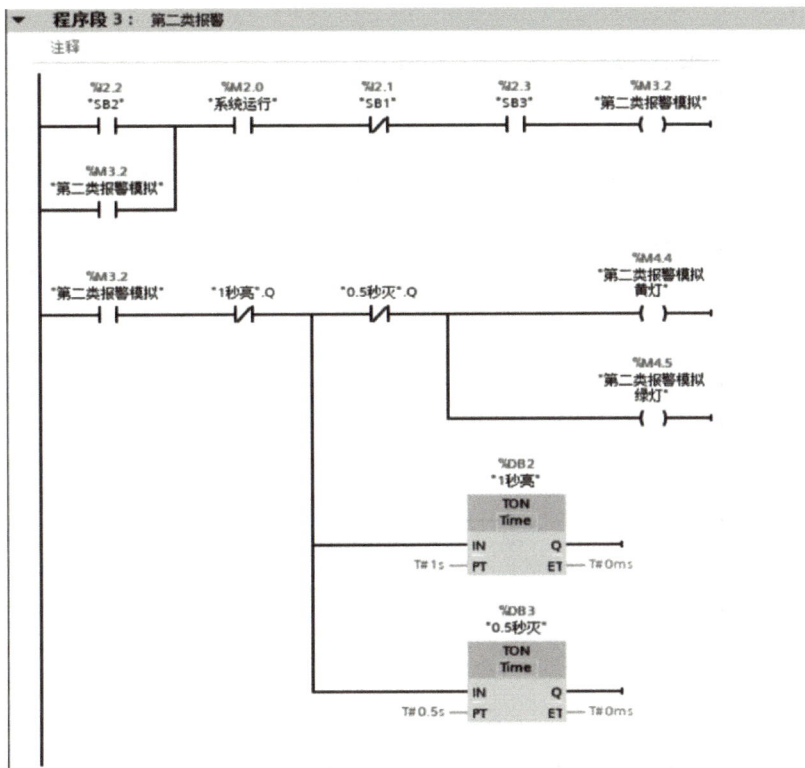

图 2-22　第二类报警程序

③ 第三类报警利用加计数指令 CTU 记录闪烁次数，在顺序点亮中利用加计数指令 CTU 和比较指令，将当前计数值 CV 与指示灯顺序点亮的顺序数（例如 HL1 黄灯的顺序数是 1）进行比较，如果当前计数值 CV 与指示灯顺序点亮的顺序数相符，则接通对应的指示灯，如图 2-23 所示。

④ 根据控制要求，编写黄灯控制程序、绿灯控制程序与红灯控制程序，如图 2-24 ～ 图 2-26 所示。

3）调试程序。编译并下载程序，对照控制要求检验程序的正确性。启动 PLC，系统上电，设备自检完成，状态指示灯 HL1（黄灯）常亮。顺时针旋转 SA1，系统启动，运行指示灯 HL2（绿灯）常亮。按下 SB1，系统出现第一类报警信息，观察 HL2（绿灯）和 HL1（黄灯）亮灭情况。按下 SB2，系统出现第二类报警信息，观察 HL1（黄灯）和 HL2（绿灯）亮灭情况。按下 SB3，系统出现第三类报警信息，观察 HL1（黄灯）、HL2（绿灯）和 HL3（红灯）亮灭情况。逆时针旋转 SA1，系统停止，所有指示灯熄灭。若上述现象与项目控制要求一致，则说明本项目任务完成。

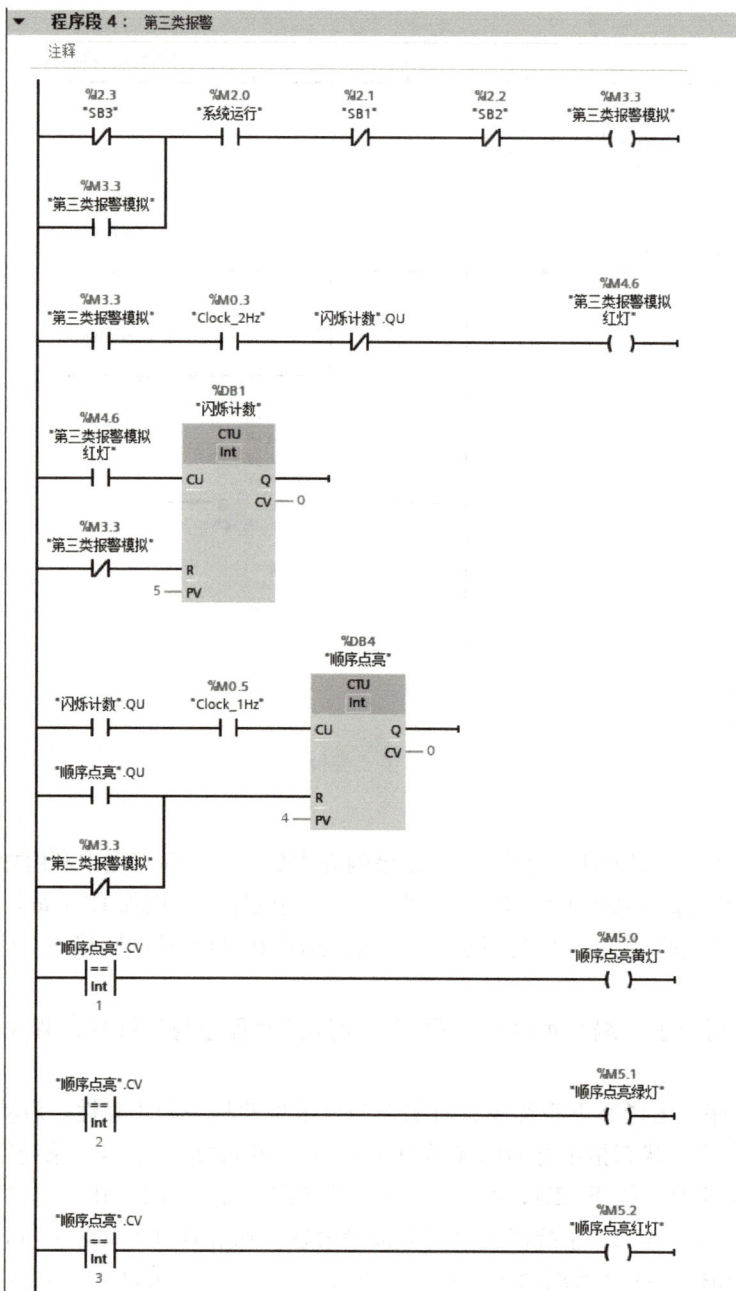

图 2-23　第三类报警程序

图 2-24　黄灯控制程序

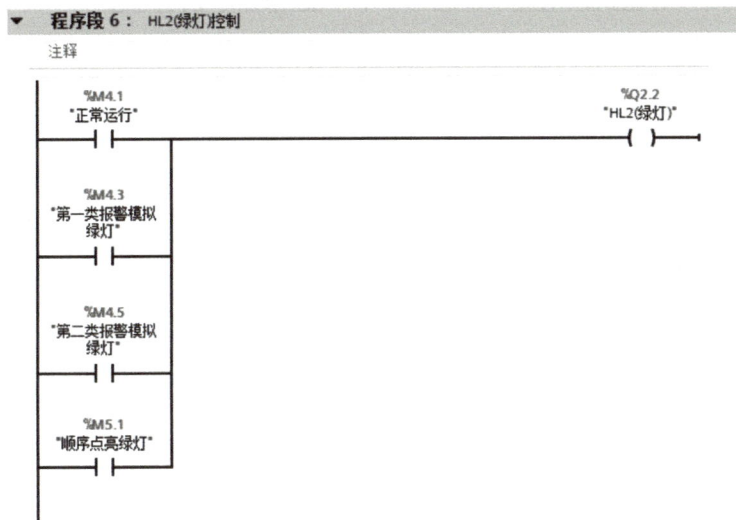

图 2-25　绿灯控制程序

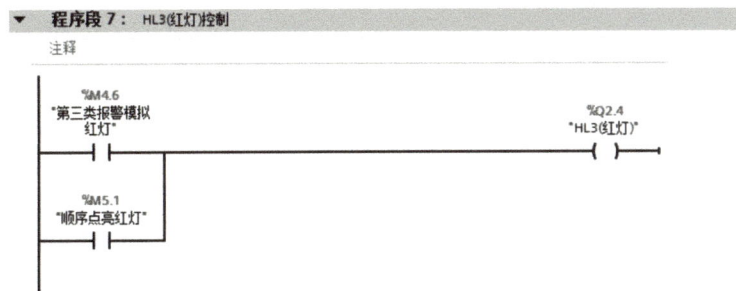

图 2-26　红灯控制程序

2.5　注意事项

1. 注意 PLC 订货号版本号问题。
2. 注意系统和时钟存储器对应的设置。
3. 注意计算机设置 IP 与 PLC 设置 IP 地址问题。

2.6　问题与思考

1. 思考使用其他编程思路来完成本项目的控制要求。
2. 尝试使用加计数指令 CTU 结合比较指令编写红绿灯程序。
3. 尝试使用加减计数指令 CTUD 结合比较指令编写顺序启停程序。
4. 如果调试时没有达到预期效果，思考一下可能出现的硬件问题。

项目 3　自动化生产线供料站程序设计应用

【知识目标】

1. 熟悉和理解 PLC 编程思想。
2. 熟悉和理解 PLC 顺序控制设计方法。
3. 熟悉和理解 PLC 模块化编程设计方法。
4. 熟悉和理解 PLC 结构化编程设计方法。
5. 掌握 FC 函数的基本理论知识。

【能力目标】

1. 能够根据控制要求绘制顺序功能图。
2. 能够熟练运用顺序控制设计方法完成程序设计。
3. 能够运用模块化编程设计思想完成供料站程序设计。
4. 能够运用 FC 函数完成模块化编程。

【素养目标】

1. 树立安全规范操作意识。
2. 培养学生在解决复杂问题时，把握全局、统筹规划的能力。
3. 使学生初步建立程序化思维。
4. 培养学生面对问题时自信、沉着、冷静的心理素质。

3.1　项目描述

图 3-1 所示供料站又称为送料站，用于向系统中的其他单元提供原料，是一整条生产线的起始，因此是制作生产过程中的一个重要环节。图 3-2 所示为生产线供料站的结构。本项目将结合之前所学内容，完成自动化生产线供料站的程序设计及调试。

图 3-1　生产线供料站

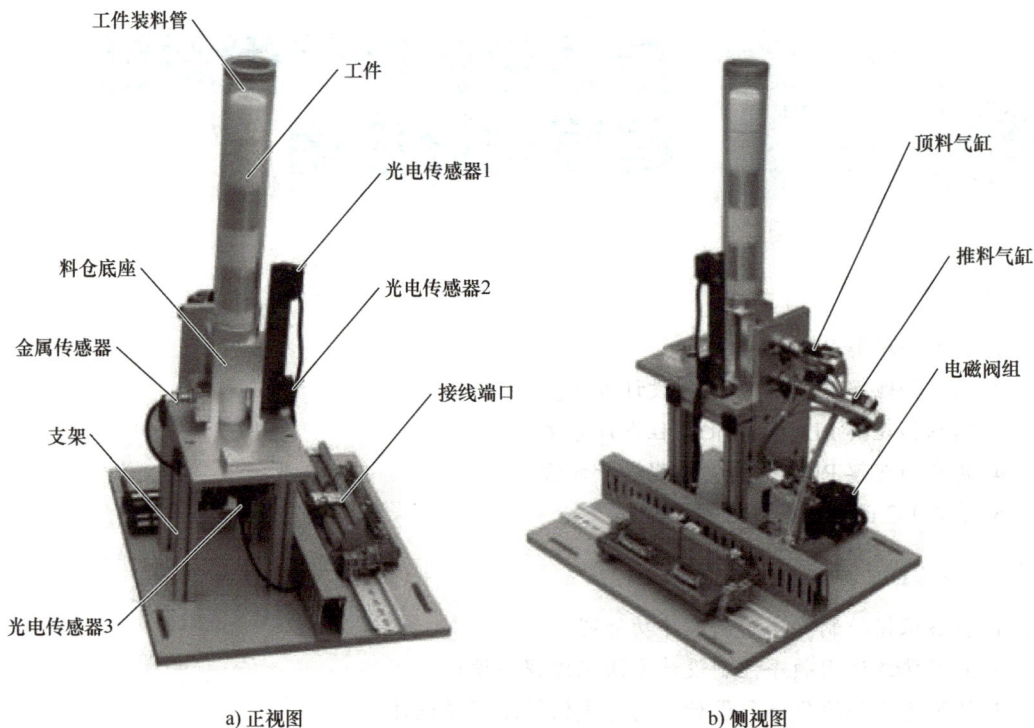

a) 正视图　　　　　　　　　　　　　　b) 侧视图

图 3-2　生产线供料站的结构

3.2　相关知识

3.2.1　PLC 经验设计法

1. 经验设计法概念

PLC 梯形图经验设计法是指在一些典型梯形图程序的基础上，结合实际控制要求和 PLC 的工作原理不断修改和完善，实现控制要求的方法。

2. 程序设计时的注意事项

1）外部输入、输出、内部继电器（位存储器）等器件的触点可多次重复使用。

2）梯形图每一行都是从左侧母线开始。

3）线圈不能直接与左侧母线相连。

4）梯形图程序必须符合顺序执行的原则，从左到右、从上到下地执行，不符合顺序执行的电路不能直接编程。

5）应尽量避免双线圈输出。使用线圈输出指令时，同一编号的线圈指令在同一程序中使用两次以上，称为双线圈输出，如图 3-3 所示，图中双线圈最终导致 I0.0 对 M3.0 无效。双线圈输出容易引起误动作或逻辑混乱，因此一定要慎重。

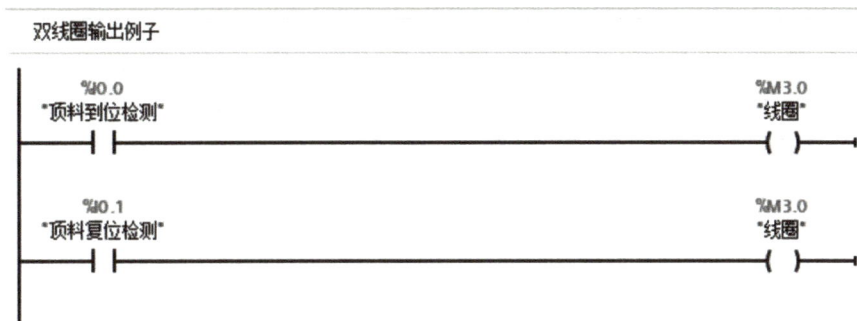

图 3-3　双线圈输出实例

3. PLC 典型程序

1）启保停电路，如图 3-4 所示。

按下启动按钮，Q2.0 灯得电，对应的 Q2.0 常开触点闭合形成自锁电路，当按下停止按钮 I1.2 后 Q2.0 失电，对应 Q2.0 常开触点断开。

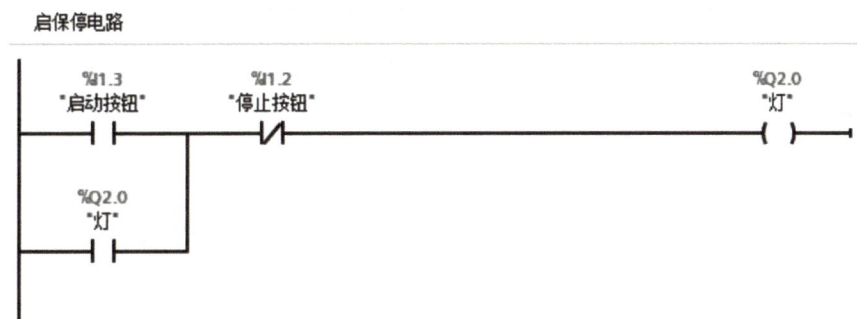

图 3-4　启保停电路

2）延时通断电路，如图 3-5 所示。

当 I0.5 有信号 10s 后，接通 M10.0，Q0.3 形成自锁。I0.5 信号消失 5s 后，接通 M10.1 使 Q0.3 断开。

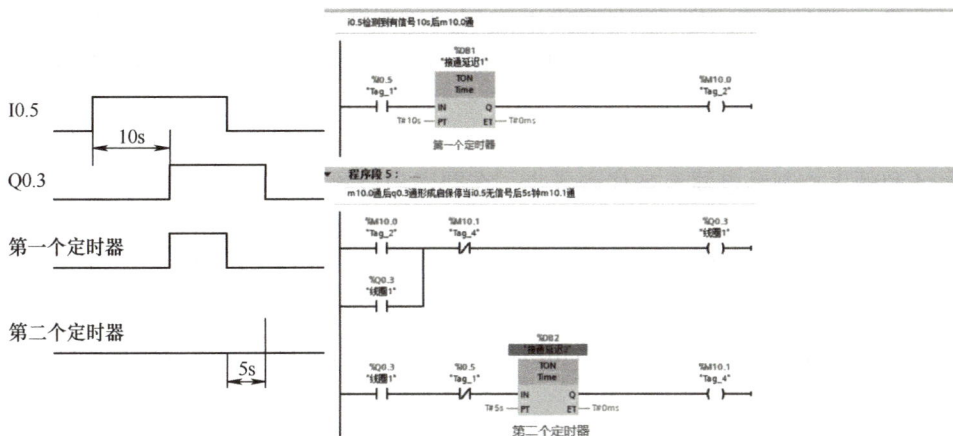

图 3-5　延时通断电路

3）闪烁电路，如图 3-6 所示。

当电路接通，q1 接通延时计时器开始计时，10s 后 q1 的 Q 输出信号使 HL1 得电，同时 q2 接通延时计时器开始计时，5s 后 q2 的 Q 输出信号，同时 q2 的 Q 常闭触点接通，程序断电，再进入下一次循环。

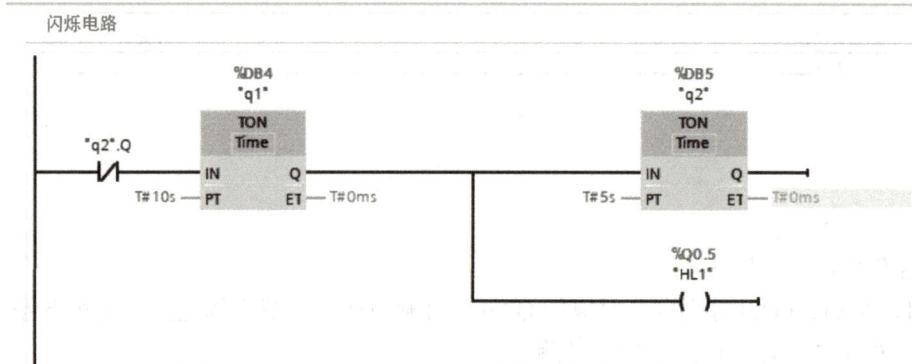

图 3-6　闪烁电路

3.2.2　PLC 顺序控制设计法

1. 顺序控制设计法概念

所谓的顺序控制，是指按照生产工艺预先规定的顺序，在各个转移控制信号的作用下，在生产过程中根据输入信号、内部状态和时间的顺序，各个被控执行机构自动有序地进行操作。这些被控执行机构通常是动作顺序不变或相对固定的生产机械。这样的自动化系统应用顺序控制设计方法，使得程序易调试、易修改、易维护。

顺序控制设计法就是针对顺序控制系统的一种专门的、采用顺序控制思路的设计方法，对于比较典型的顺序控制系统，在各种编程方法中一般优先采用顺序控制设计法进行设计，这样可以大大地提高程序设计的效率和程序的可读性、可维护性。顺序控制设计法最基本的思想是将控制系统的一个工作周期划分为若干个顺序相连而又相互独立的阶段，这些阶段称为步（STEP），并且用软元件（如辅助继电器 M 或状态继电器 S）来代表各个步。顺序控制设计法首先根据系统的工艺要求，画出顺序功能图，然后根据顺序功能图画出梯形图。

2. 顺序控制的基本元件

1）步：系统的一个工作周期根据输出量的不同所划分的各个顺序相连的阶段，使用位存储器 M 和顺序控制继电器 S 来代表各步，在顺序功能图中用矩形方框表示，方框用数字或代表该步的编程元件 M 和 S 的地址作为步的编号。步是根据各输出量的状态变化来划分的，在任意一个步内各输出量的状态（0 或 1）是不变的，但是相邻两步的输出量的状态是不同的。

2）初始步：系统等待启动命令的相对静止的状态，与系统初始状态相对应的步，用双线方框表示。

3）活动步：系统处于某一步所在的阶段，其前一步称为"前级步"，其后一步称为"后续步"，其他各步称为"不活动步"。

4）动作步：系统处于某一步需要完成的工作，用矩形方框与步相连。某一步可以有几个动作，也可以没有动作，这些动作之间无顺序关系。

5）有向连线：将代表各步的方框按照它们成为活动步的先后次序连接起来的线。有向连线在从上到下或从左到右的方向上的箭头可以省略。

6）转换：步与步之间的有向连线上与之垂直的短横线，作用是将相邻的两步分开。

7）转换条件：与转换对应的条件，是系统由当前步进入下一步的信号。可以是外部的输入条件，例如按钮、指令开关、限位开关的接通或断开等；也可以是 PLC 内部产生的信号，例如定时器、计数器等触点的接通；还可以是若干个信号的与、或、非的逻辑组合。

3. 绘制顺序功能图的注意事项

1）顺序功能图中两个步绝对不能直接相连，必须用一个转换将它们隔开。

2）顺序功能图中两个转换不能直接相连，必须用一个步将它们隔开。

3）顺序功能图中的初始步一般对应于系统等待启动的初始状态。

4）实际控制系统应能多次重复执行同一工艺过程，因此在顺序功能图中一般应有由步和有向连线组成的闭环回路，即在完成一次工艺过程的全部操作之后，应该根据工艺要求返回初始步或下一工作周期开始运行的第一步。

5）在顺序功能图中，只有当某一步的前级步是活动步时，该步才有可能变成活动步。

4. 顺序功能图的三种基本结构

顺序功能图的结构框图有三种序列，即单序列、选择序列和并行序列，如图 3-7 所示。

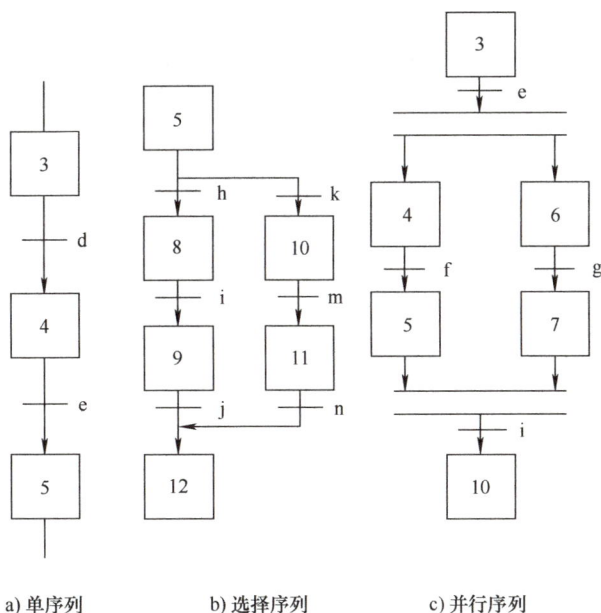

a) 单序列   b) 选择序列   c) 并行序列

图 3-7 三种序列结构框图

1）单序列：由一系列相继激活的步组成，每一步后仅有一个转换，每一个转换后也只有一个步。

2）选择序列：系统的某一步活动后，满足不同的转换条件能够激活不同的步的序列。选择序列的开始称为分支，转换符号只能标在水平连线之下。步 5 后有两个转换 h 和 k 所引导的两个选择序列：如果步 5 为活动步并且转换 h 使能，则步 8 被触发；如果步 5 为活动步并且转换 k 使能，则步 10 被触发。一般只允许选择一个序列。选择序列的合并是指几个选择序列合并到一个公共序列。此时，用需要重新组合的序列相同数量的转换符号和水平连线来表示，转换符号只允许在水平连线之上。如果步 9 为活动步并且转换 j 使能，则步 12 被触发；如果步 11 为活动步并且转换 n 使能，则步 12 也被触发。

3）并行序列：系统的某一步活动后，满足转换条件能够同时激活若干步的序列。当转换的实现导致几个序列同时激活时，这些序列称为并行序列。并行序列用来表示系统的几个同时工作的独立部分情况，如图 3-7c 所示。并行序列的开始称为分支。当步 3 是活动步并且转换条件 e 使能，步 4、步 6 这两步同时变为活动步，同时步 3 变为不活动步。为了强调转换的实现，水平连线用双线表示。步 4、步 6 被同时激活后，每个序列中活动步的进展将是独立的。在表示同步的水平双线上，只允许有一个转换符号。并行序列的结束称为合并，在表示同步水平双线之下，只允许有一个转换符号。当直接连在双线上的所有前级步（步 5、步 7）都处于活动状态，并且转换状态条件 i 使能时，才会发生步 5、步 7 到步 10 的进展，步 5、步 7 同时变为不活动步，而步 10 变为活动步。

5. 顺序功能图的基本规则

（1）转换实现的条件

在顺序功能图中，步的活动状态的进展是由转换的实现来完成的。转换实现必须同时满足两个条件：①该转换所有的前级步都是活动步；②相应的转换条件得到满足。

（2）转换实现应完成的操作

1）使所有由有向连线与相应转换符号相连的后续步都变为活动步。

2）使所有由有向连线与相应转换符号相连的前级步都变为不活动步。

6. 顺序控制设计法实现方法

顺序控制设计法有以下几种实现方法：①启保停电路设计方法；②置位/复位设计法；③比较法；④移位寄存器编程；⑤定时器、计数器编程；⑥步进指令编程。

这里重点讲解前三种方法。

1）启保停电路设计方法即用启保停电路实现步与步之间的切换。启保停电路仅使用与触点和线圈有关的指令，任何一种 PLC 的指令系统都有这一类指令，因此这是一种通用的编程方法，可以用于任意型号的 PLC，如图 3-8 所示。

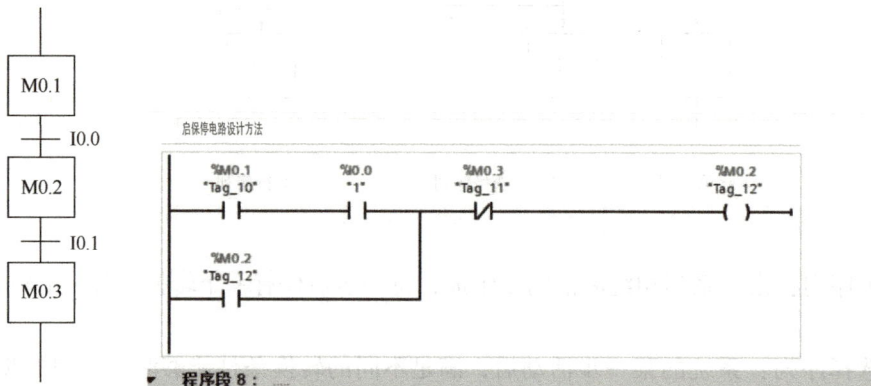

图 3-8　启保停电路设计法

　　2）置位 / 复位设计法是用 S、R 指令实现步与步之间的切换。在使用 S、R 指令设计顺序控制程序时，将各转换的所有前级步对应的常开触点与转换对应的触点或电路串联，该串联电路即为启保停电路中的启动电路，用它作为使所有后续步置位（使用 S 指令）和使所有前级步复位（使用 R 指令）的条件。在任何情况下，各步的控制电路都可以用这一原则来设计，每一个转换对应一个这样的控制置位和复位的电路块，有多少个转换就有多少个这样的电路块。这种设计方法特别有规律可循，梯形图与转换实现的基本规则之间有着严格的对应关系，在设计复杂的顺序功能图的梯形图时，既容易掌握，又不容易出错，如图 3-9 所示。

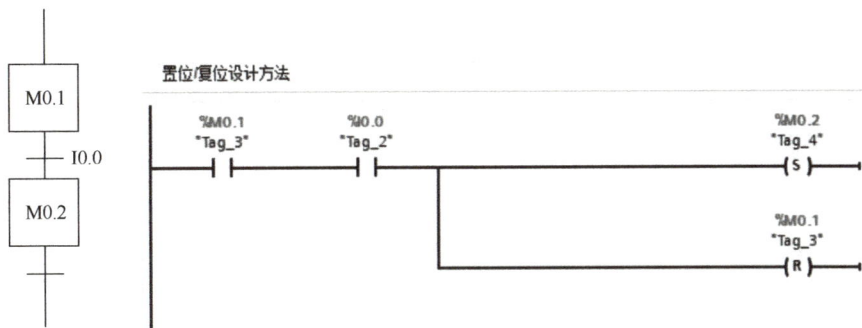

图 3-9　置位 / 复位设计法

　　3）比较法即设置一个步号变量，利用比较指令实现步与步之间的切换。使用比较指令设计顺序控制程序时，可以方便地观察程序运行的位置，便于排查错误。这种设计方法特别有规律可循，在设计复杂的顺序功能图的梯形图时，既容易掌握，又易于调试，可减小出错概率，如图 3-10 所示。

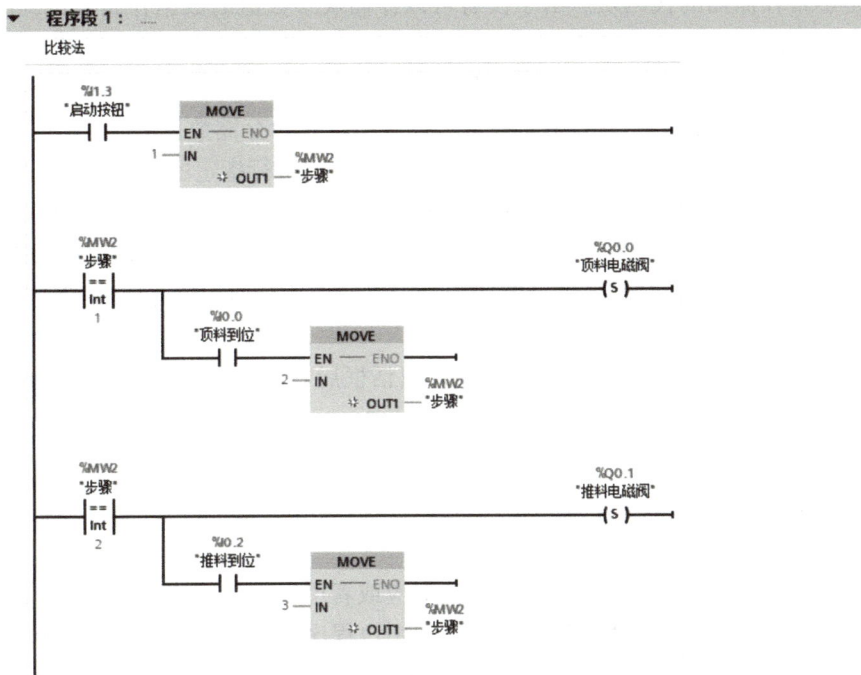

图 3-10　比较法

3.2.3　PLC 模块化编程设计法

1. 模块化编程方式

这种编程方式是将不同的功能划分成不同的 FC 程序块，需要哪个功能的时候直接调用哪个 FC 程序块。比如项目中有一个供料模块和一个指示灯模块，当项目中有相关设备时直接调用即可，如图 3-11 所示。这种程序的弊端就是，如果是有条件调用的话，程序容易出现漏洞。

图 3-11　模块化编程

2. 函数（FC）的原理

函数是不带存储器的代码块。由于没有可以存储块参数值的数据存储器，调用函数时，必须给所有形参分配实参。

函数可以使用全局数据块（数据块用于存储用户数据，分为可由所有代码块访问的全局数据块，以及分配给特定功能块调用的背景数据块）永久性存储数据。FC 是西门子 PLC 编程中的基本元素，无须保留内存即可运行。这意味着它们执行指定的操作，并且完成后不存储任何数据，非常适合不需要保存状态的重复任务。FC 的特点是：在内存处理方面，FC 没有记忆，它们根据当前输入执行，然后重置；在参数传递方面，输入和输出在每次执行时定义，它们不会在调用之间保留数值；通常应用于简单的任务，如数学运算或逻辑检查等。

3. FC 块的添加方法

单击选择"添加新块"，出现"添加新块"对话框后右击"FC 函数"，最后单击"确定"按钮，如图 3-12 所示。

3.2.4　PLC 结构化编程设计法

将复杂自动化任务分割成与过程工艺功能对应或者可以重复使用的子任务，易于对这些复杂自动化任务进行处理和管理。这些子任务在用户程序中用程序块表示，每个程序块都是用户程序的独立部分。通过设计 FB 和 FC 执行通用任务，可创建模块化代码块，通过由其他代码块调用这些可重复使用的模块来构建程序。

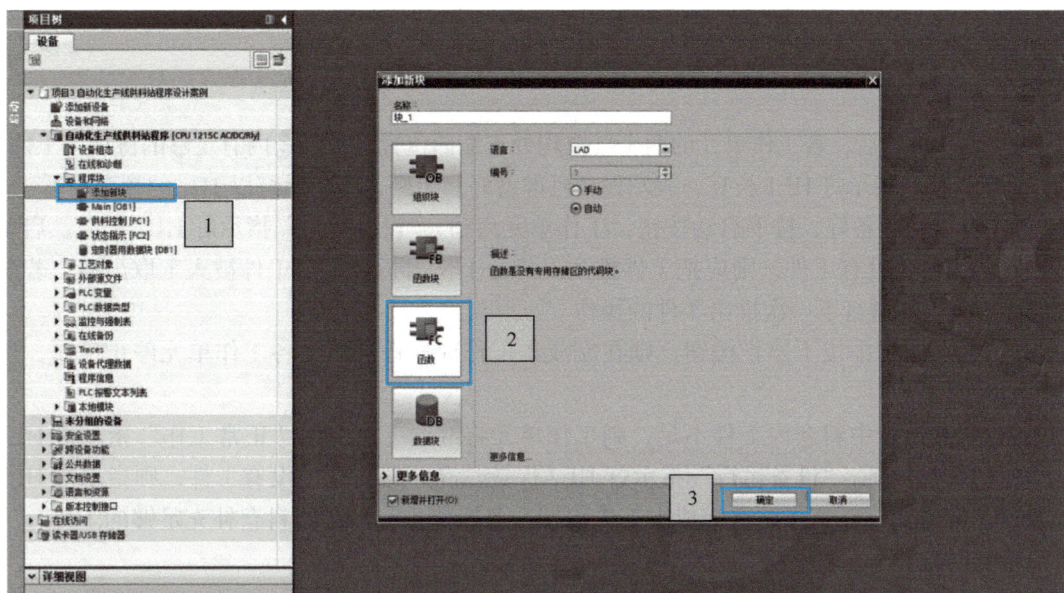

图 3-12　FC 块的添加方法

结构化编程具有以下优点：

1）更容易进行复杂程序编程。

2）各个程序段都可以实现标准化，可以通过更改参数实现程序段的反复使用。

3）程序结构更简单。

4）更改程序更容易。

5）可以分别测试程序段，简化程序排错过程。

图 3-13 所示为结构化程序示意图，OB1 程序循环执行，嵌套调用 FB 块、FC 块（其中 FB 块的内容将在项目 8 详细介绍）。

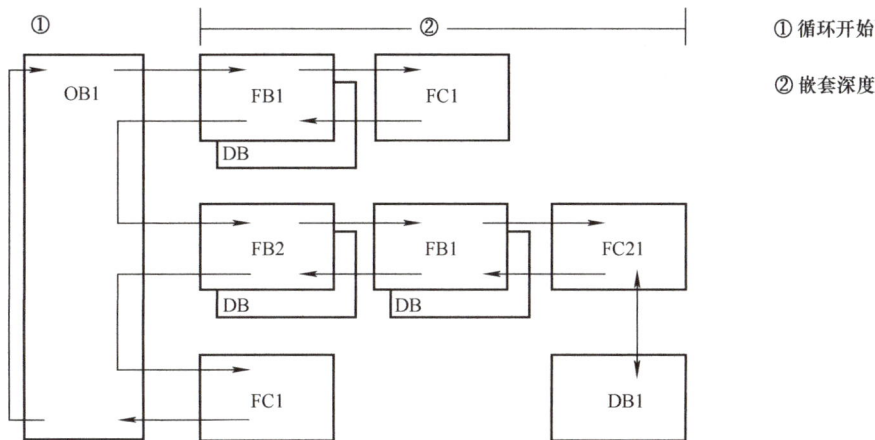

图 3-13　结构化程序示意图

注：最大嵌套深度为六，安全程序使用二级嵌套，因此，用户程序在安全程序中的嵌套深度为四。

3.3　项目要求

1）设备加电后，若工作单元的两个气缸均处于缩回位置，且料仓内有足够的待加工工件，则"正常工作"指示灯 HL1 长亮，表示设备已准备好；否则，该指示灯以 1Hz 的频率闪烁。

2）若设备准备好，按下启动按钮，工作单元启动，"设备运行"指示灯 HL2 长亮。启动后，若出货台上没有工件，则应把工件推到出货台上。出货台上的工件被人工取出后，若没有停止信号，则进行下一次推出工件的操作。

3）若在运行中按下停止按钮，则在完成本工作周期任务后，各工作单元停止工作，指示灯 HL2 熄灭。

4）若在运行中料仓内工件不足，则工作单元将继续工作，但"正常工作"指示灯 HL1 以 1Hz 的频率闪烁，"设备运行"指示灯 HL2 保持长亮；若料仓内没有工件，则指示灯 HL1 以 2Hz 的频率闪烁。工作站在完成本工作周期任务后停止。除非向料仓补充足够的工件，工作站不能再启动。

3.4　项目实施

3.4.1　设计供料单元 I/O 分配表

根据 PLC 输入/输出分配原则及本项目要求进行 I/O 地址分配，见表 3-1。

3-1　自动化生产线供料站项目实施

表 3-1　I/O 分配表

序号	PLC 地址	符号	功能
1	Q0.0	YV1	顶料驱动
2	Q0.1	YV2	推料驱动
3	Q0.7	HL1	黄灯
4	Q1.0	HL2	绿灯
5	Q1.1	HL3	红灯
6	I0.0	1B1	顶料到位
7	I0.1	1B2	顶料复位
8	I0.2	2B1	推料到位
9	I0.3	2B2	推料复位
10	I0.4	SC1	出料检测
11	I0.5	SC2	物料不足
12	I0.6	SC3	物料没有
13	I1.2	SB1	停止按钮
14	I1.3	SB2	启动按钮
15	I1.5	SA1	工作方式

3.4.2　供料单元接线图

根据控制要求及 I/O 分配表绘制供料单元 PLC 接线图，如图 3-14 所示。

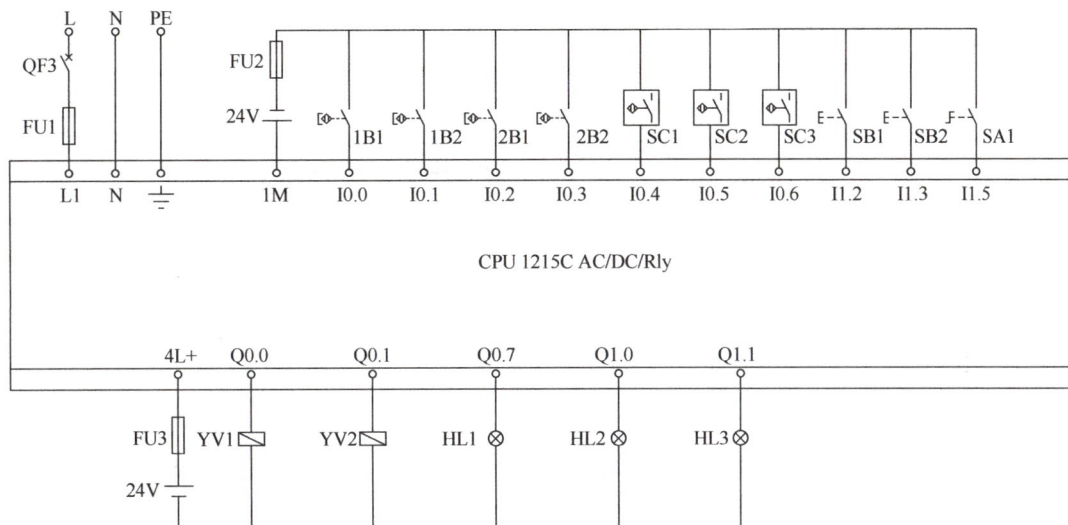

图 3-14　PLC 接线图

3.4.3　创建工程项目

双击打开博途软件，选择"创建新项目"，名称设为"自动化生产线供料站"，然后单击"创建"按钮创建项目，如图 3-15 所示。

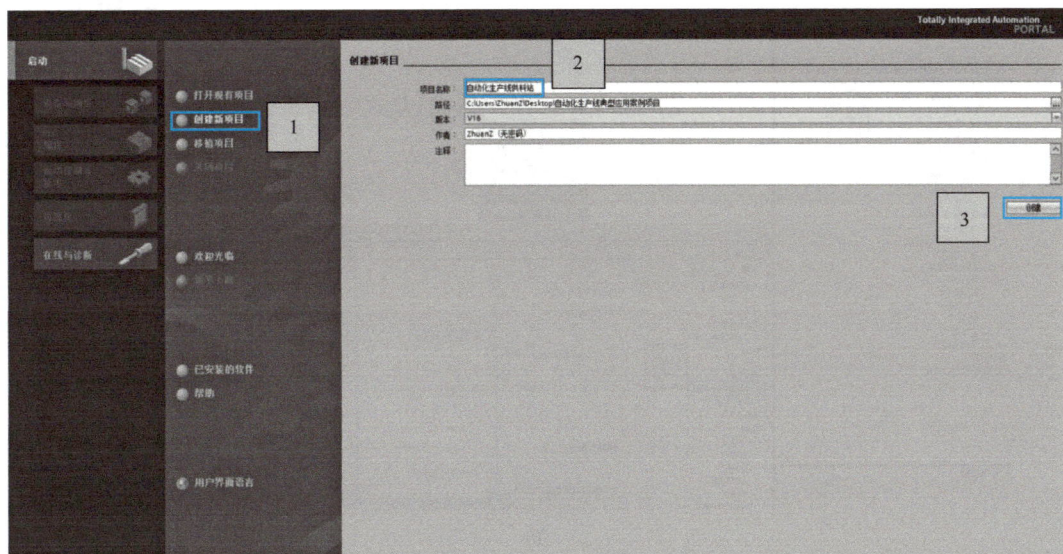

图 3-15　创建项目

3.4.4　硬件组态

3-2　自动化生产线供料站硬件组态

首先在项目树中左击"添加新设备",选择 CPU 1215C AC/DC/Rly,订货号为 6ES7 215-1BG40-0XB0,版本选择 V4.3,单击"确定"按钮,如图 3-16a 所示。

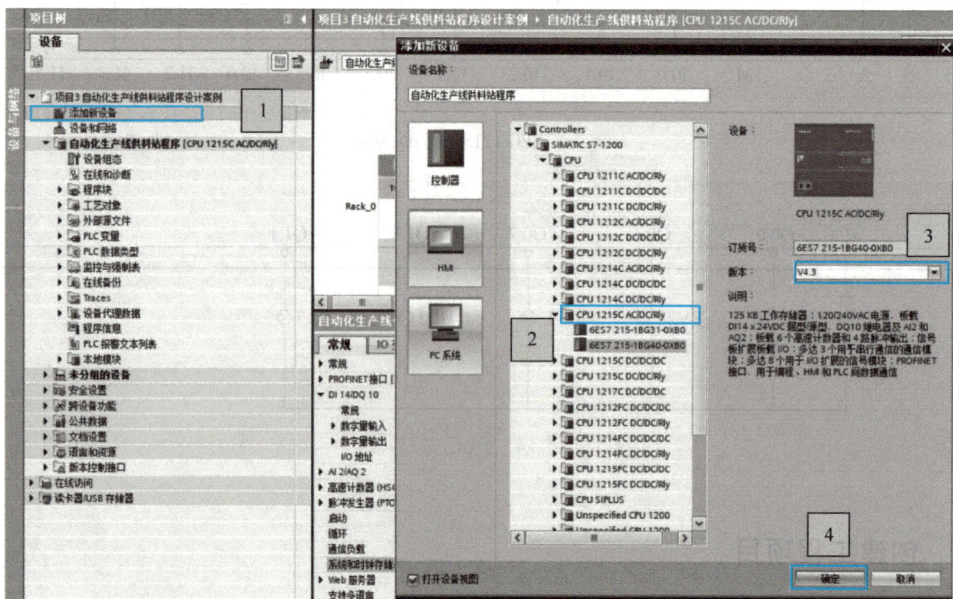

a)

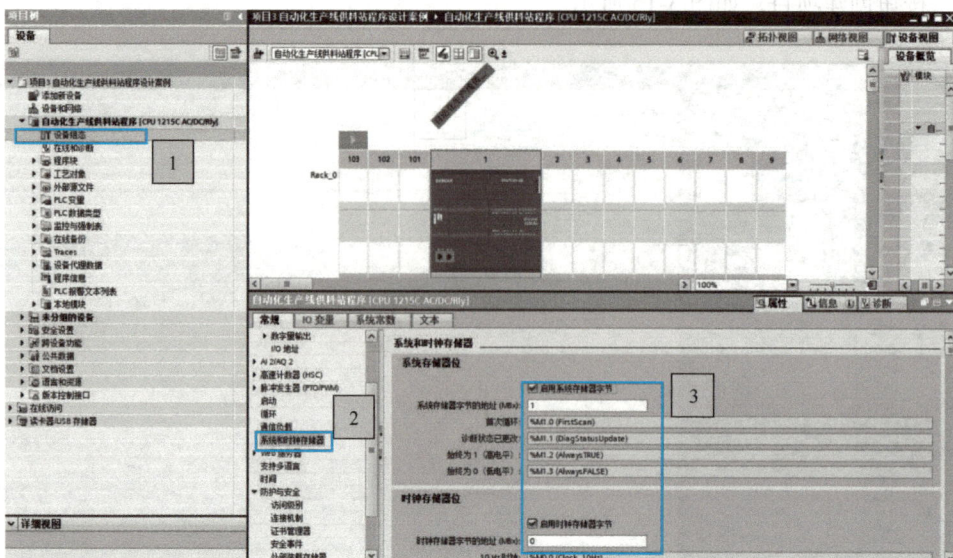

b)

图 3-16　组态

组态好 PLC 后需要使用系统时钟电路，如图 3-16b 所示，选择 PLC 并右击，选择"属性"→"常规"→"系统和时钟存储器"，勾选"启用系统存储器字节"和"启用时钟存储器字节"选项。

3.4.5　编辑变量表

打开 PLC_1 的"PLC 变量"文件夹，双击"添加新变量表"，选择"＜新增＞"→"更改变量名称"→"更改数据类型"→"更改地址"，完成变量表，如图 3-17 所示。

System_Byte	Byte	%MB1	☐	☑	☑	☑
FirstScan	Bool	%M1.0	☐	☑	☑	☑
DiagStatusUpdate	Bool	%M1.1	☐	☑	☑	☑
AlwaysTRUE	Bool	%M1.2	☐	☑	☑	☑
AlwaysFALSE	Bool	%M1.3	☐	☑	☑	☑
Clock_Byte	Byte	%MB0	☐	☑	☑	☑
Clock_10Hz	Bool	%M0.0	☐	☑	☑	☑
Clock_5Hz	Bool	%M0.1	☐	☑	☑	☑
Clock_2.5Hz	Bool	%M0.2	☐	☑	☑	☑
Clock_2Hz	Bool	%M0.3	☐	☑	☑	☑
Clock_1.25Hz	Bool	%M0.4	☐	☑	☑	☑
Clock_1Hz	Bool	%M0.5	☐	☑	☑	☑
Clock_0.625Hz	Bool	%M0.6	☐	☑	☑	☑
Clock_0.5Hz	Bool	%M0.7	☐	☑	☑	☑
供料不足	Bool	%M2.2	☐	☑	☑	☑
缺料报警	Bool	%M2.1	☐	☑	☑	☑
运行状态	Bool	%M3.0	☐	☑	☑	☑
停止指令	Bool	%M3.1	☐	☑	☑	☑
准备就绪	Bool	%M2.0	☐	☑	☑	☑
初态检查	Bool	%M5.0	☐	☑	☑	☑
顶料驱动	Bool	%Q0.0	☐	☑	☑	☑
推料驱动	Bool	%Q0.1	☐	☑	☑	☑
HL1	Bool	%Q0.7	☐	☑	☑	☑
HL2	Bool	%Q1.0	☐	☑	☑	☑
顶料到位	Bool	%I0.0	☐	☑	☑	☑
顶料复位	Bool	%I0.1	☐	☑	☑	☑
推料到位	Bool	%I0.2	☐	☑	☑	☑
推料复位	Bool	%I0.3	☐	☑	☑	☑
出料检测	Bool	%I0.4	☐	☑	☑	☑
物料不足	Bool	%I0.5	☐	☑	☑	☑
物料没有	Bool	%I0.6	☐	☑	☑	☑
停止按钮	Bool	%I1.2	☐	☑	☑	☑
启动按钮	Bool	%I1.3	☐	☑	☑	☑
工作方式	Bool	%I1.5	☐	☑	☑	☑
HL3	Bool	%Q1.1	☐	☑	☑	☑
初始步	Bool	%M20.0	☐	☑	☑	☑
线圈1	Bool	%M20.1	☐	☑	☑	☑
线圈2	Bool	%M20.2	☐	☑	☑	☑

图 3-17　PLC 变量表

3.4.6　供料单元程序设计

绘制供料单元顺序功能图，并根据顺序功能图进行供料单元程序编写。供料单元顺序功能图及流程图如图 3-18 所示。

3-3　自动化
生产线供料
站项目实施
程序讲解

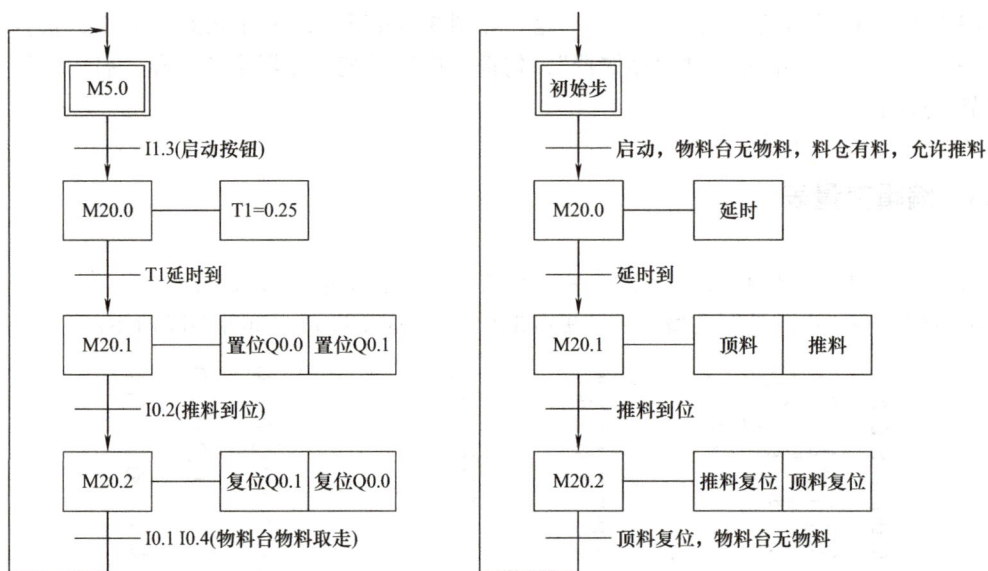

图 3-18　供料站顺序功能图及流程图

1. 主程序编写

主程序编写的具体步骤如下：

1）供料站开始运行，调用状态显示子程序；初始状态准备好后，等待启动按钮发出信号。程序梯形图如图 3-19 所示。

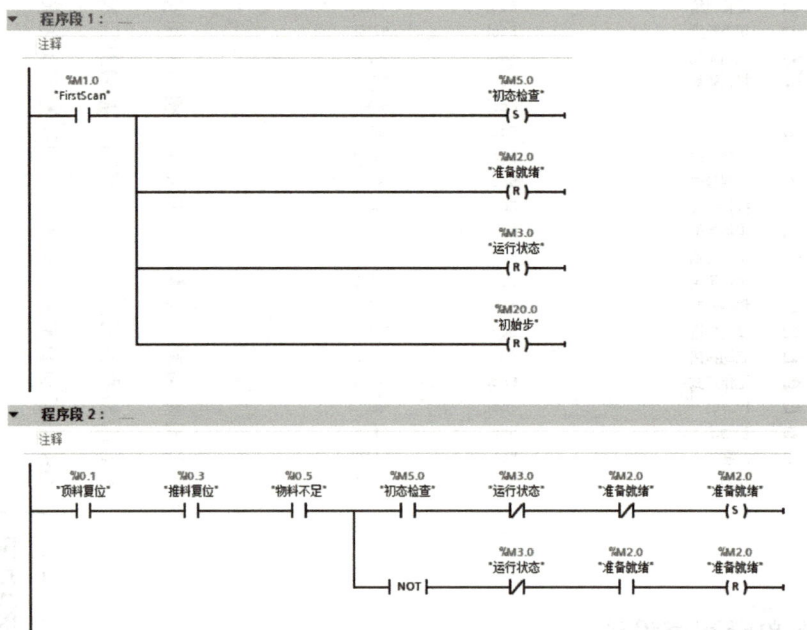

图 3-19　程序梯形图 1

2）启动按钮发出信号后，供料站开始运行，调用供料控制程序，停止按钮给出信号后接通停止指令。程序梯形图如图 3-20 所示。

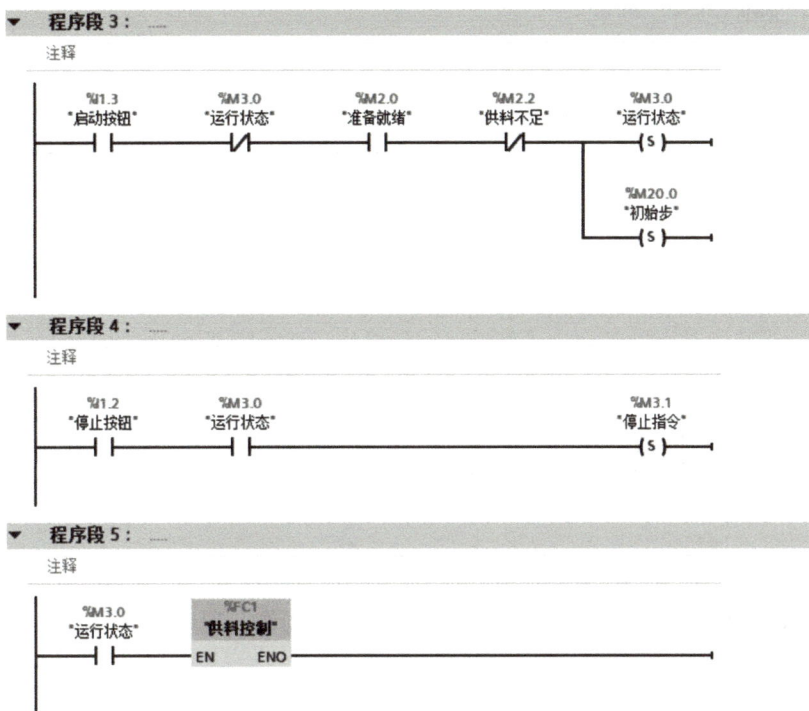

图 3-20　程序梯形图 2

3）收到停止指令后，当完成一个周期回到初始步后停止运行，调用状态指示指令块。程序梯形图如图 3-21 所示。

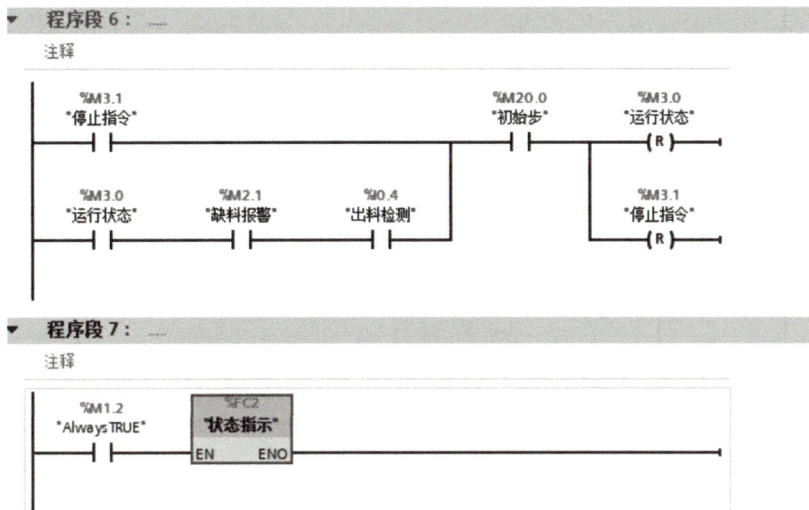

图 3-21　程序梯形图 3

2. 供料控制子程序

（1）顺序控制设计方法

当检测到出货台没有工件时，把工件推出到出货台。程序梯形图如图 3-22 所示。

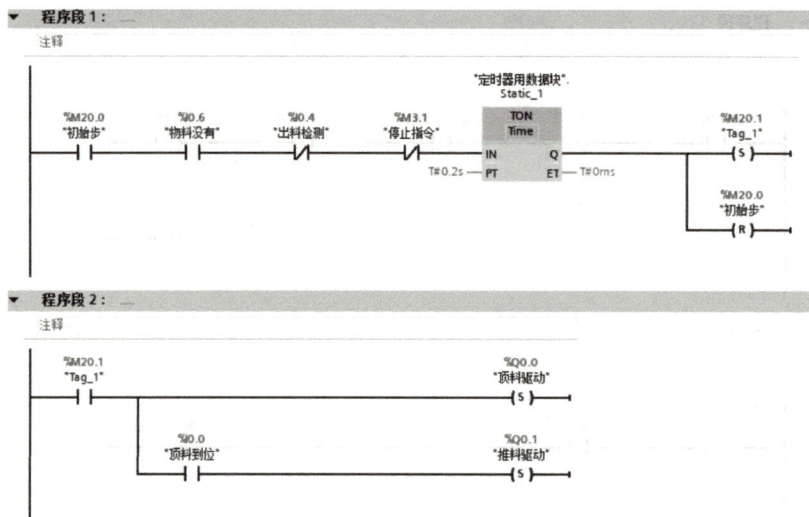

图 3-22　程序梯形图 4

当工件被取走且无停止信号，进行下一次推出工件操作。程序梯形图如图 3-23 所示。

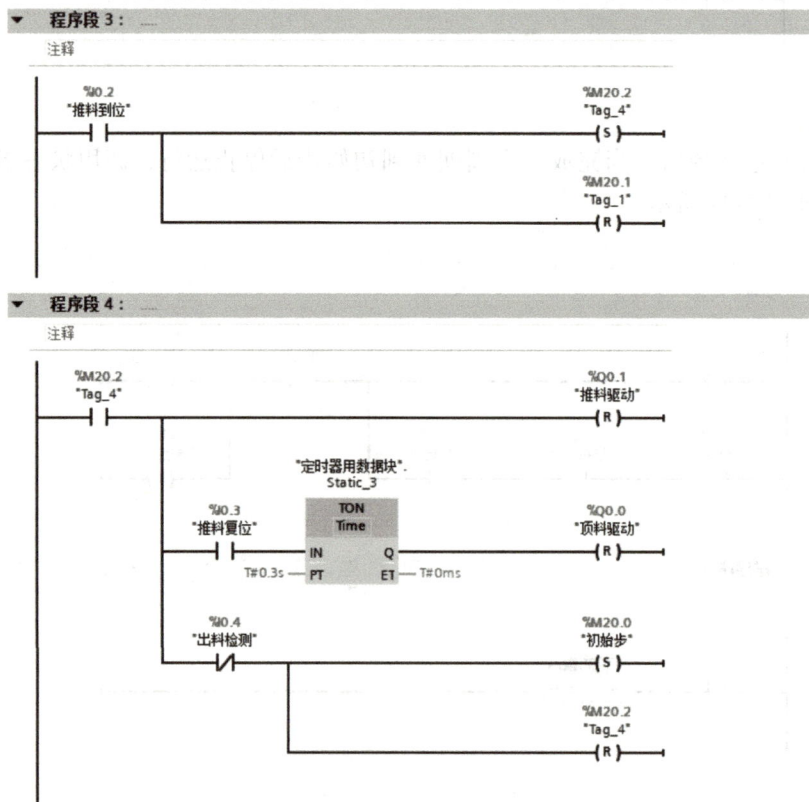

图 3-23　程序梯形图 5

（2）经验设计法

检测到出货台无工件且料仓有料，则开始出料操作。程序梯形图如图 3-24 所示。

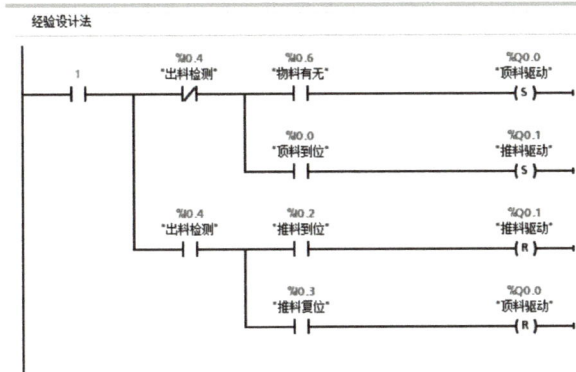

图 3-24 程序梯形图 6

3. 状态显示子程序

设备加电后，若工作单元的两个气缸均处于缩回位置，且料仓内有足够的待加工工件，则"正常工作"指示灯 HL1 长亮，表示设备已准备好；否则，该指示灯以 1Hz 的频率闪烁。若设备准备好，按下启动按钮，工作单元启动，"设备运行"指示灯 HL2 长亮。若在运行中料仓内工件不足，则工作单元将继续工作，但"正常工作"指示灯 HL1 以 1Hz 的频率闪烁，"设备运行"指示灯 HL2 保持长亮；若料仓内没有工件，则指示灯 HL1 以 2Hz 的频率闪烁。工作站在完成本工作周期任务后停止。除非向料仓补充足够的工件，工作站不能再启动。程序梯形图如图 3-25 所示。

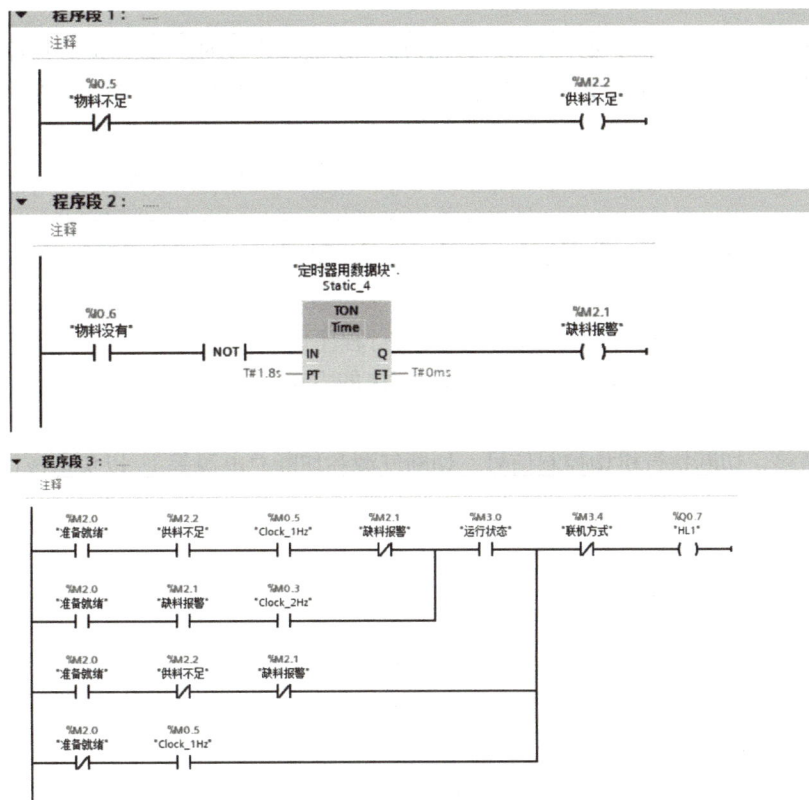

图 3-25 程序梯形图 7

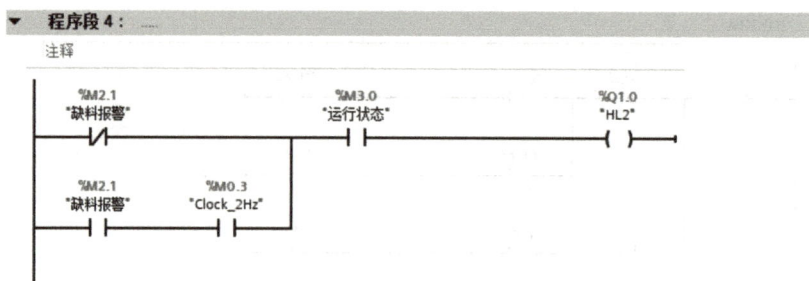

图 3-25　程序梯形图 7（续）

3.4.7　调试程序

PLC 程序调试是一个系统性过程，需在模拟与实际环境下对输入输出进行监测和分析，反复排查修正逻辑、语法及硬件连接等方面的问题，以确保程序稳定可靠地运行，实现预期的自动化控制功能，将编写好的用户程序及设备组态分别下载到各自 CPU 中，并连接好线路。按下本地启动按钮，观察供料站是否能按项目要求运行。

3.5　注意事项

1. 在下载、运行程序前，必须认真检查程序。在检查程序时，重点检查：各个执行机构之间是否会发生冲突；采用什么措施避免了冲突；同一执行机构在不同阶段所做的动作是否区分开了。只有认真、全面检查了程序，并确定准确无误后，才可以运行程序。若在不经过检查的情况下直接在设备上运行所编写的程序，如果程序存在问题，就很容易造成设备损毁和人员伤害。

2. 在调试过程中，仔细观察执行机构的动作，同时在调试运行记录表中做好实时记录，并将其作为依据，来分析程序可能存在的问题。如果程序能够实现预期的控制功能，则应该多运行几次，以便检查其运行的稳定性，然后进行程序优化。

3. 总结经验，把调试过程中遇到的问题、解决的方法记录下来。

4. 在运行过程中，应时刻注意运行情况，一旦发生执行机构相互冲突的事件，应该及时采取措施（如急停、切断执行机构控制信号、切断气源和切断总电源等），以免造成设备的损毁。

3.6　问题与思考

1. 料仓中工件少于 4 个时，传感器提示报警，如何在程序中反映？

2. 如果 PLC 增加一个输入点，如何完成手动单循环控制与手动单步控制？

3. 分析一下使用顺序控制设计方法与经验设计方法实现供料站程序设计的优缺点。

4. 分析程序设计在自动化生产线中的重要地位。

5. 思考顺序控制设计方法中各步完成切换的其他实现方法。

项目 4　自动化生产线传送带分拣单元应用

【知识目标】

1. 熟悉和理解西门子 S7-1200 扩展模块脉冲发生器指令。
2. 熟悉和理解西门子 S7-1200 扩展模块高速计数器指令。
3. 了解常见传感器的基本原理。

【能力目标】

1. 掌握 S7-1200 扩展模块脉冲发生器的应用。
2. 掌握 S7-1200 扩展模块高速计数器的应用。
3. 能够正确组态 PWM 脉冲发生器。
4. 能够正确组态高速计数器。

【素养目标】

1. 提高学生分析问题、解决问题的能力。
2. 培养学生的创新意识和创造力。
3. 培养学生的动手操作能力，积累实践经验。

4.1　项目描述

当今的自动化生产线涵盖了众多领域，从电子产品的精密制造到大型机械装备的组装，从食品饮料的加工生产到医药制品的包装出品，各个行业都在追求高度自动化以提升生产率、降低成本并确保产品质量。而物流输送系统作为连接生产与消费终端的桥梁，面临着海量货物快速、准确分拣和配送的巨大挑战。在这样的背景下，传送带分拣单元以其独特的优势成为自动化生产线和物流输送环节中的核心元素之一。

本项目聚焦于自动化生产线中的传送带分拣单元，旨在通过结合 S7-1200 PLC 的相关功能，包括 PWM 控制直流电机及高速计数器应用，实现高效、精确的传送带分拣操作，如图 4-1 所示。

图 4-1　传送带分拣单元实物

4.2 相关知识

4.2.1 S7-1200 PLC 脉冲发生器控制直流电机

4-1 S7-1200 PLC 脉冲发生器控制直流电机

1. 直流电机相关知识

直流电机分为直流电动机和直流发电机。直流电动机是指能将直流电能转换成机械能的旋转电机，直流发电机是指将机械能转换成直流电能的旋转电机。下文中直流电机统一指直流电动机。

（1）直流电机的机械特性方程

$$n = \frac{U_A - I_a R_a}{C_e \Phi}$$

式中　n——转速，单位为 r/min；

　　U_A——电枢电压，单位为 V；

　　I_a——电枢电流，单位为 A；

　　R_a——电枢回路总电阻，单位为 Ω；

　　Φ——励磁磁通，单位为 Wb；

　　C_e——由电机结构决定的电动势常数。

由机械特性方程表达式可知，直流电机的调速方法有三种：电枢回路串联电阻的调速方法，调节励磁磁通的励磁调速方法，调节电枢电压的电枢控制方法。电枢回路串联电阻的调速方法特点是：机械特性变软，负载变化时转速波动大，静态稳定性差，调速范围不大，轻载时调速效果不明显，有级调速，调速平滑性差，调速时电阻上损耗大，效率低。励磁调速方法也称弱磁调速，一般与降压调速配合使用以扩大调速范围。调节电枢电压的电枢控制方法也称降压调速，因其具备负载变化时转速波动小、静态稳定性好、调速范围大、转速调节平滑、可实现无级调速、调速时能量损失小、效率高等优点而被广泛地应用到直流电机的调速控制中。

（2）PWM 控制直流电机的工作原理

PWM（脉冲宽度调制）是一种通过改变脉冲信号的占空比来控制输出电压平均值的技术。对于直流电机而言，通过改变 PWM 信号的占空比，可以等效地改变施加在电机两端的平均电压，从而实现对电机转速的控制。

（3）PWM 直流驱动器接线

PWM 直流驱动器接线示意图如图 4-2 所示。

（4）直流脉宽调制原理

直流脉宽调制，是通过对一系列脉冲的宽度进行调制，等效出所需要的波形（主要是电压和电流）。它是基于面积等效原理，即冲量相等而形状不同的窄脉冲加在具有惯性的环节上时，其效果基本相同。把正弦半波分成 N 等份，就可把它看成 N 个彼此相连的脉冲序列，这些脉冲宽度相等但幅值不等。用幅值相等而宽度按正弦规律变化的脉冲序列代替，只要各脉冲面积与相应正弦波部分面积相等，即冲量相等，输出效果基本相同。

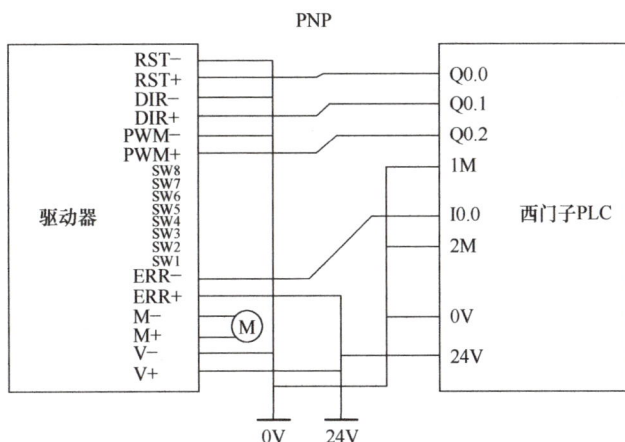

图 4-2　PWM 直流驱动器接线示意图

直流脉宽调制的工作过程：直流脉宽调制系统中，由脉宽调制器产生脉冲宽度可变的调制波，该调制波通常是在一个周期内高电平持续时间可调节的方波信号。调制波与直流电源电压配合，通过功率开关器件（如 IGBT、MOSFET）控制直流电源对负载的供电时间。当调制波为高电平时，功率开关器件导通，直流电源向负载供电；为低电平时，器件关断，负载断电。通过改变调制波高电平的持续时间，即改变脉冲宽度，来改变负载在一个周期内获得的平均电压，从而达到调节负载上电压或电流的目的。

直流脉宽调制示意图如图 4-3 所示。占空比 $\gamma = \dfrac{t_{\mathrm{on}}}{T}$，电机电压 $U_{\mathrm{d}} = U_{\mathrm{do}}\dfrac{t_{\mathrm{on}}}{T} = \rho U_{\mathrm{do}}$，负载电压系数 $\rho = \dfrac{U_{\mathrm{d}}}{U_{\mathrm{do}}} = \gamma$，即调节占空比即可调压调速。

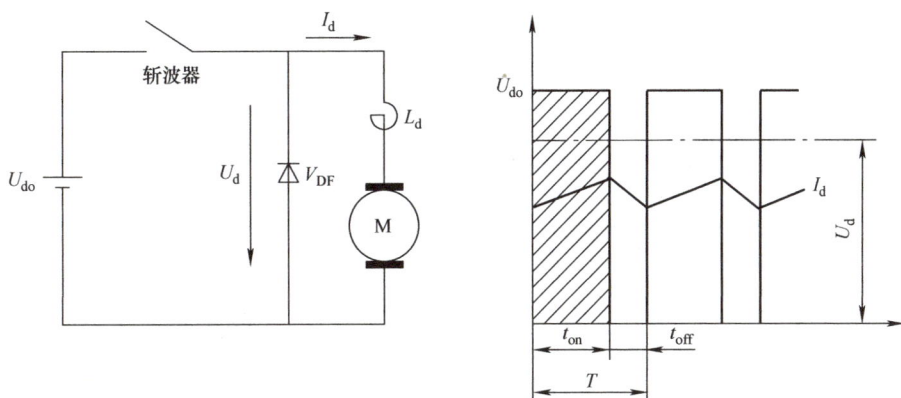

图 4-3　直流脉宽调制示意图

2. S7-1200 脉冲发生器指令

（1）CTRL_PWM 指令参数

CTRL_PWM 指令参数如图 4-4 所示。

PWM：脉冲发生器的硬件 ID 号，就是"硬件标识符"。

ENABLE：PWM 脉冲的使能端，为 TRUE 时 CPU 发 PWM 脉冲，为 FALSE 时，不发脉冲。

BUSY：标识 CPU 是否正在发 PWM 脉冲。

STATUS：PWM 指令的状态值，当 STATUS = 0 时表示无错误，STATUS ≠ 0 时表示 PWM 指令错误。

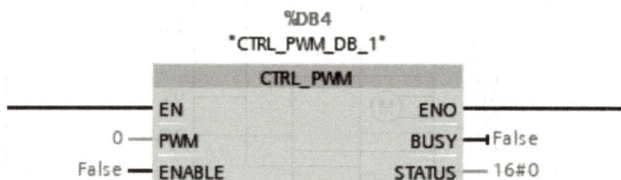

图 4-4　CTRL_PWM 指令参数

（2）脉冲参数

脉冲参数如图 4-5 所示。

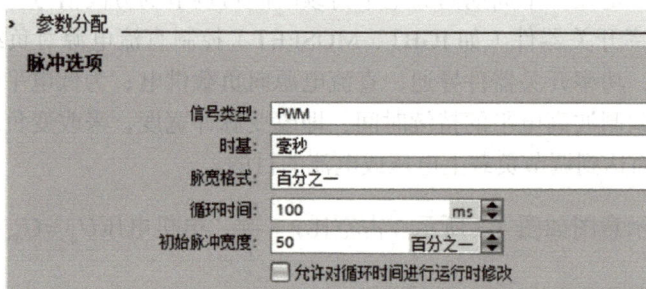

图 4-5　脉冲参数

信号类型：选择脉冲类型，如图 4-6 所示，有 PWM 和 PTO，其中 PTO 又分成 4 种，每种类型的具体含义在运动控制部分进行介绍。在这里选择 PWM。

时基：用来设定 PWM 脉冲周期的时间单位。在 PWM 模式下，时基单位有毫秒和微秒，选择微秒。

脉宽格式：用来定义 PWM 脉冲的占空比档次，分成 4 种，如图 4-7 所示。

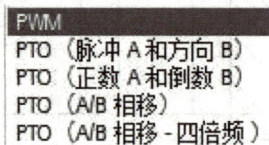

图 4-6　脉冲类型

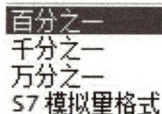

图 4-7　脉宽格式

以其中的"百分之一"举例，表示把 PWM 脉冲周期分成 100 等份，以 1/100 为单位来表示一个脉冲周期中脉冲的高电平，也可以理解成 1/100 是 PWM 脉冲周期中高电平的分辨率。选择"千分之一"和"万分之一"则相应地将 PWM 的周期分成更小的等份，分辨率更高。

"S7 模拟量格式"表示把 PWM 的周期划分成 27648 等份，以 1/27648 为单位来表示一个脉冲周期中脉冲的高电平。因为 S7-1200PLC 的模拟量量程范围为 0 ~ 27648 或 –27648 ~ 27648。

循环时间：表示 PWM 脉冲的周期时间，博途软件中对"循环时间"限定的范围值为 1 ~ 16777215。

初始脉冲宽度：表示 PWM 脉冲周期中的高电平的脉冲宽度，可以设定的范围值由"脉宽格式"确定。例如，如果"脉宽格式"选择了"万分之一"，则"初始脉冲宽度"值可以设定的范围为 0 ~ 10000。同理，如果"脉宽格式"选择了"S7 模拟量格式"，则"初始脉冲宽度"值可以设定的范围为 0~27648。如果设定值为 0，则 PLC 没有脉冲发出。

3. PWM 直流驱动器组态方法

1）根据控制要求进行硬件组态。进入 CPU"常规"属性，设置"脉冲发生器"，如图 4-8 所示。

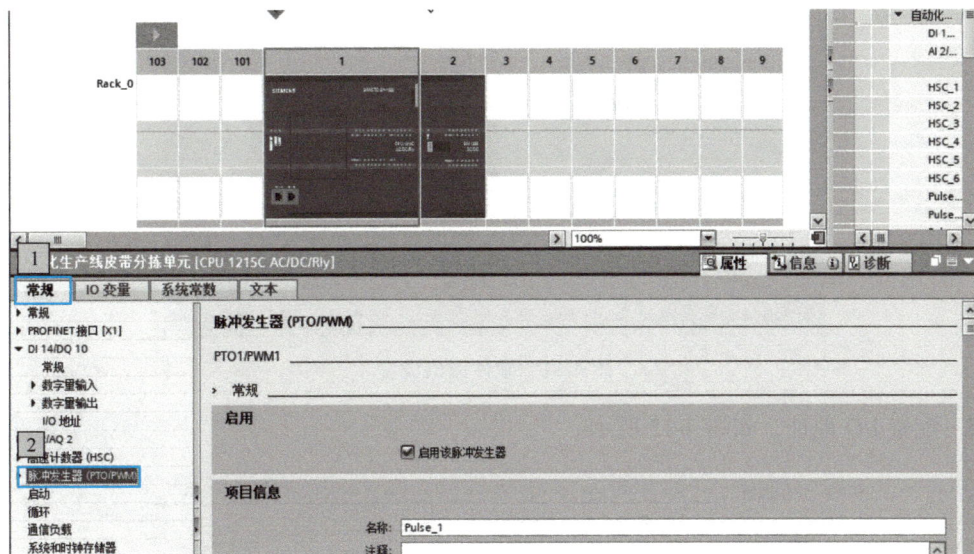

图 4-8　设置"脉冲发生器"示意图

2）启用脉冲发生器。可以给该脉冲发生器设置一个名称，也可以不做修改，使用软件默认设置值，还可以为该 PWM 脉冲发生器添加注释说明，如图 4-9 所示。

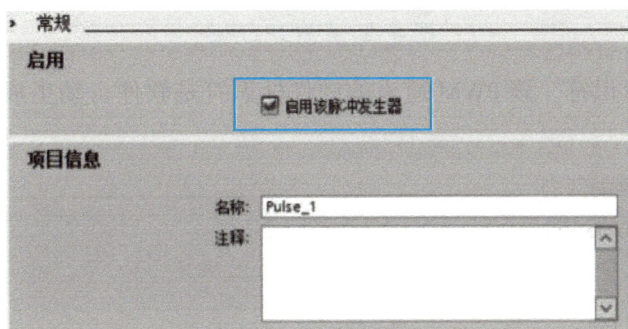

图 4-9　启用脉冲发生器

3）组态脉冲参数，如图 4-10 所示。

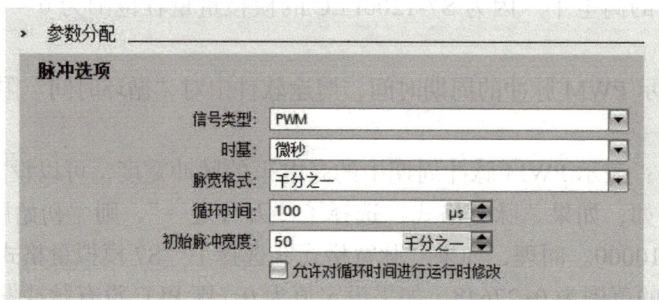

图 4-10　组态脉冲参数

4）硬件输出，根据需要选择 S7-1200PLC 上的某个 DO 点作为 PWM 输出，如图 4-11 所示。

图 4-11　硬件输出设置

5）配置 I/O 地址，如图 4-12 所示。

图 4-12　配置 I/O 地址

6）生成硬件标识符。该 PWM 通道的硬件标识符是软件自动生成的，不能修改，如图 4-13 所示。

图 4-13　生成硬件标识符

4.2.2　S7-1200 PLC 高速计数器应用

1. 高速计数器相关知识

（1）高速计数器的工作原理

高速计数器接收外部的输入信号，并将其转换为数字信号进行处理。输入信号可以是来自传感器、编码器或其他测量设备的脉冲信号。计数器通过输入端口接收脉冲信号，并在每次接收到一个脉冲时进行计数操作。

4-2　S7-1200 PLC 高速计数器的应用

（2）光电编码器的工作原理

光电编码器主要用来检测传送带实时的运行脉冲距离。光电编码器是通过光电转换，将机械、几何位移量转换成脉冲或数字量的传感器，它主要用于速度或位置（角度）的检测。典型的光电编码器由码盘、检测光栅、光电转换电路（包括光源、光敏器件、信号转换电路）、机械部件等组成。一般来说，根据光电编码器产生脉冲方式不同，可以分为增量式、绝对式及复合式三大类。增量式光电编码器如图 4-14 所示。其硬件接线，红线：12 ~ 24V；黑线：0V；绿线：A 相；白线：B 相；黄线：Z 相。红线和黑线是电源线，绿线、白线和黄线是 A、B、Z 相信号线。

图 4-14　增量式光电编码器

光电编码器参数见表 4-1。

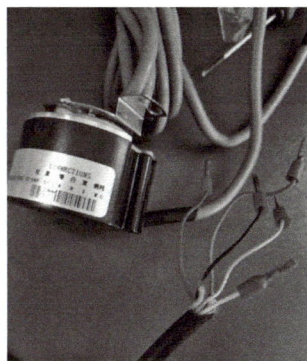

表 4-1　光电编码器参数

每转的脉冲	100
测量步距	90°/ 脉冲
测量步距偏差	18°/ 脉冲
误差限值	± 54°/ 脉冲
接触率	≤ 50% ± 5%
初始化时间	< 3ms

2. S7-1200 高速计数器的指令

高速计数器 CTRL_HSC 指令块如图 4-15 所示。下面对其引脚进行说明。

EN：使能输入。

ENO：使能输出。

HSC：高速计数器的硬件地址。

DIR：启用新的计数方向。

CV：启用新的计数值。

RV：启用新的参考值。

PERIOD：启用新的频率测量周期。

NEW_DIR：DIR = TRUE 时装载的计数方向。

NEW_CV：CV = TRUE 时装载的计数值。

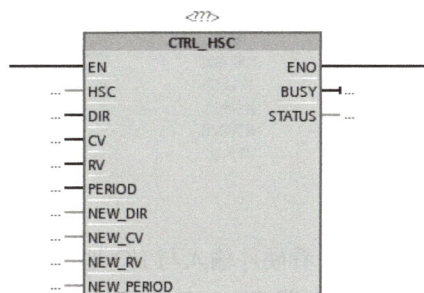

```
        <???>
      CTRL_HSC
—  EN           ENO  —
—  HSC          BUSY  —
—  DIR        STATUS  —
—  CV
—  RV
—  PERIOD
—  NEW_DIR
—  NEW_CV
—  NEW_RV
—  NEW_PERIOD
```

图 4-15　CTRL_HSC 指令块

NEW_RV：当 RV = TRUE 时装载的参考值。

NEW_PERIOD：PERIOD = TRUE 时装载的频率测量周期。

BUSY：处理状态。

STATUS：运行状态。

3. 高速计数器组态方法

1）根据控制要求进行硬件组态。在设备视图中，单击 PLC_1 的 CPU，打开"属性"设置窗口。找到"高速计数器（HSC）"，打开"HSC1"，单击"常规"，勾选"启用该高速计数器"，如图 4-16 所示。

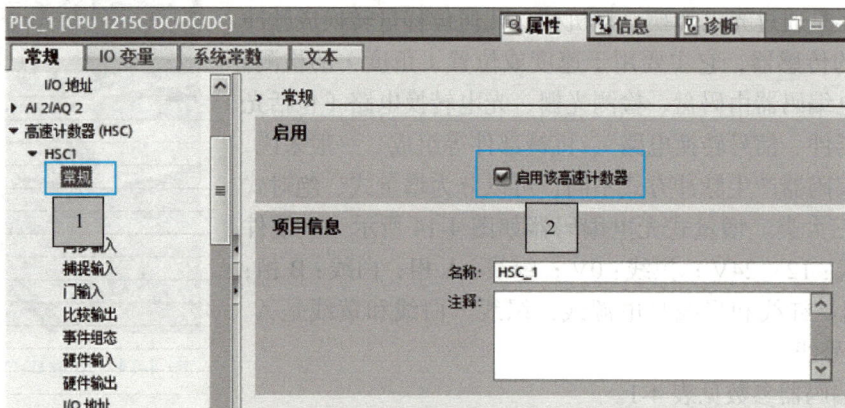

图 4-16　硬件组态

2）设置功能参数。计数类型为"计数"，工作模式选择"AB 计数器四倍频"，如图 4-17 所示。

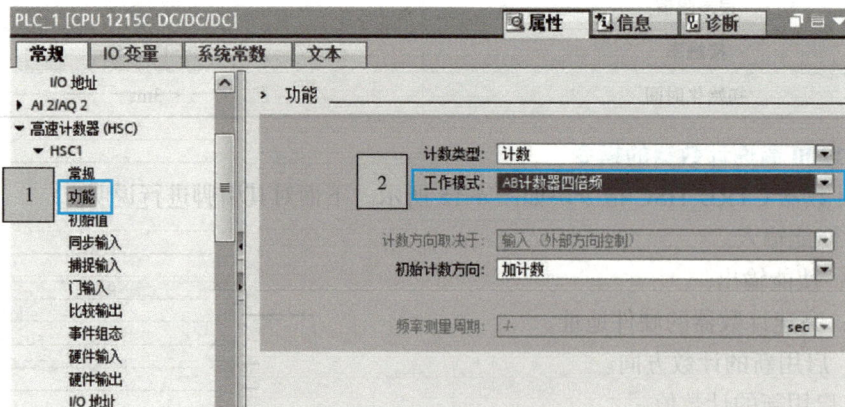

图 4-17　设置功能参数

3）查看硬件输入与 I/O 地址。由于 HSC1 工作模式是 AB 计数器四倍频，所以时钟发生器有 A/B 两路输入，输入地址与硬件接线地址一致，如图 4-18 所示。

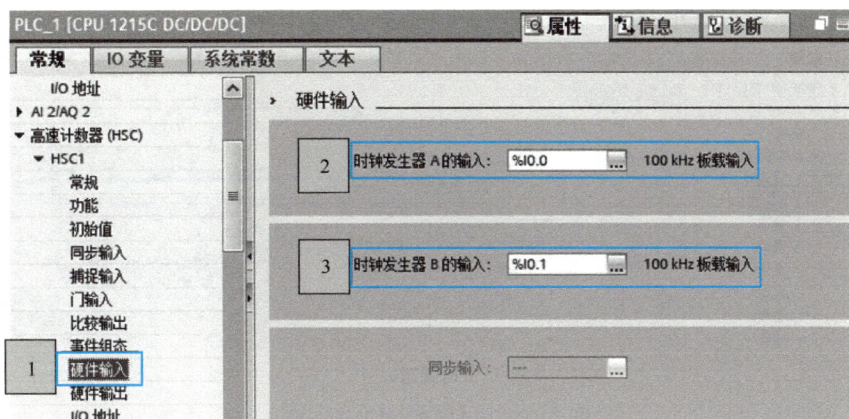

a) 硬件输入

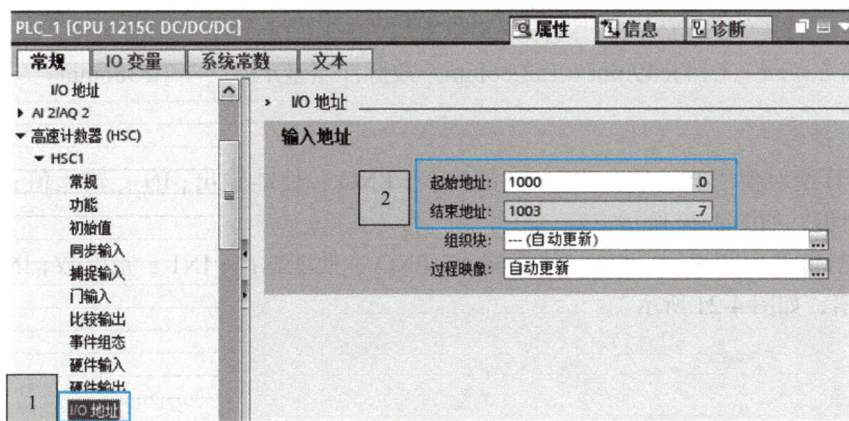

b) I/O地址

图 4-18　硬件输入与 I/O 地址

4）设置数字量输入通道 0、通道 1 的输入滤波器时间。打开"属性"设置窗口。找到"DI 14/DQ 10"→"数字量输入"，打开通道 0 和通道 1，将输入滤波器时间设置为"0.4microsec"，如图 4-19 所示。

a) 通道0

图 4-19　设置数字量通道

b）通道1

图 4-19　设置数字量通道（续）

5）计算传送带运动距离。计算工件在传送带上的位置时，需确定每两个脉冲之间的距离，即脉冲当量。分拣单元主动轴的直径 $d = 49\text{mm}$，则减速电动机每旋转一周，传送带上工件移动距离 $L = \pi d = 3.14 \times 49\text{mm} = 153.86\text{mm}$。故脉冲当量 $\mu = \dfrac{L}{100} = 1.5386\text{mm}$。

4. 算术指令

1）计算绝对值引脚说明。EN：使能输入；ENO：使能输出；IN：输入值；OUT：输入值的绝对值，如图 4-20 所示。

2）计算除法引脚说明。EN：使能输入；ENO：使能输出；IN1：被除数；IN2：除数；OUT：商值，如图 4-21 所示。

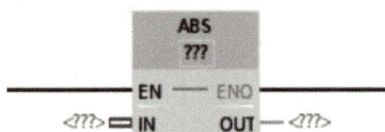

图 4-20　绝对值

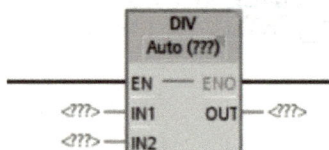

图 4-21　除法

3）计算乘法引脚说明。EN：使能输入；ENO：使能输出；IN1：乘数；IN2：相乘的数；OUT：乘积，如图 4-22 所示。

4）计算加法引脚说明。EN：使能输入；ENO：使能输出；IN1：要加的第一个数；IN2：要加的第二个数；OUT：总和，如图 4-23 所示。

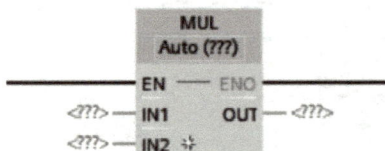

图 4-22　乘法

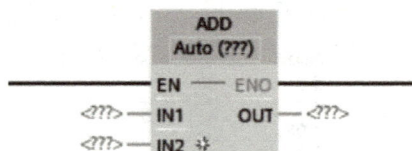

图 4-23　加法

5）计算减法引脚说明。EN：使能输入；ENO：使能输出；IN1：被减数；IN2：减数；

OUT：差值，如图 4-24 所示。

6）计算转换值引脚说明。EN：使能输入；ENO：使能输出；IN：要转换的值；OUT：转换的结果，如图 4-25 所示。

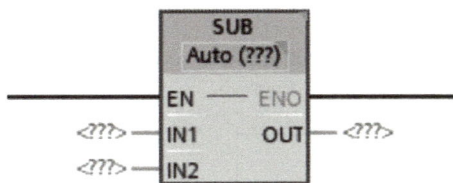

图 4-24　减法

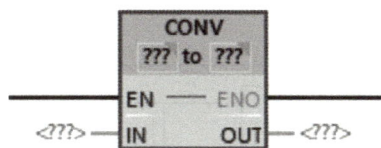

图 4-25　转换值

4.2.3　常见传感器原理、接线和应用

1. 光电传感器

光电传感器的工作原理基于光电效应，即光的能量被光敏元件（如光电二极管、光敏电阻、光电晶体管等）吸收后产生电信号。当光照射到光敏元件上时，光子的能量激发出电子，使光敏元件发生电流或电压的变化，从而实现对光的检测和测量。在带传送与检测单元中，光电传感器用来检测物料的有无。

光电传感器接线图，如图 4-26 所示。

调节方式：光电传感器有两个可调节的旋钮，一个是亮 / 暗调节旋钮，一个是传感器检测距离调节旋钮（靠近指示灯一侧的为亮 / 暗调节旋钮，另一个为传感器检测距离调节旋钮）。

2. 颜色传感器

颜色传感器的工作原理基于物体反射光线的颜色差异。当物体被光源照射时，其表面会反射出一定比例的光线，这些光线的波长和强度与物体本身的颜色有关。颜色传感器利用这个特性，通过光敏元件和信号处理器将光信号转换为电信号，并进行分析和识别。而在带传送与检测单元中，使用色标传感器检测料块颜色（黄色和蓝色）。

颜色传感器的接线图，如图 4-27 所示。

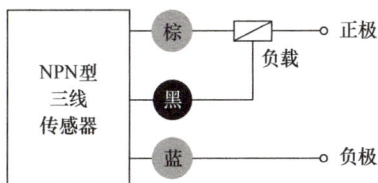

图 4-26　光电传感器接线图

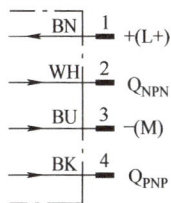

图 4-27　颜色传感器接线图

调节方式：可以通过螺钉旋具旋转色标传感器上的十字来调节色标传感器的开关阈值。

3. 电容传感器

电容传感器是一种常见的接近开关，能检测导体和电介质体。通常情况下金属导体检测距离远，非金属物体检测距离近，可以通过调节电容传感器与被检测物体的距离，来区分金属和非金属物体。

电容传感器的接线方式，如图 4-28 所示。

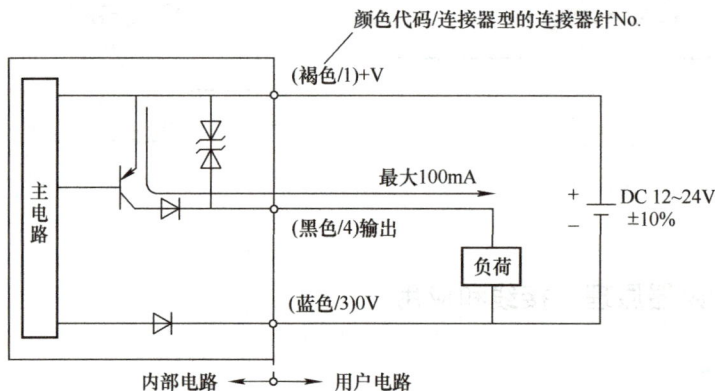

图 4-28　电容传感器接线图

调节方式：将装铝芯的料块放在电容传感器下，调节电容传感器，使其有输出（红色指示灯亮）；将一个空芯的料块放在电容传感器下，调节电容传感器，使其无输出（红色指示灯灭），电容传感器调节完毕。

4. 电感传感器

电感传感器可以用来检测金属的物体，也可以利用检测距离的不同区分铁块和铝块。

电感传感器的接线方式，如图 4-29 所示。

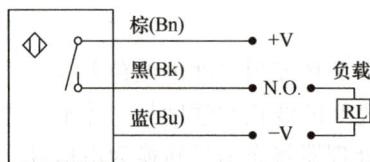

图 4-29　电感传感器接线图

调节方式：可以通过传感器上两个螺母的相对位置来调节传感器的检测距离，将被检测物体（金属类物体）放在传感器正下方，然后把传感器上的两个螺母旋松，接着上下调整传感器并观察输出指示灯，指示灯稳定发光时，再将传感器上的两个螺母旋紧固定。

4.3　项目要求

初始状态：在物料检测机构系统初始时，按钮均抬起，物料检测机构停止，HL1 点亮，表明系统处于停止状态。

启动状态：操作员按下启动按钮 SB1 时，PLC 接收信号，使物料检测机构传送带运转，HL2 亮起，HL1 熄灭，表示系统启动工作。

　　停止状态：系统运行中，若操作员按下停止按钮 SB2，PLC 收到信号后使传送带停止，HL1 重新亮起，HL2 熄灭，表明系统停止工作，或者当物料检测完毕到传送带尾部自动停止。

　　暂停状态：工作时遇临时情况按下暂停按钮 SB3，PLC 使系统停止运行，HL2 以 1Hz 的频率闪烁，表示系统暂停，可随时重启。

　　物料检测与指示灯反馈：传送带运行时对四种物料（黄色铁芯、黄色铝芯、蓝色铁芯、蓝色铝芯）进行检测，物料到达传送带末端时，PLC 根据物料类型控制相应指示灯亮起，方便工人对物料进行下一步操作或分类处理，这由 PLC 程序精确控制，确保生产流程有序。

4.4　项目实施

4.4.1　设计 I/O 分配表

　　根据 PLC 输入 / 输出分配原则及本项目要求进行 I/O 地址分配，见表 4-2。

4-3　自动化生产线皮带分拣单元项目实施

表 4-2　I/O 分配表

序号	PLC 地址	符号	功能
1	Q0.0	PWM+	直流电机 PWM+
2	Q0.1	DIR+	直流电机 DIR+
3	I0.2	SC1	光电传感器
4	I0.3	SC2	颜色传感器
5	I0.4	SC3	电容传感器
6	I0.5	SC4	电感传感器
7	I2.1	SB1	启动信号
8	I2.2	SB2	停止信号
9	I2.3	SB3	暂停信号
10	Q2.0	HL1	初状态检测
11	Q2.1	HL2	运行状态检测
12	Q2.2	HL3	黄色铁芯
13	Q2.3	HL4	黄色铝芯
14	Q2.4	HL5	蓝色铁芯
15	Q2.5	HL6	蓝色铝芯

4.4.2　绘制 I/O 接线图

　　绘制 I/O 接线图如图 4-30 所示。

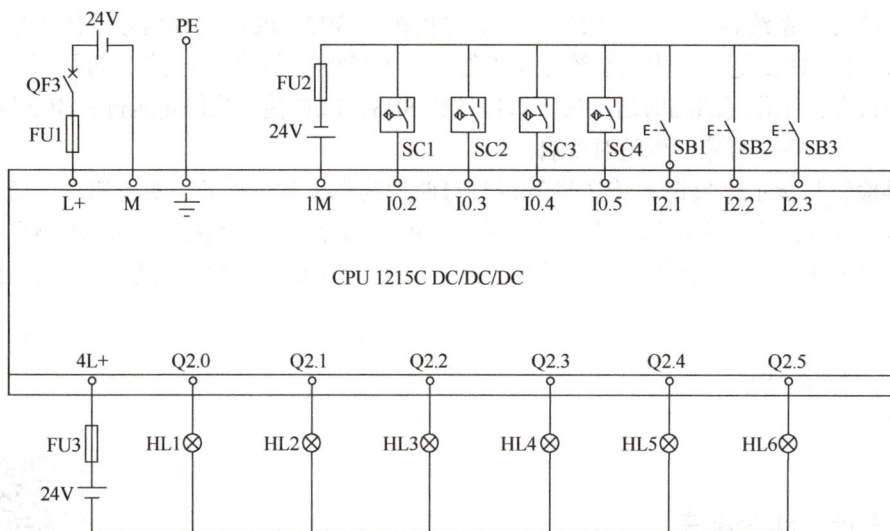

图 4-30　分拣单元 PLC 控制的 I/O 接线图

4.4.3　创建工程项目

双击桌面上的图标，打开博途软件，选择"创建新项目"，输入项目名称"分拣单元"，选择项目保持路径，然后单击"创建"按钮创建项目。

4.4.4　硬件组态

1. PWM 脉冲输出硬件组态

1）进入 CPU "常规"属性，设置"脉冲发生器"，如图 4-31 所示。

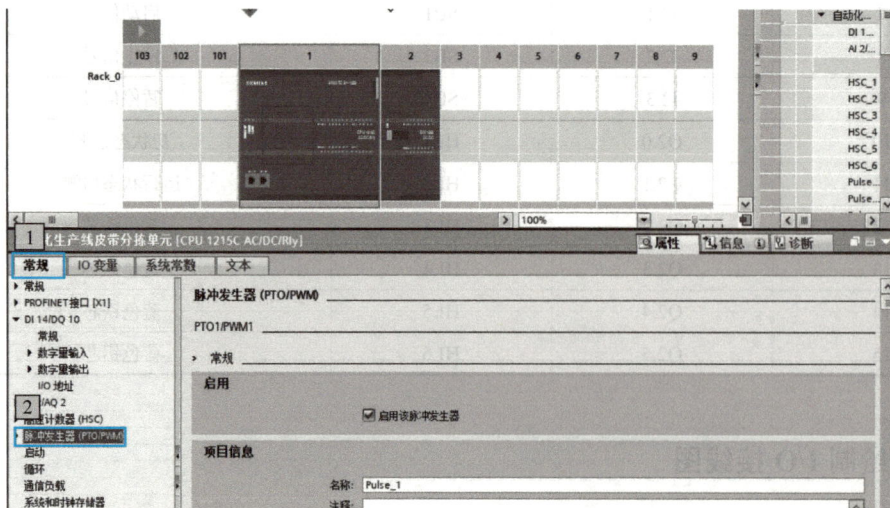

4-4　自动化生产线皮带分拣单元项目实施组态

图 4-31　设置"脉冲发生器"

2）启用脉冲发生器，可以给该脉冲发生器设置一个名称，也可以不做修改使用软件默认设置值，还可以为该 PWM 脉冲发生器添加注释，如图 4-32 所示。

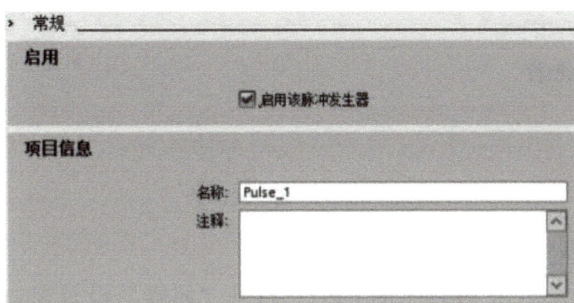

图 4-32 启用脉冲发生器

3）组态脉冲参数，如图 4-33 所示。

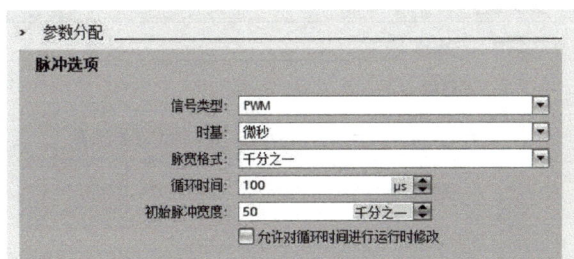

图 4-33 组态脉冲参数

4）硬件输出，根据需要选择 S7-1200 PLC 上的某个 DO 点作为 PWM 输出，如图 4-34 所示。

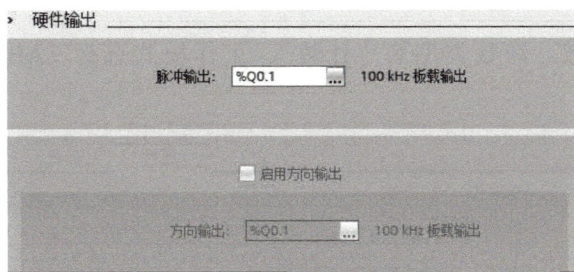

图 4-34 配置硬件输出

5）配置 I/O 地址，如图 4-35 所示。

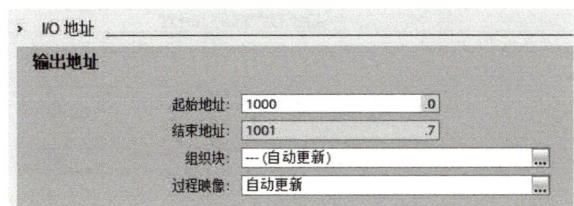

图 4-35 配置 I/O 地址

6）生成硬件标识符，该 PWM 通道的硬件标识符是软件自动生成的，不能修改，如图 4-36 所示。

图 4-36　硬件标识符

2. 高速计数器硬件组态

1）在设备视图中，单击 PLC_1 的 CPU，打开"属性"设置窗口。找到"高速计数器（HSC）"，打开"HSC1"，单击"常规"，勾选"启用该高速计数器"，如图 4-37 所示。

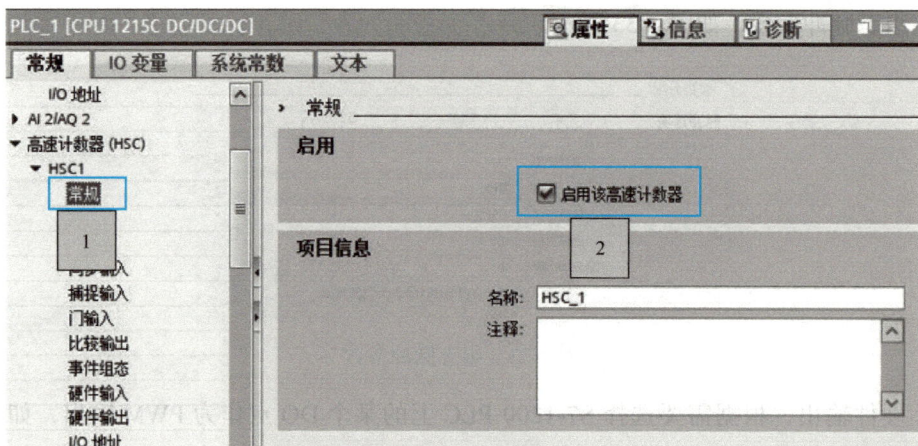

图 4-37　启用高速计数器

2）设置功能参数。计数类型为"计数"，工作模式选择"AB 计数器四倍频"，如图 4-38 所示。

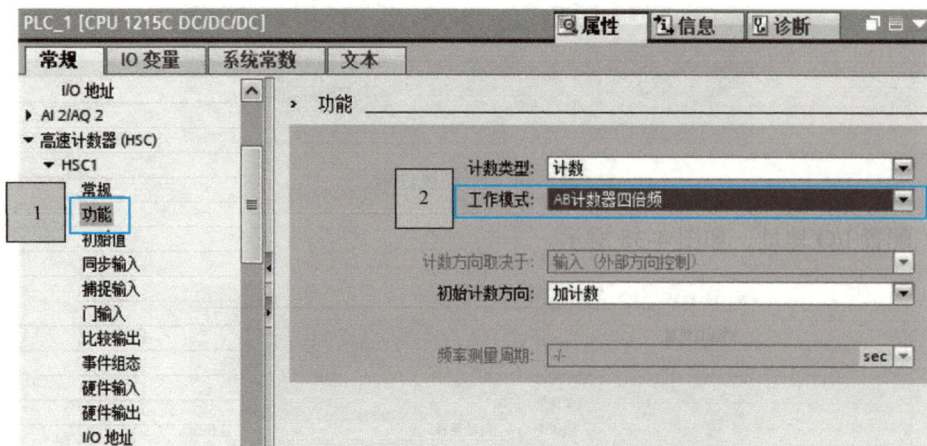

图 4-38　设置功能参数

3）查看硬件输入与 I/O 地址。由于 HSC1 工作模式是 AB 计数器四倍频，所以时钟发生器有 A/B 两路输入，输入地址与硬件接线地址一致，如图 4-39 所示。

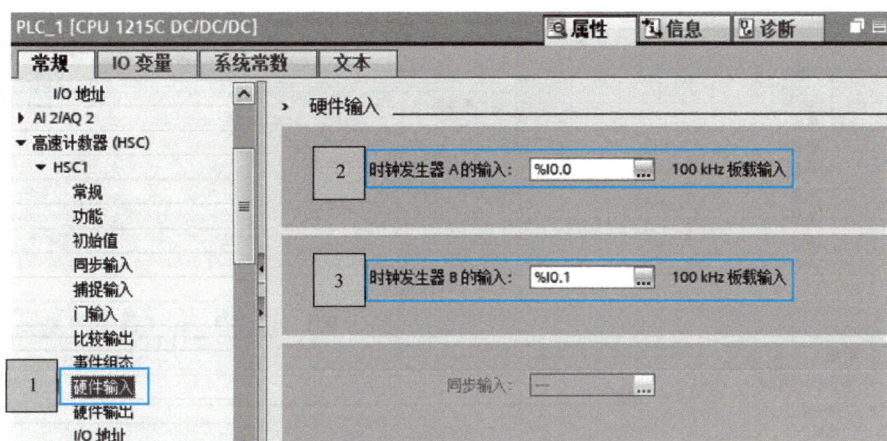

a)

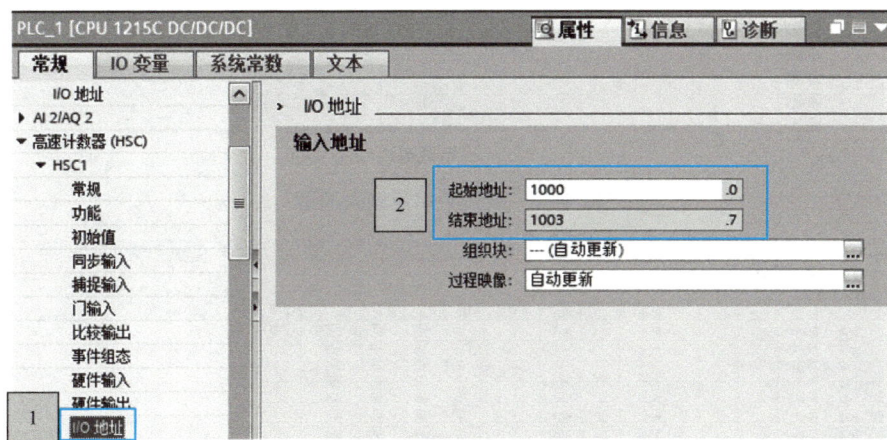

b)

图 4-39　硬件输入与 I/O 地址

4）设置数字量输入通道 0、通道 1 的输入滤波器时间。打开"属性"设置窗口。找到"DI 14/DQ 10"→"数字量输入"，打开通道 0 和通道 1，将输入滤波器时间设置为"0.4microsec"，如图 4-40 所示。

进行设备硬件下载，使上面所组态的 PWM 脉冲输出以及高速计数器可以使用。

4.4.5　编辑变量表

打开 PLC_1 的"PLC 变量"文件夹，双击"添加新变量表"，选择"＜新增＞"→"更改变量名称"→"更改数据类型"→"更改地址"，完成分拣单元 PLC 控制的变量表，如图 4-41 所示。

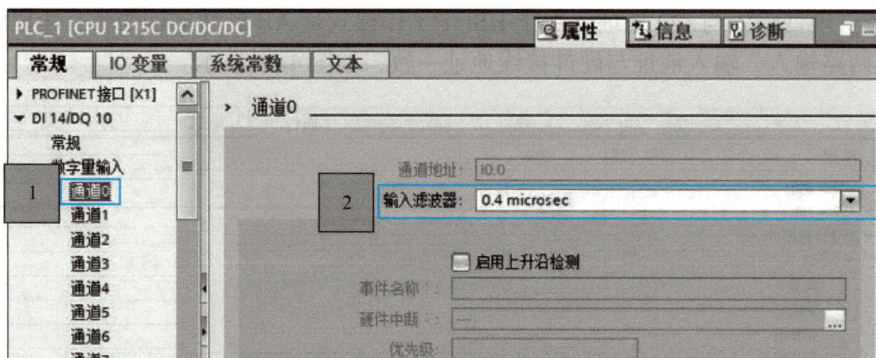

a) 通道0

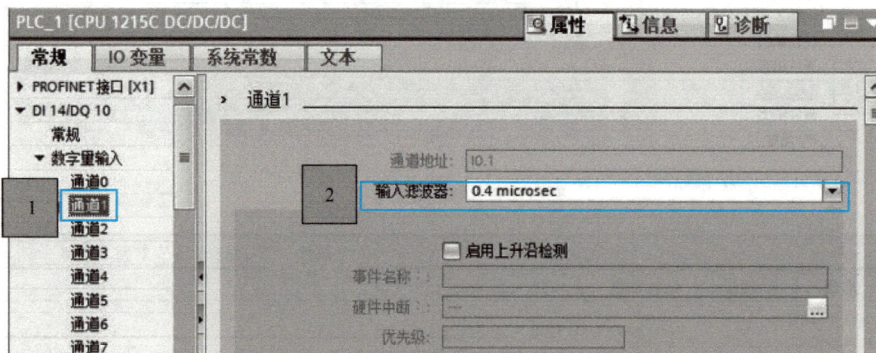

b) 通道1

图 4-40　设置数字量输入通道

		名称	数据类型	地址	保持	从 H...	从 H...	在 H...	注释
1		System_Byte	Byte	%MB1		☑	☑	☑	
2		FirstScan	Bool	%M1.0		☑	☑	☑	
3		DiagStatusUpdate	Bool	%M1.1		☑	☑	☑	
4		AlwaysTRUE	Bool	%M1.2		☑	☑	☑	
5		AlwaysFALSE	Bool	%M1.3		☑	☑	☑	
6		Clock_Byte	Byte	%MB0		☑	☑	☑	
7		Clock_10Hz	Bool	%M0.0		☑	☑	☑	
8		Clock_5Hz	Bool	%M0.1		☑	☑	☑	
9		Clock_2.5Hz	Bool	%M0.2		☑	☑	☑	
10		Clock_2Hz	Bool	%M0.3		☑	☑	☑	
11		Clock_1.25Hz	Bool	%M0.4		☑	☑	☑	
12		Clock_1Hz	Bool	%M0.5		☑	☑	☑	
13		Clock_0.625Hz	Bool	%M0.6		☑	☑	☑	
14		Clock_0.5Hz	Bool	%M0.7		☑	☑	☑	
15		启动	Bool	%I2.1		☑	☑	☑	
16		启动标志位	Bool	%M10.0		☑	☑	☑	
17		停止	Bool	%I2.2		☑	☑	☑	
18		脉冲变量	DWord	%MD1000		☑	☑	☑	
19		暂停	Bool	%I2.3		☑	☑	☑	
20		暂停标志位	Bool	%M10.1		☑	☑	☑	
21		Tag_7	Bool	%M2.0		☑	☑	☑	
22		检测	Bool	%M3.1		☑	☑	☑	
23		高速计数器当前计数值	DWord	%ID1000		☑	☑	☑	
24		PWM输出	Int	%QW1000		☑	☑	☑	
25		光电	Bool	%I0.2		☑	☑	☑	
26		颜色	Bool	%I0.3		☑	☑	☑	
27		黄色	Bool	%M3.2		☑	☑	☑	
28		电感	Bool	%I0.5		☑	☑	☑	
29		有芯	Bool	%M3.3		☑	☑	☑	
30		电容	Bool	%I0.4		☑	☑	☑	
31		铁芯	Bool	%M3.4		☑	☑	☑	
32		青铁	Bool	%Q2.2		☑	☑	☑	
33		黄铝	Bool	%Q2.3		☑	☑	☑	
34		蓝铁	Bool	%Q2.4		☑	☑	☑	
35		蓝铝	Bool	%Q2.5		☑	☑	☑	
36		初始状态	Bool	%Q2.0		☑	☑	☑	
37		Tag_23	Bool	%M2.1		☑	☑	☑	
38		运动状态	Bool	%Q2.1		☑	☑	☑	

图 4-41　分拣单元 PLC 控制的变量表

4.4.6　编写程序

程序编写步骤如下：

1）给出启动信号，启动标志位得电，给出暂停信号，暂停标志位得电，如图 4-42 所示。

4-5　自动化生产线皮带分拣单元项目实施程序讲解

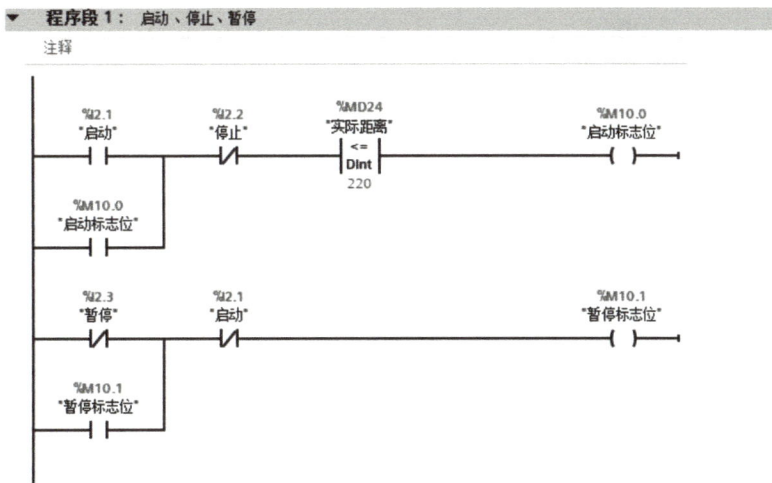

图 4-42　启动、停止、暂停

2）初始状态时，给出启动信号，同时复位检测标志位、清零高速计数器计数值，调用 PWM 块，并给出启动 PWM 块，同时将高速计数器计数值进行绝对值操作，通过 MOVE 指令将 QW1000 的值改为 20，计算出传送带运行的实际距离，如图 4-43、图 4-44 所示。

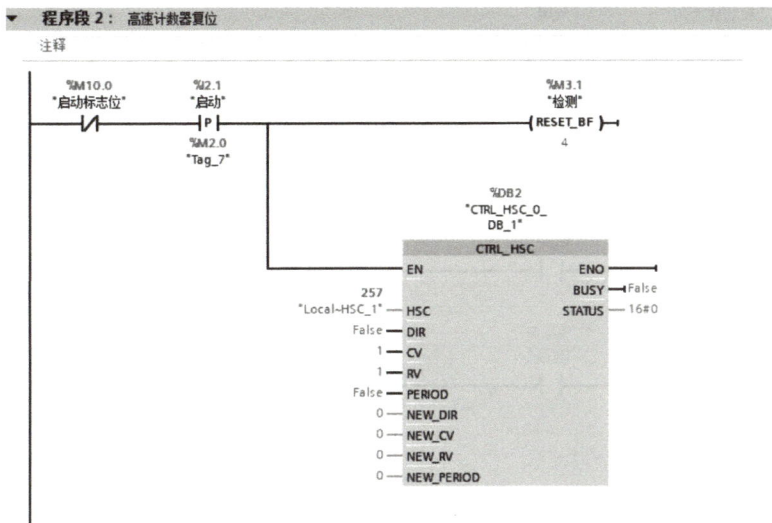

图 4-43　高速计数器复位

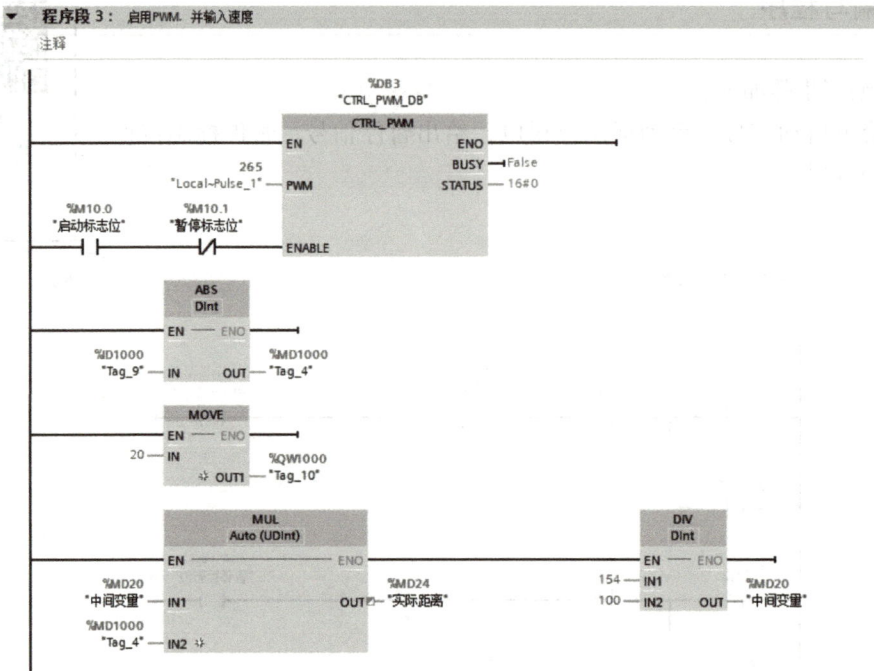

图 4-44　启用 PWM，改变速度

3）传送带运转过程中，各个信号得电，将标志位置为 1，如图 4-45 所示。

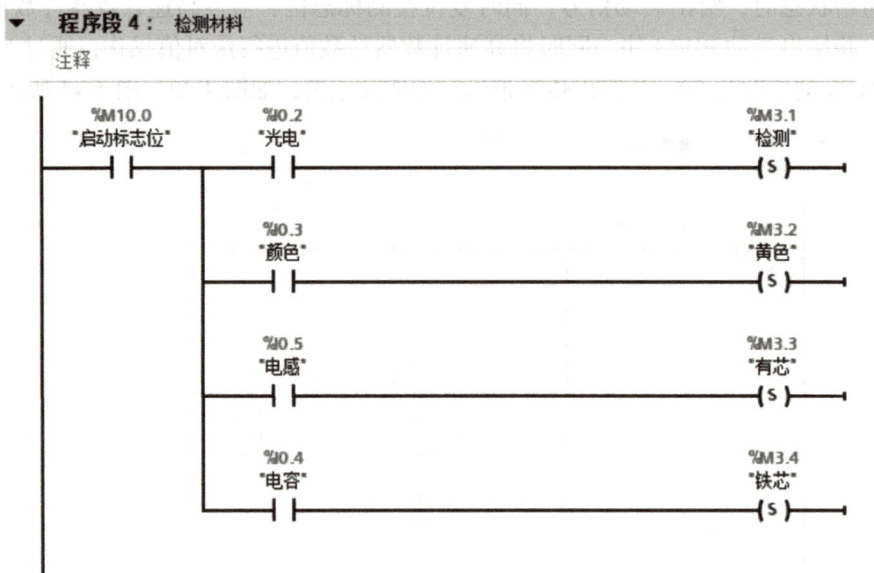

图 4-45　检测材料

4）利用标志位分辨出四种物料，如图 4-46 所示。

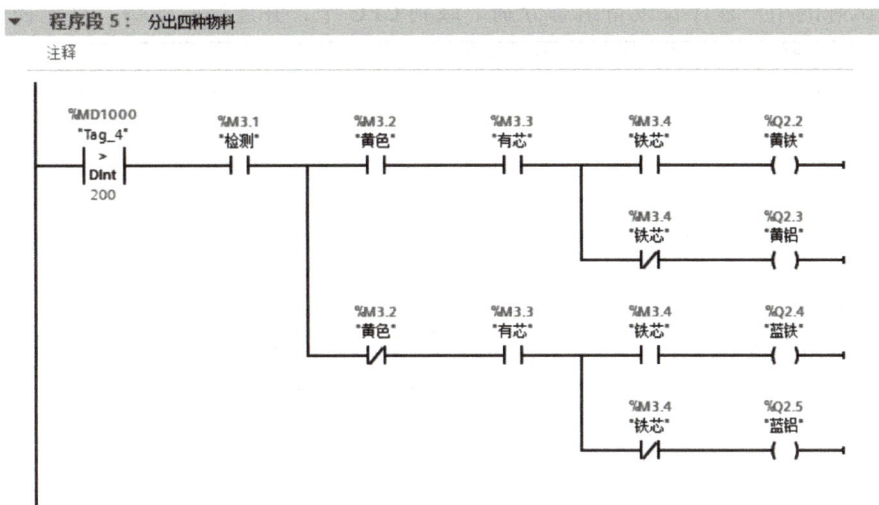

图 4-46　分出四种物料

5）设置运行中灯的状态，运行完一个周期后对高速计算器进行清零，如图 4-47 所示。

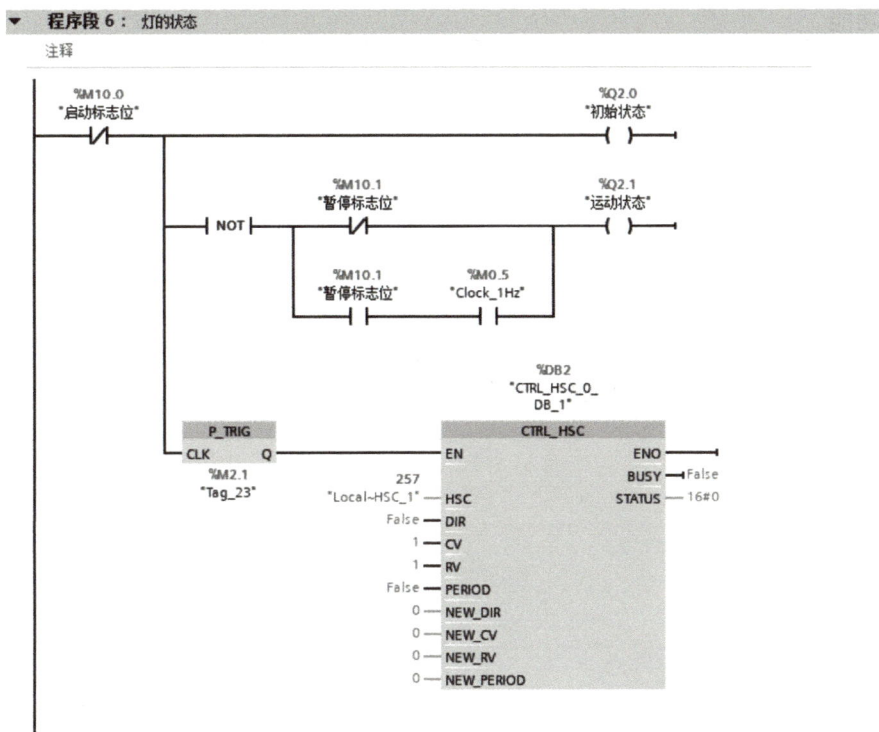

图 4-47　灯的状态

4.4.7 调试程序

将调试好的用户程序及设备组态分别下载到 CPU 中，并连接好线路。首先物料检测机构系统初始时，按钮均抬起，物料检测机构停止，HL1 点亮，表明系统处于停止状态。

按下启动按钮 SB1 时，PLC 接收信号，物料检测机构传送带运转，HL2 亮起，HL1 熄灭，系统启动工作。

系统运行中，按下停止按钮 SB2，PLC 收到信号后使传送带停止，HL1 重新亮起，HL2 熄灭，表明系统停止工作，或者当物料检测完毕到传送带尾部自动停止。

工作时按下暂停按钮 SB3，PLC 使系统停止运行，HL2 以 1Hz 的频率闪烁，表示系统暂停，可随时重启。

传送带运行时对四种物料（黄色铁芯、黄色铝芯、蓝色铁芯、蓝色铝芯）进行检测，物料到达传送带末端时，PLC 根据物料类型控制相应指示灯亮起。

4.5 注意事项

1. 脉冲输出的 Q 点只能是 CPU 上的 DO 点，或是 SB 信号板上的 DO 点，S7-1200 SM 扩展模块上的 DO 点不支持 PWM 功能。

2. 高速计数器的输入点只能是 CPU 上的 DI 点，S7-1200 SM 扩展模块上的 DI 点不支持高速计数功能。

4.6 问题与思考

1. 如何更改 PWM 的占空比？
2. 如何修改 PWM 的周期宽度？
3. 编码器脉冲数如何转换成实际直线运动距离？
4. 思考高速计数器 HSC 硬件组态时，设置滤波时间的原因。
5. 脉冲发生器 PWM 与 PTO 有什么区别？

项目 5 自动化生产线温度模块 PID 调节应用

【知识目标】

1. 理解和掌握 S7-1200 PLC PID 控制指令。
2. 理解和掌握 S7-1200 PLC 模拟量。
3. 理解和掌握 S7-1200 PLC 标准化和缩放指令。

【能力目标】

1. 掌握西门子 S7-1200 PLC PID 控制指令的使用方法。
2. 掌握西门子 S7-1200 PLC 模拟量的使用方法。
3. 掌握西门子 S7-1200 PLC 标准化和缩放指令的使用方法。
4. 能够完成 PID 控制模块的硬件组态。

【素养目标】

1. 培养严谨认真、实事求是的工作态度。
2. 培养善于观察、思考和分析问题的能力。
3. 培养创造性思维和实践能力。

5.1 项目描述

温度控制系统广泛应用于工业控制领域，如钢铁厂、化工厂、火电厂等锅炉的温度控制系统，电焊机的温度控制系统等。锅炉温度是一个大惯性系统，一般采用 PID 调节进行控制。而在自动化行业中，PID 控制的实际运用早已融入我们的日常生活，如恒温茶吧机、平衡车、无人机、热水器等。像这种需要控制某一物理量稳定的场景，均需用到 PID 控制。

如图 5-1 所示，有一热水器，使用电加热器对水箱中的水加热，以控制水温，现在要求把温度加热到（80±1）℃，当温度低于设定温度时，电加热器加大输出功率对水箱中的水加热，当温度高于设定温度时，电加热器减小输出功率对水箱中的水加热，使温度保持在设定值。

本项目基于 S7-1200 PLC 控制器对 PID 控制指令相关知识进行学习，并了解 PID_Compact 指令的用法，掌握 PID 调节的基本参数，同时通过前面所学习的知识完成相应的项目要求。

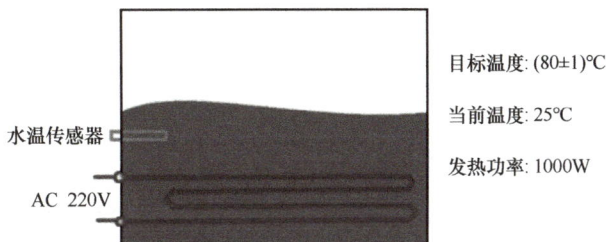

水温传感器

AC 220V

目标温度: (80±1)℃

当前温度: 25℃

发热功率: 1000W

图 5-1 水箱温度控制

5.2 相关知识

5.2.1 S7-1200 PID 控制

1. PID 控制的特点

PID 控制是比例积分微分控制，是一种应用广、适应性强的控制方式，其应用在工业中占比 85%～90%。单回路 PID 控制系统通过不断进行实际输出测量、误差计算、控制器运算和执行器动作，使得被控对象的输出逐渐接近目标值，实现对系统的有效控制，如图 5-2 所示。

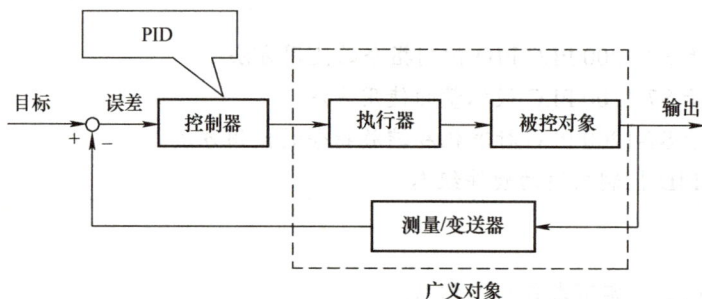

图 5-2　单回路 PID 控制框图

根据单回路 PID 调节模型可更好地理解图 5-3 所示的 PID 控制系统的原理。

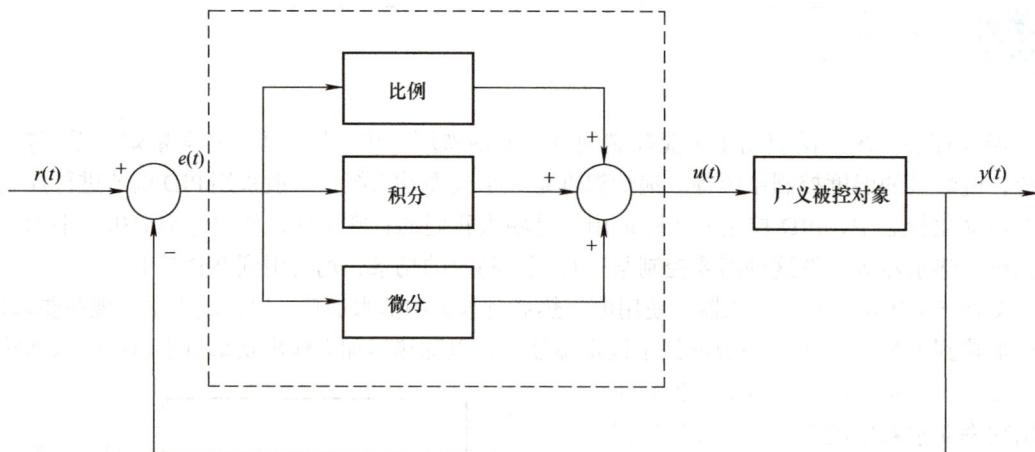

图 5-3　PID 控制系统的原理

输入：控制偏差

$$e(t) = r(t) - y(t)$$

输出：偏差的比例（P）、积分（I）和微分（D）的线性组合

$$\mu(t) = K_c \left[e(t) + \frac{1}{T_1} \int_0^t e(t)\mathrm{d}t + T_D \frac{\mathrm{d}e(t)}{\mathrm{d}t} \right]$$

式中　K_c——PID 控制器的比例系数；

　　　T_1——PID 控制器的积分时间常数；

　　　T_D——PID 控制器的微分时间常数。

由上式可见，比例积分微分调节器的输出由三部分组成：第一部分为比例部分 $[K_c e(t)]$，它使 $\mu(t)$ 立即按比例响应输入量的变化；第二部分为积分部分 $\left[K_c \frac{1}{T_1} \int_0^t e(t)\mathrm{d}t \right]$，它是输入量对时间的积累（对负阶跃信号，它是一上升斜直线）；第三部分为微分部分 $\left[K_c T_D \frac{\mathrm{d}e(t)}{\mathrm{d}t} \right]$，它的数值与输入量的变化率成正比（对负阶跃信号，它是一个单位脉冲函数）。

PID 调节器的比例部分可以很方便地调节系统的增益，它的积分部分可以消除（或减小）系统的稳态误差，它的微分部分可以加快系统对输入信号的响应并可改善系统的稳定性。因此，PID 调节器在自动控制系统中获得广泛的应用。PID 调节器的线路有多种，可以根据系统的需要进行选用。

2. PID 控制的优点

（1）结构简单，容易实现

PID 控制器的结构典型，程序设计简单，计算工作量较小，各参数有明确的物理意义，参数调整方便，容易实现多回路控制、串级控制等复杂的控制。

（2）有较强的灵活性和适应性

根据被控对象的具体情况，可以采用 PID 控制器的多种变种和改进的控制方式，例如 PI、PD、被控量微分 PID、积分分离 PID 等，但比例控制一般是不可少的。随着智能控制技术的发展，PID 控制与神经网络控制等现代控制方法结合，可以实现 PID 控制器的参数自整定，使 PID 控制器具有经久不衰的生命力。

（3）使用方便

现在已有很多 PLC 厂家提供具有 PID 控制功能的产品，如 PID 控制模块、PID 控制系统功能块等，它们使用简单方便，只需要设置一些参数即可。博途软件中的 PID 指令向导使 PID 指令的应用更加简单方便。

（4）不需要被控对象的数学模型

自动控制理论中的分析和设计方法主要是建立在被控对象的线性定常数学模型的基础上的。这种模型忽略了实际系统中的非线性和时变性，与实际系统有较大的差距。对于许多工业控制对象，根本就无法建立较为准确的数学模型，因此自动控制理论中的设计方法很难用于大多数控制系统。对于这一类系统，使用 PID 控制可以得到比较满意的效果。

3. PID 组态与参数设置

在博途软件中操作步骤如下：

1）在博途界面右侧指令中找到"工艺"，单击进入并再次单击"PID 控制"，选中 Compact PID 中的 PID_Compact，并拖拽到程序中，最后单击"确定"按钮即可创建成功，如图 5-4 所示。

5-1　PID 组态
与参数设置

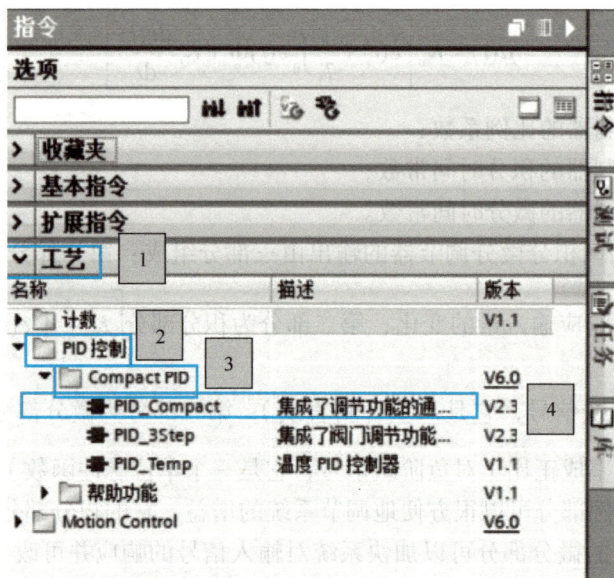

图 5-4　快速创建 PID 指令

2）在左侧项目树中找到"工艺对象"，进行 PID 组态，如图 5-5 所示。

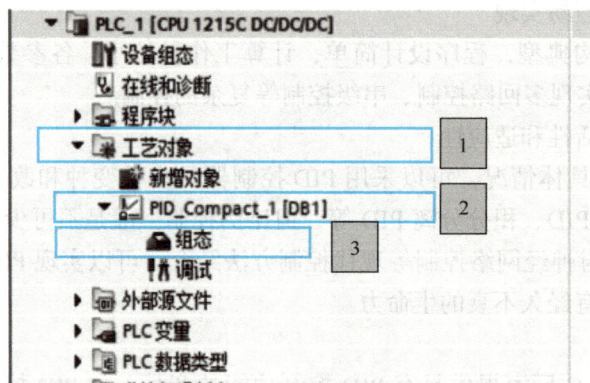

图 5-5　选择 PID 进行组态

3）设置控制器类型。根据被测量选择"控制器类型"，这里测量的是温度模块，故控制器类型选择"温度"，模式设置为"自动模式"，并勾选"CPU 重启后激活 Mode"，如图 5-6 所示。

图 5-6　设置控制器类型

4）设置 Input/Output 参数，如图 5-7 所示。

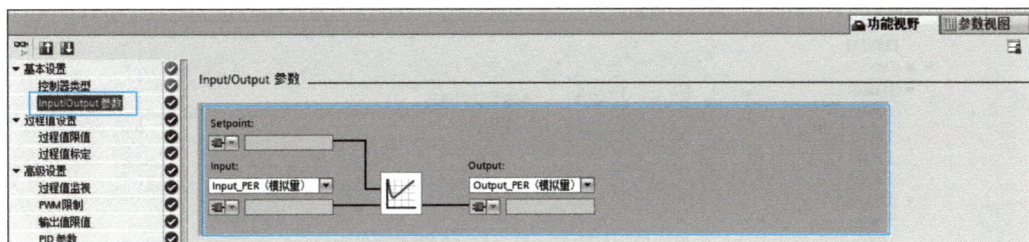

图 5-7　设置 Input/Output 参数

5.2.2　S7-1200 模拟量应用

1. 模拟量相关知识

1）数字量是只有 0 和 1 两种变化的量，比如开关的接通和断开。模拟量是连续变化的量，比如温度，从 –20℃到 100℃等。

2）由图 5-8 可知 PLC 是如何获取模拟量信号的。

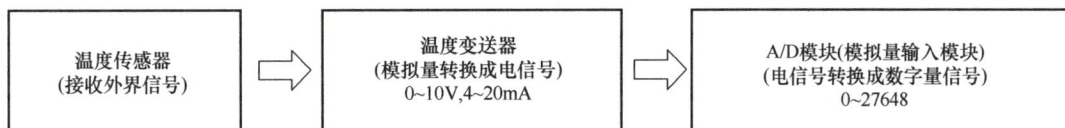

图 5-8　PLC 获取模拟量信号

3）模拟量转换库，如图 5-9 所示。

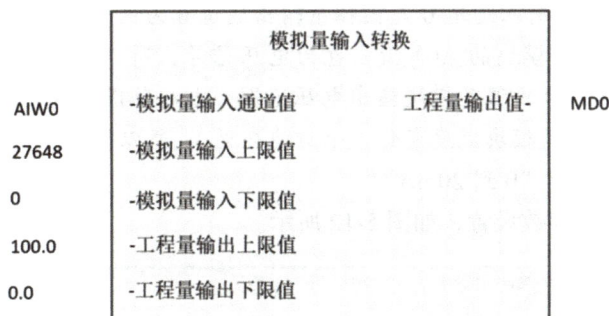

图 5-9　模拟量转换库

4）模拟量输入转换公式为

$$工程量输出值=\frac{(工程量输出上限值-工程量输出下限值)\times(模拟量输入通道值-模拟量输入下限值)}{模拟量输入上限值-模拟量输入下限值}+$$

工程量输出Min

2. 设置模拟量参数通道

1）模拟量输入通道参数设置，如图 5-10 所示。

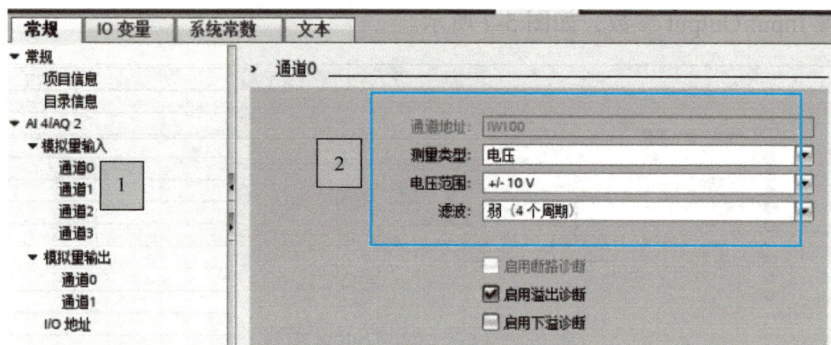

图 5-10　模拟量输入通道参数设置

2）模拟量输出通道参数设置，如图 5-11 所示。

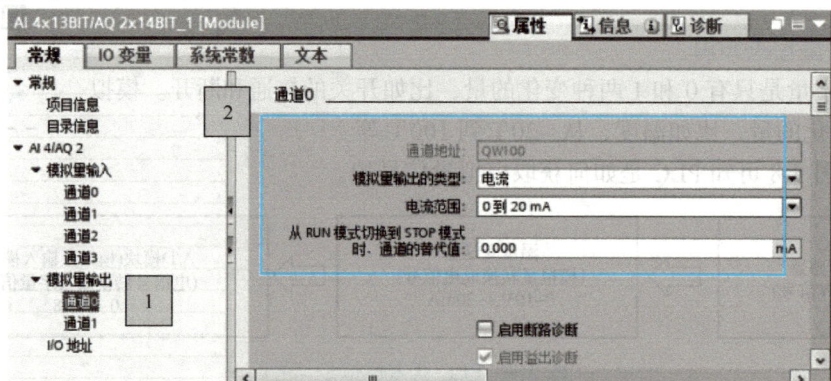

图 5-11　模拟量输出通道参数设置

注意： 以设置模拟量输入通道 0 与模拟量输出通道 0 为例，由于 PLC 在采集模拟量时，采集的是电压信号且温度模块的 A0+ 输出也为电压信号，所以模拟量输入通道测量类型选择"电压"；根据试验平台的温度模块输出电压范围，电压范围选择"+/–10V"；可以用 0～20mA 的电流信号控制温度模块温度变化（小灯泡亮灭），所以模拟量输出通道的输出类型选择"电流"，电流范围选择"0 到 20mA"。

3）模拟量 I/O 地址参数设置，如图 5-12 所示。

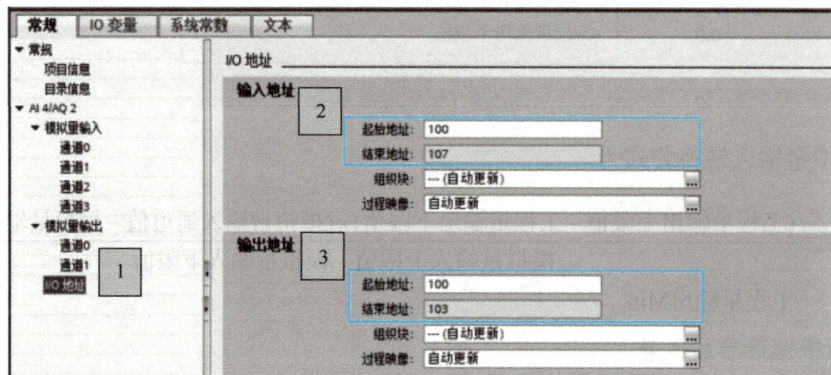

图 5-12　模拟量 I/O 地址参数设置

5.2.3　S7-1200 标准化指令与缩放指令

1. 标准化指令

使用标准化指令，可将输入 VALUE 中变量的值映射到线性标尺对其进行标准化。标准化的输出范围是 0~1.0。

标准化指令按以下公式进行计算：OUT ＝（ VALUE － MIN ）/（ MAX － MIN ），如图 5-13 所示。

如图 5-14 所示，如果操作数"I0.1"的信号状态为"1"，则执行该指令。输入"MD20"的值将映射到由输入"MD10"和"MD30"的值定义的范围内。对输入"MD20"的变量值进行标准化，使其映射到定义的范围内。结果以浮点数形式存储在输出"MD40"中。如果成功执行了该指令，则使能输出 ENO 的信号状态为"1"，同时置位输出"Q4.0"。

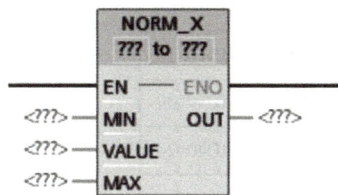

标准化指令线性转换图能更直观地表现出其工作原理，如图 5-15 所示。

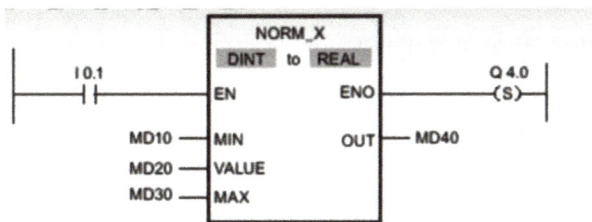

图 5-13　标准化指令

VALUE	MD20=20
MIN	MD10=10
MAX	MD30=30
OUT	MD40=0.5

图 5-14　标准化指令工作原理

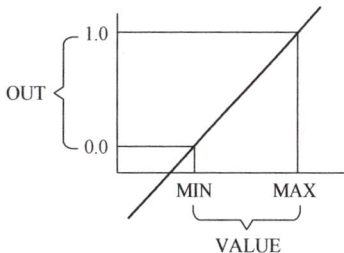

图 5-15　标准化指令线性转换图

2. 缩放指令

使用缩放指令，通过将输入 VALUE 的值映射到指定的范围内，对该值进行缩放。

缩放指令将按以下公式进行计算：OUT ＝ [VALUE ×（ MAX － MIN ）] ＋ MIN，如图 5-16 所示。

如图 5-17 所示，如果操作数"I0.1"的信号状态为"1"，则执行该指令。输入"MD20"的值将缩放到由输入"MD10"和"MD30"的值定义的范围内。结果存储在输出"MD40"中。如果成功执行了该指令，则使能输出 ENO 的信号状态为"1"，同时置位输出"Q4.0"。

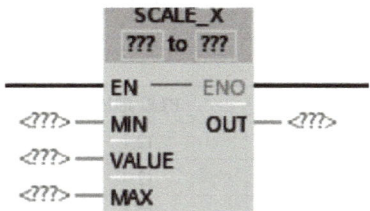

图 5-16　缩放指令

缩放指令线性转换图能更直观地表现出其工作原理，如图 5-18 所示。

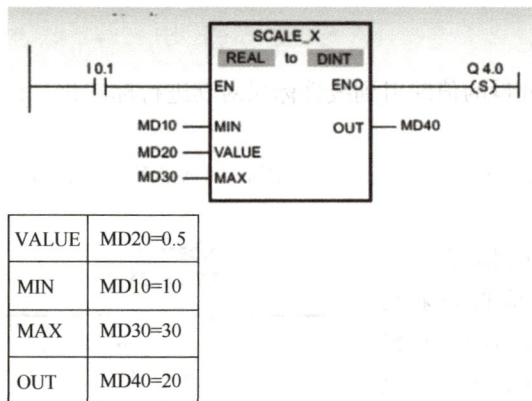

VALUE	MD20=0.5
MIN	MD10=10
MAX	MD30=30
OUT	MD40=20

图 5-17 缩放指令工作原理

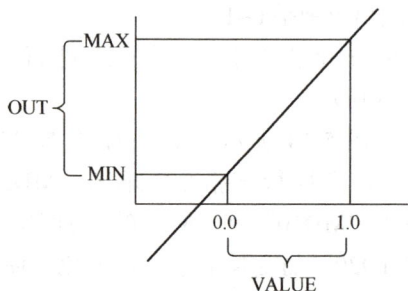

图 5-18 缩放指令线性转换图

5.3 项目要求

初始状态下，按钮处于抬起状态，温度模块处于停止状态。

1）通过编程将 PID 控制模式设置为自动调节模式，设定温度值为 60℃。

2）按下启动按钮 SB1，PLC 启动对温度模块 PID 调节。

3）按下停止按钮 SB2，PLC 停止对温度模块 PID 调节。

4）通过指示灯显示当前温度与设定温度之间的差值，当前温度与设定温度之间差值小于 30℃时，指示灯 HL1 亮。

5）通过转换开关 SA1 控制风扇启停。当转换开关 SA1 处于右侧时，风扇启动；当转换开关 SA1 处于左侧时，风扇停止。

5.4 项目实施

5-3 自动化生产线温度模块 PID 调节项目实施

5.4.1 设计 I/O 分配表

根据控制要求设计 I/O 分配表，见表 5-1。

表 5-1 I/O 分配表

序号	PLC 地址	符号	功能
1	I2.1	SB1	启动按钮（绿色）
2	I2.3	SB2	停止按钮（红色）
3	I2.5	SA1	转换开关
4	Q1.0	—	风扇

（续）

序号	PLC 地址	符号	功能
5	IW100	AI0	温度模拟量输入信号
6	QW100	AQ0	温度模拟量输出信号
7	Q2.4	HL1	红色指示灯

5.4.2　绘制 I/O 接线图

I/O 接线图如图 5-19 所示。

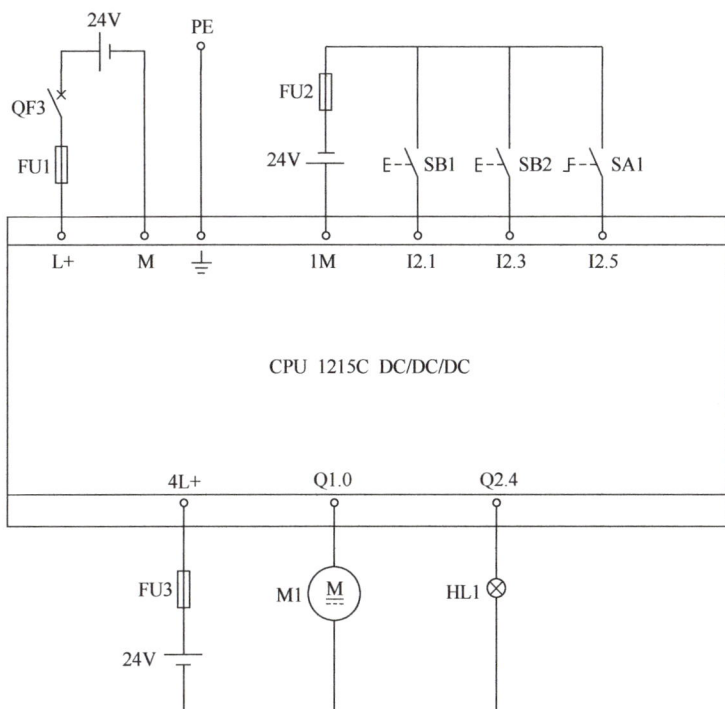

图 5-19　I/O 接线图

5.4.3　创建工程项目

双击打开博途软件，选择"创建新项目"，输入项目名称"PID 温度调节"，选择项目保存路径，然后单击"创建"按钮创建新项目。

5.4.4　硬件组态

在项目视图的项目树中双击"添加新设备"，添加设备名称为 PLC_1 的设备 CPU 1215C/DC/DC/DC。

5.4.5　编辑变量表

打开 PLC_1 的 "PLC 变量" 文件夹，双击 "添加新变量表"，选择 "＜新增＞" → "更改变量名称" → "更改数据类型" → "更改地址"，完成系统 PLC 控制的变量表，如图 5-20 所示。

		名称	变量表	数据类型	地址	保持	可从 ...	从 H...	在 H...	注释
1		温度模拟量输入信号	默认变量表	Int	%IW100	☐	☑	☑	☑	
2		温度模拟量输出信号	默认变量表	Int	%QW100	☐	☑	☑	☑	
3		停止标志位	默认变量表	Bool	%M5.0	☐	☑	☑	☑	
4		Tag_4	默认变量表	Real	%MD10	☐	☑	☑	☑	
5		Tag_5	默认变量表	Int	%MW20	☐	☑	☑	☑	
6		启动	默认变量表	Bool	%I2.1	☐	☑	☑	☑	
7		停止	默认变量表	Bool	%I2.3	☐	☑	☑	☑	
8		Tag_8	默认变量表	Int	%MW30	☐	☑	☑	☑	
9		转换开关	默认变量表	Bool	%I2.5	☐	☑	☑	☑	
10		风扇	默认变量表	Bool	%Q1.0	☐	☑	☑	☑	
11		红色指示灯	默认变量表	Bool	%Q2.4	☐	☑	☑	☑	
12		＜新增＞		▼	🔲	☐	☑	☑	☑	

图 5-20　PLC 编写所有变量

5-4　自动化生产线温度模块 PID 调节项目实施程序讲解

5.4.6　编写程序

1）PID 指令块及启停控制程序，如图 5-21 所示。

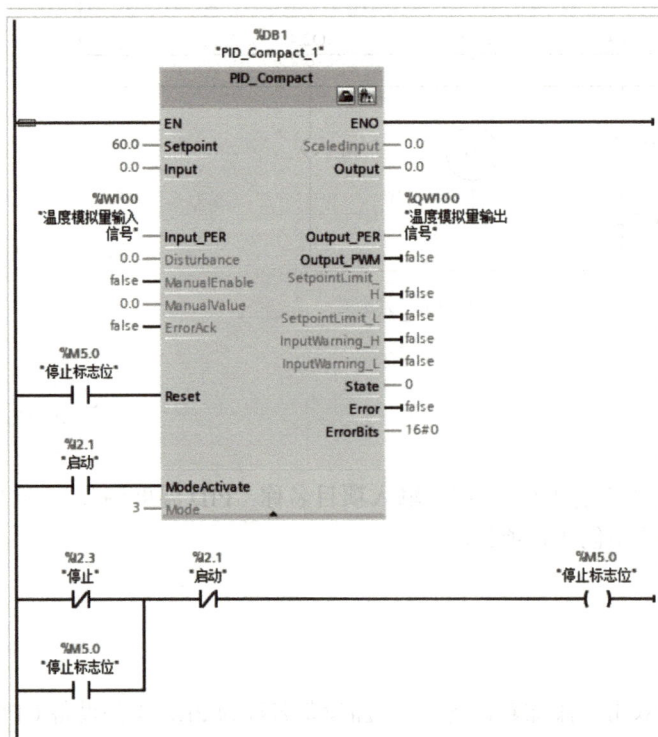

图 5-21　PID 指令块及启停控制程序

2）标准化与缩放函数程序，如图 5-22 所示。

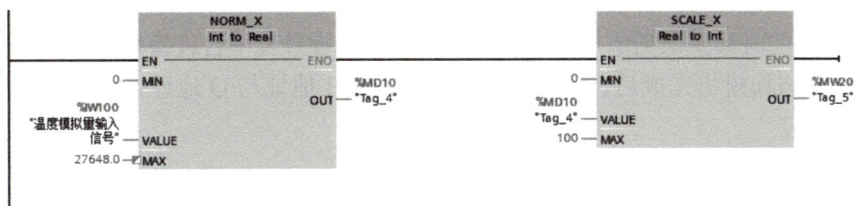

图 5-22　标准化与缩放函数程序

3）实际温度与标准温度比较程序，如图 5-23 所示。

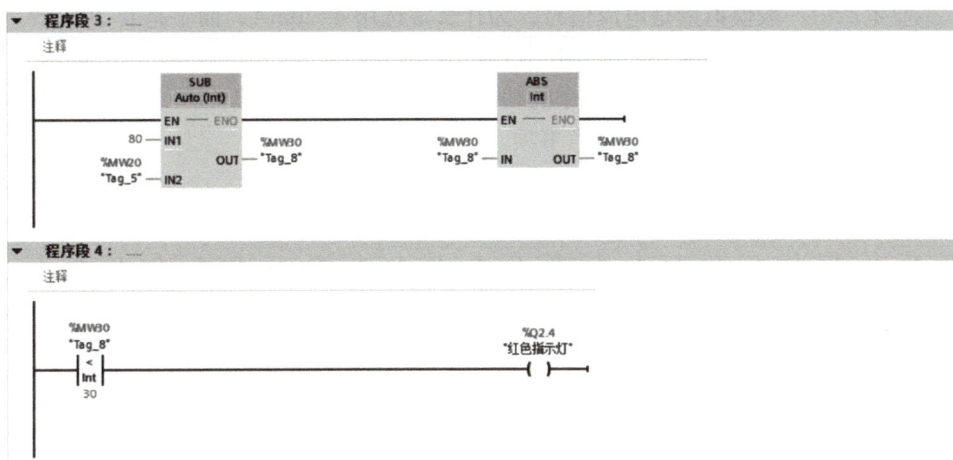

图 5-23　实际温度与标准温度比较程序

4）风扇控制程序，如图 5-24 所示。

图 5-24　风扇控制程序

5.4.7　调试程序

将编写好的用户程序及设备组态分别下载到各自 CPU 中，并连接好线路。按下本地启动按钮，观察温度控制系统是否能按项目要求运行。

5.5　注意事项

1. 在添加 PLC 的时候要根据添加模块的不同类型、订货号及平台设备槽位置顺序，添加对应的扩展模块。添加模块完成后，需要注意各个模块的 I 地址与 Q 地址，在编程时需要硬件与组态的地址对应。

2. 切勿长时间以最高亮度点亮灯泡。

5.6　问题与思考

1. 若采用其他 PID 控制方式，怎么实现温度模块的温度调节？

2. 工业生产中一般模拟量是电流信号，为什么常选用 4~20mA，而不是 0~20mA？

3. PID 控制算法中，P、I、D 分别指什么？

4. S7-1200PLC 的标准化和缩放指令的功能可以用什么指令替代？

5. 列举 PID 模块硬件组态时的注意事项。

项目 6 自动化生产线网络通信典型应用

【知识目标】

1. 理解 PLC 基本通信方式。

2. 熟悉和理解西门子 S7-1200 PLC 的 S7 通信方式。

3. 熟悉和理解西门子 S7-1200 PLC 的 PROFINET 智能 IO 自由口通信方式。

4. 熟悉和理解西门子 S7-1200 PLC 的 Modbus TCP 通信方式。

【能力目标】

1. 掌握西门子 S7-1200 PLC S7 通信的基本配置方式。

2. 掌握西门子 S7-1200 PLC PROFINET 智能 IO 自由口通信的基本配置方式。

3. 掌握西门子 S7-1200 PLC Modbus TCP 通信的基本配置方式。

4. 能够完成 PLC 之间、PLC 与智能设备之间的多种通信方法的实现。

【素养目标】

1. 培养精益求精的工匠精神。

2. 培养团队合作意识和协作能力。

3. 培养与他人有效沟通的能力。

6.1 项目描述

为推动企业智能化、数字化升级，积极响应节能减排与能源可持续发展的号召，进一步增强企业竞争力，同时为减少电缆铺设及维护工作，燃煤发电厂要进行数字化改造升级。针对目前的燃煤发电作业进行技术及流程的无线改造，能显著提升生产率，减少人力成本，大幅度增强作业的安全性，降低生产风险。如图 6-1 所示，运维部门需要将厂区内煤棚、翻车机室、1# 锅炉房、2# 锅炉房及料仓控制室 10 台 PLC 的数据通过无线方式传输至主控室中，实现集中监测和远程控制功能。这样运维人员可以实时调出每台 PLC 设备的历史运行数据，也能在出现问题时第一时间响应，保障生产安全和效率。这里就需要用到 PLC 之间的通信，可以通过 S7 通信、智能 IO 通信、ModbusTCP 通信来实现 PLC 之间的通信。

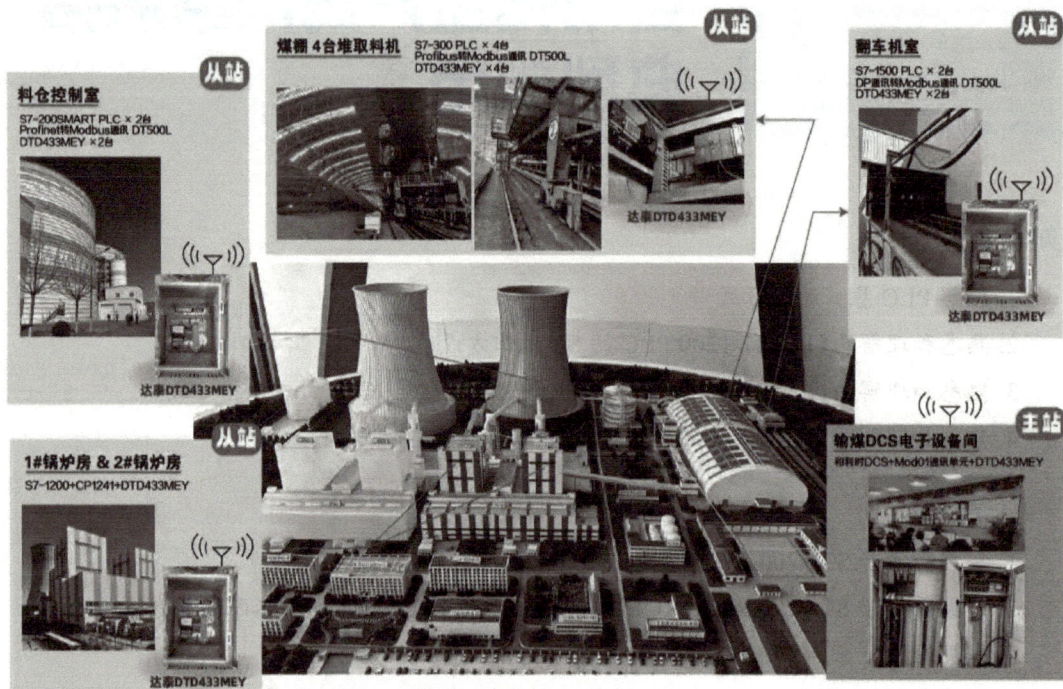

图 6-1　燃煤发电厂

6.2　相关知识

6.2.1　数据块应用

数据块（DB）用于保存程序执行期间写入的值。与代码块相比，数据块仅包含变量声明，不包含任何程序段或指令。变量声明定义数据块的结构时，数据块有两种类型。

1. 全局数据块

全局数据块不能分配给代码块。可以从任何代码块访问全局数据块的值。全局数据块仅包含静态变量。全局数据块的结构可以任意定义。在数据块的声明表中，可以声明在全局数据块中要使用的数据元素。

2. 背景数据块

背景数据块可直接分配给函数块（FB）。背景数据块的结构不能任意定义，取决于函数块的接口声明。背景数据块只包含在该处已声明的那些块参数和变量。可以在背景数据块中定义实例特定的值，例如声明变量的起始值。数据块的添加如图 6-2 所示。

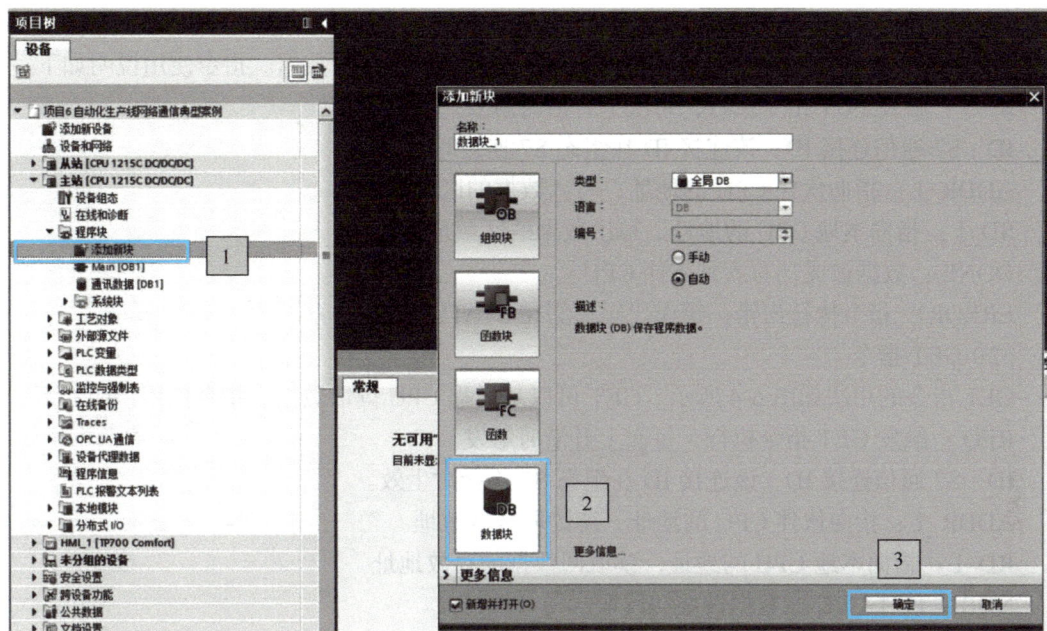

图 6-2　数据块的添加

6.2.2　S7-1200 PLC S7 通信

1. 西门子 S7 通信简介

S7 通信，主要用于将 PLC 连接到 PC，它是 PC 与 PLC 之间的通信。不要将此与西门子设备使用的不同现场总线协议混淆，如 MP1、PROFIBUS 和 PROFINET（PROFINET 是一种基于以太网的协议，用于将 PLC 连接到 I/O 模块，而不是设备的管理协议）。

大多数情况下，西门子通信遵循传统的主从或客户端 – 服务器模型。在该模型中，PC（主站 / 客户端）向现场设备（从站 / 服务器）发送 S7 请求。这些请求主要用于向设备查询数据、向设备发送数据，或者发出某些命令。不过，也存在一些例外情况：当 PLC 作为通信主站时，可借助 FB14/FB15 功能块，向其他设备发起 GET 和 PUT 请求。

2. 西门子 S7 通信优点

1）不需要配置通信连接。

2）数据传输可以是动态的和可变化的。

3）发送和接收的数据是连续的。

4）通过 CPU 中的 S7 程序可以控制连接资源。

5）客户端 / 服务器或客户端 / 客户端通信方式都允许使用。

3. 西门子 S7 通信在博途软件中的指令

S7-1200 CPU 为 S7 通信提供了两条用于读写数据的指令：PUT 和 GET。使用 PUT 和 GET 指令对 CPU 进行读写时，不管 CPU 是处于运行模式还是停止模式，S7 通信依然可以正常进行。

6-1　S7-1200 PLC S7 通信

（1）PUT 指令

PUT 指令的用法，如图 6-3 所示。PUT 可以向远程 CPU 写数据。指令使用说明如下：

REQ：触发 PUT 指令执行，每次上升沿时触发。

ID：S7 通信连接 ID，该连接 ID 在组态 S7 连接时生效。

ADDR_1：指向伙伴 CPU 的地址，写入数据的区域地址。

SD_1：指向本地 CPU 的地址，写出数据的区域地址。

DONE：数据被成功写入到伙伴 CPU。

ERROR：指令执行出错，错误代码存储在 STATUS 中。

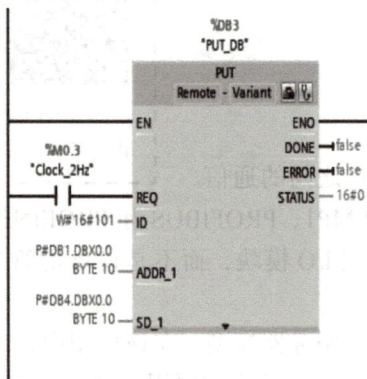

（2）GET 指令

GET 指令的用法如图 6-4 所示。GET 可以从远程 CPU 读取数据。指令使用说明如下：

REQ：触发 GET 指令执行，每次上升沿时触发。

ID：S7 通信连接 ID，该连接 ID 在组态 S7 连接时生效。

ADDR_1：指向伙伴 CPU 的地址，待读取区域地址。

RD_1：指向本地 CPU 的地址，读取回数据的存放地址。

NDR：伙伴 CPU 的数据被成功读取。

ERROR：指令执行出错，错误代码存储在 STATUS 中。

图 6-3　PUT 指令的用法　　　　　图 6-4　GET 指令的用法

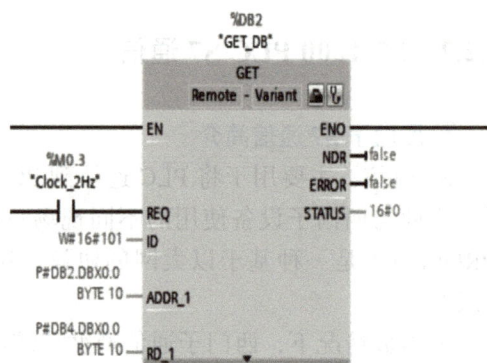

6.2.3　S7-1200 PROFINET 智能 IO 自由口通信

PROFINET 智能 IO 自由口通信的功能是 CPU 的"智能设备"功能（智能 IO 设备），允许与 IO 控制器交换数据，因此可以将 CPU 用作后续过程的智能预处理器。智能设备作为 IO 设备链接到"较高级别"的 IO 控制器。

预处理由 CPU 中的用户程序完成。在中央或分布式 IO（PROFINET IO 或 PROFIBUS DP）中采集的过程值由用户程序进行预处理，并通过 PROFINET IO 设备接口提供给上一级工作站的 CPU 或 CP，如图 6-5 所示。

6-2　S7-1200 PLC PROFINET 智能 IO 自由口通信

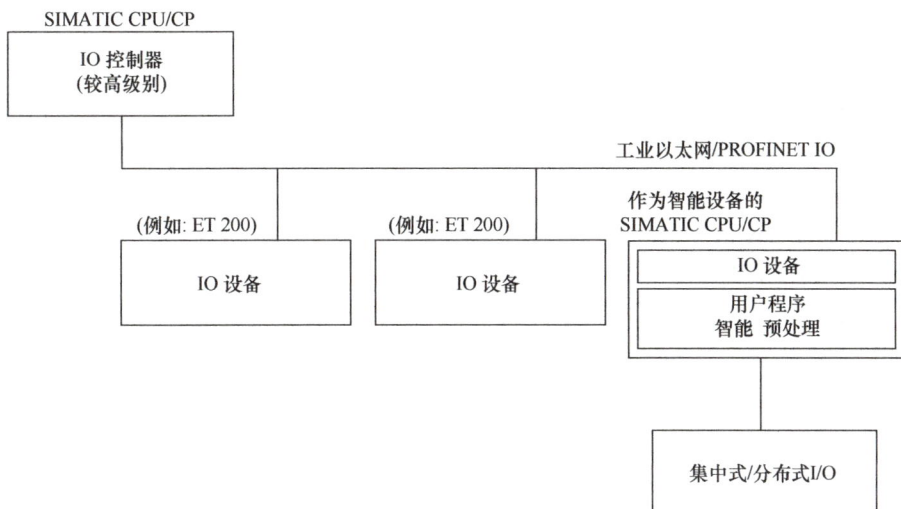

图 6-5　智能 IO

6.2.4　S7-1200 Modbus TCP 通信

1. Modbus TCP 通信介绍

Modbus TCP 是一种标准的网络通信协议，它结合了以太网物理网络和网络标准 TCP/IP 以及以 Modbus 作为应用协议标准的数据表示方法。Modbus TCP 通信报文被封装于以太网 TCP/IP 数据包中，其中 Modbus 协议规范一帧数据的最大长度为 256 个字节。在 Modbus TCP/IP 的通信系统中，有两种类型的设备：Modbus TCP/IP 客户端和服务器设备。

（1）Modbus TCP 通信用法

Modbus TCP 客户端主动向服务器发起连接请求，连接建立成功后，仅允许客户端主动发起通信请求。以太网机型作为 Modbus TCP 客户端时，通过 S_OPEN 指令建立 TCP 连接，通过 M_TCP 指令发起 Modbus 请求。

Modbus TCP 服务器主动监听 502 端口，等待客户端连接请求，连接建立成功后，响应符合 Modbus TCP 规范的数据通信请求。以太网机型上电默认开启此服务，最大响应不超过 4 个 TCP 连接。

（2）Modbus TCP 通信指令块用法

S7-1200 CPU 为 Modbus TCP 通信提供了两条作为 Modbus TCP 服务器和客户端的指令：MB_CLIENT 和 MB_SERVER。MB_CLIENT 作为 Modbus TCP 客户端指令，使用该指令可以向服务器发送数据，而 MB_SERVER 作为 Modbus TCP 服务器指令，可以接收客户端发送的数据。

1）MB_CLIENT 指令用法如图 6-6 所示，指令使用说明如下：

REQ：当读取请求信号为 TRUE 时，发送通信请求。

DISCONNECT：0 时为建立通信连接，1 时为断开通信连接。

MB_MODE：0 时为读取请求模式，1 时为写入请求模式。

6-3　S7-1200 PLC Modbus TCP 通信程序讲解

6-4　S7-1200 PLC Modbus TCP 通信组态

MB_DATA_ADDR：读取或写入寄存器的起始地址。

MB_DATA_LEN：读取或写入数据长度。

MB_DATA_PTR：服务器接收的数据或待发送到服务器的数据所在数据缓冲区的指针，此处采用 8 个 INT 类型的数组。

CONNECT：连接描述结构的指针，此处采用 TCON_IP_V4 的系统数据类型。

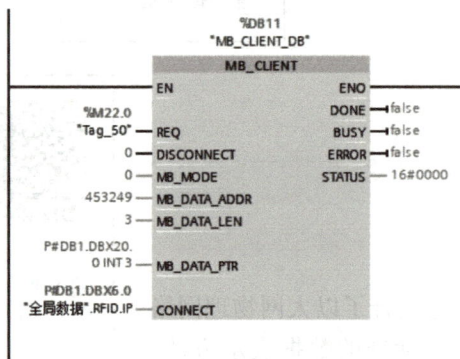

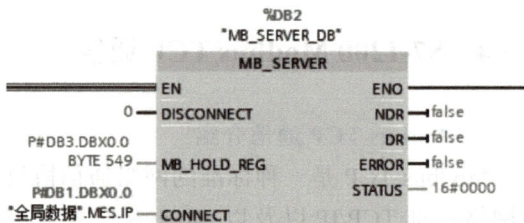

2）MB_SERVER 指令用法如图 6-7 所示，指令使用说明如下：

DISCONNECT：0 时为建立通信连接，1 时为断开通信连接。

MB_HOLD_REG：指向 MB_SERVER 指令中 Modbus 保持性寄存器的指针，用于存放客户端发送的变量，MB_HOLD_REG 引用的存储区必须大于两个字节。

CONNECT：连接描述结构的指针，此处采用 TCON_IP_V4 的系统数据类型。

图 6-6　MB_CLIENT 指令用法　　　　图 6-7　MB_SERVER 指令用法

2. Modbus TCP 通信在自动化生产线中的应用

在现代工业智能化生产线中，各设备需要把数据传输给上位机，从而构建起工业网络智能控制生产线系统。在这些智能生产线中，有专门的 MES（制造执行系统）。通过 MES 下单界面，可以将订单数据下发至数据管理单元 PLC 的 MES 变量表，这些订单数据包括订单号、生产日期、加工方式、产品数量、入库仓位等。而数据的交换过程是通过 Modbus TCP 通信协议来实现的。

6-5　S7-1200 PLC Modbus TCP 通信现场调试

6.3　项目要求

1）将能源采集模块与 S7-1200 PLC 使用 Modbus 进行通信，实时采集电能数据。

2）1 站与 2 站的数据通信使用 S7 通信方式，启停控制通过智能 IO 通信实现。

3）实现 1 站、2 站以及触摸屏之间的网络通信，包括由 2 站发出启动命令控制 1 站电能表开始采集电路数据，并且采集完成后存储到数据块中，再通过 S7 通信把数据传到 2 站，2 站连接到触摸屏实时显示电能表数据，反之，按下 2 站停止按钮，停止采集数据。

6.4　项目实施

6.4.1　设计 I/O 分配表

根据 PLC 输入 / 输出分配原则及本项目要求进行 I/O 地址分配，见表 6-1。

6-6　自动化生产线网络通信典型应用项目实施

表 6-1　I/O 分配表

序号	PLC 地址	符号	功能
1	I2.0	SB1	启动按钮（主站）
2	Q2.0	HL1	启动标志位（从站）

6.4.2　主站从站接线图

根据控制要求及图 I/O 分配表绘制主站 PLC、从站 PLC 接线图，如图 6-8 所示。

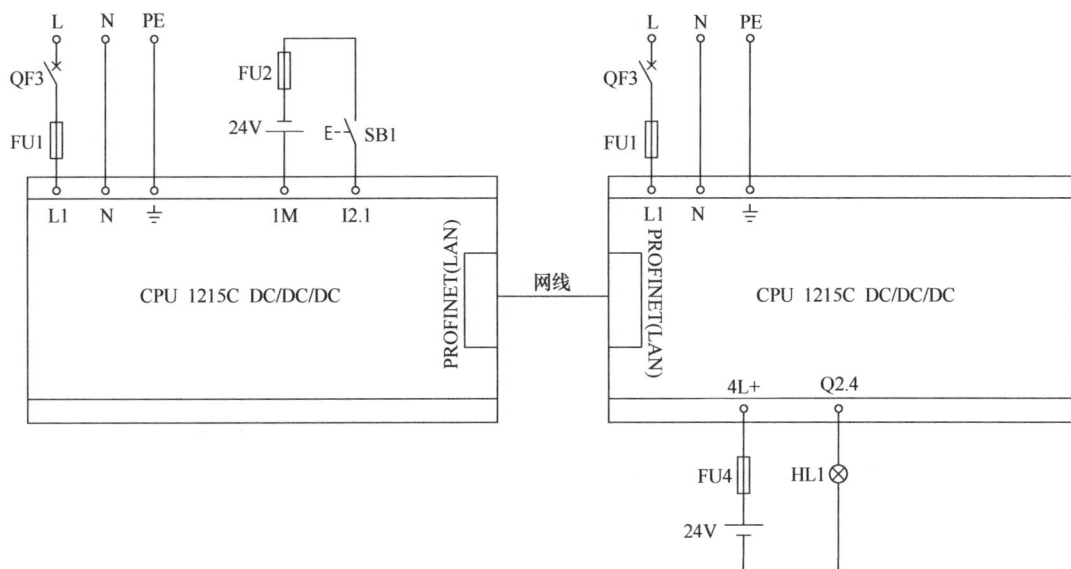

图 6-8　PLC 接线图

6.4.3　创建工程项目

双击打开博途软件，选择"创建新项目"，输入项目名称为"项目 6 自动化生产线网络通信典型案例"，然后单击"创建"按钮创建项目，如图 6-9 所示。

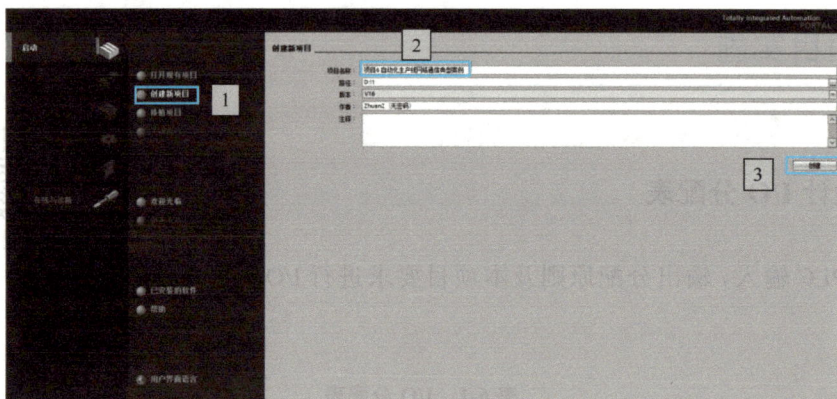

图 6-9　创建项目

6.4.4　硬件组态

在项目视图的项目树中双击"添加新设备"，添加设备名称为主站、从站的设备 CPU 1215C DC/DC/DC，如图 6-10 所示。

6-7　自动化生产线网络通信典型应用组态

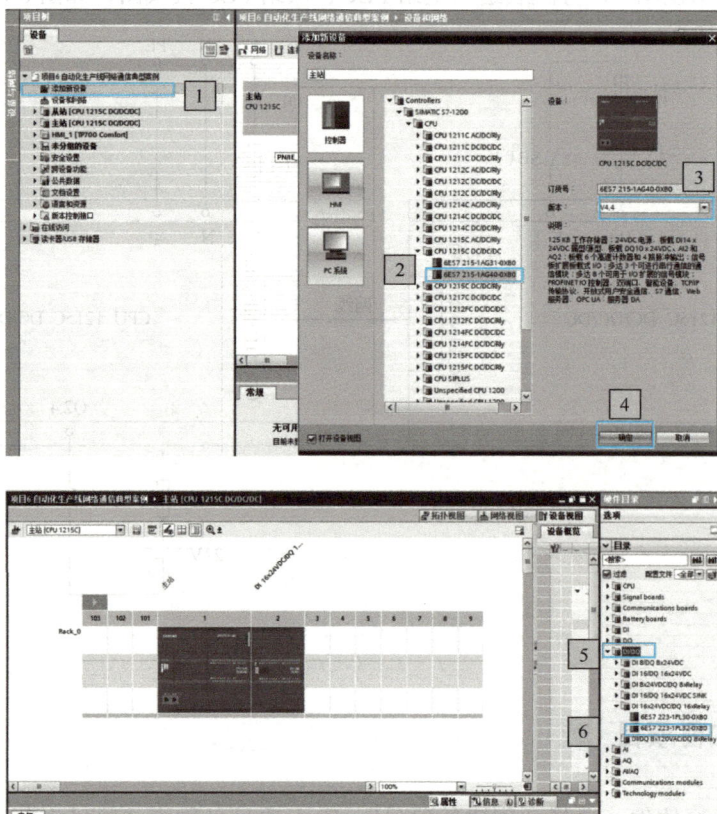

图 6-10　设备组态

1）右击"添加新设备"，选择 CPU 1215C DC/DC/DC，版本选择 V4.4。在这里用到了智能 IO 通信以及 S7 通信，需要对硬件进行组态。首先单击"设备组态"。选择"属性"→"常规"→"操作模式"，勾选"IO 设备"，在"已分配的 IO 控制器"中选择"主站 PROFINET 接口 _1"，配置一个传输区域。然后选择"属性"→"常规"→"连接机制"，勾选"允许来自远程对象的 PUT/GET 通信访问"，如图 6-11 所示。

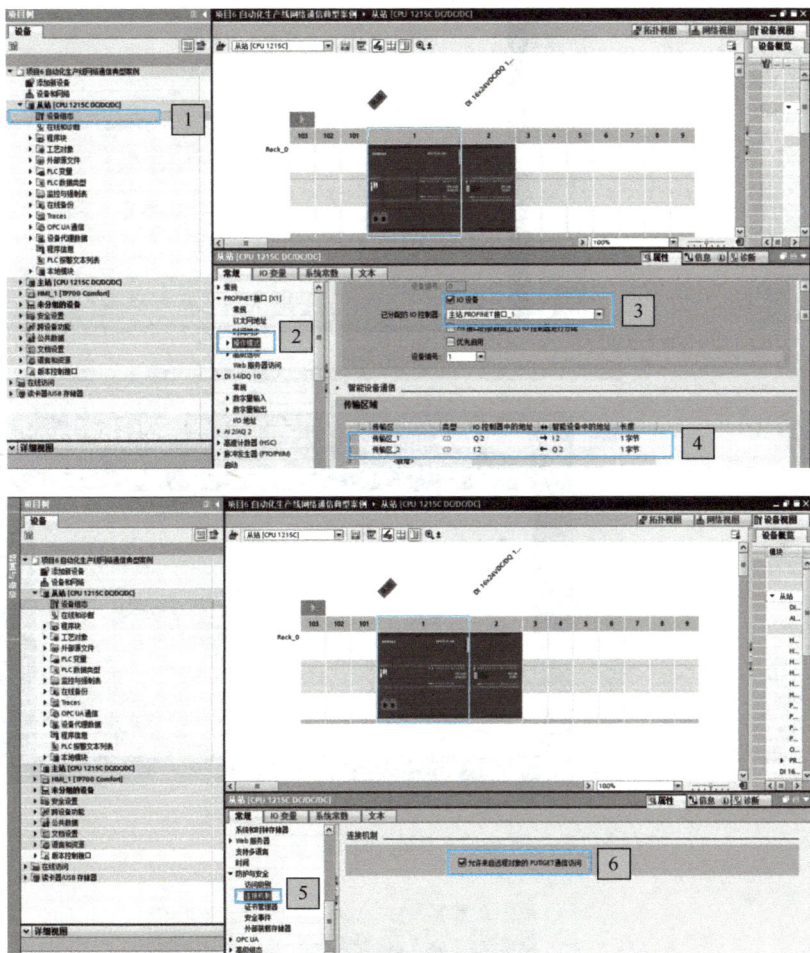

图 6-11　智能 IO 组态及运行远程访问

2）HMI 组态，如图 6-12a 所示。组态一个西门子 TP700 精智触摸屏，在触摸屏上画出一个开始采集按钮和停止采集按钮，同时显示采集的数据，如图 6-12b 所示。

6.4.5　能源采集系统网络搭建

1. 能源采集模块
能源采集模块如图 6-13 所示。
2. IP 地址显示与更改
上电时会显示本模块的 IP 地址，可以通过协议或拨码开关修改，如图 6-14 所示。

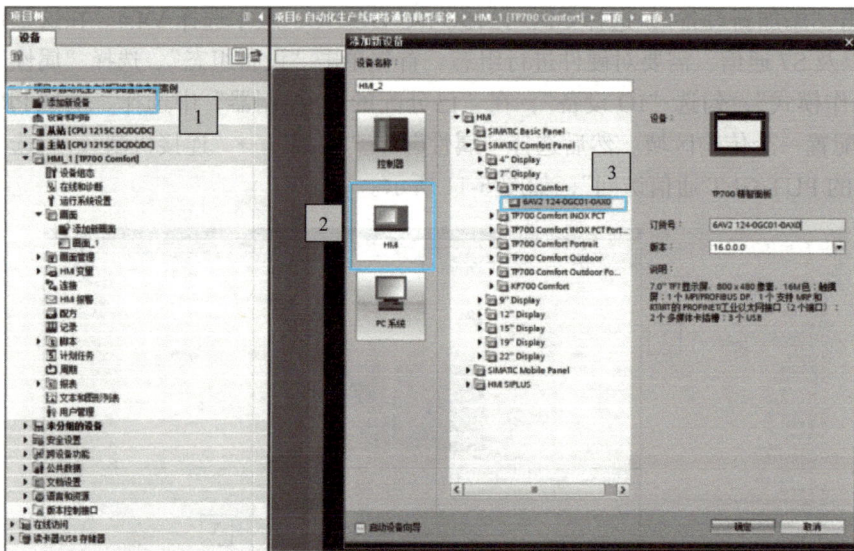

a)

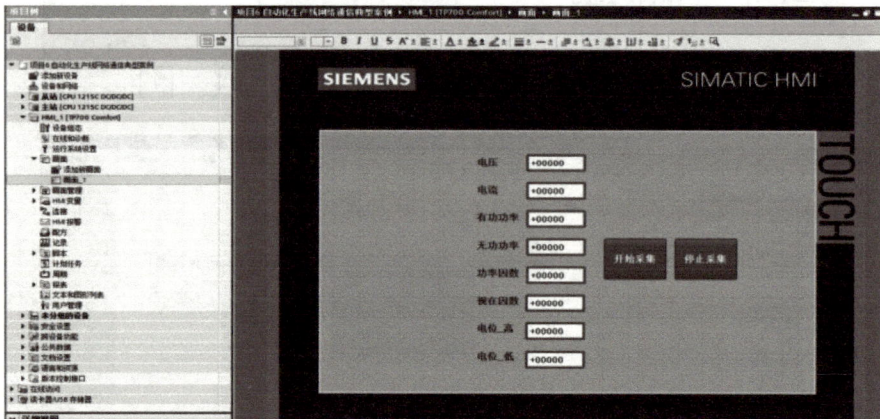

b)

图 6-12　HMI 画面组态

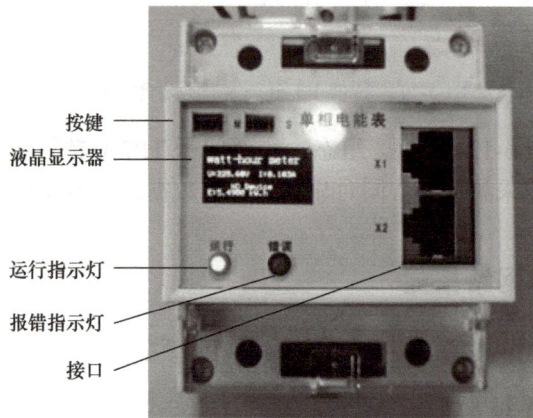

图 6-13　能源采集模块

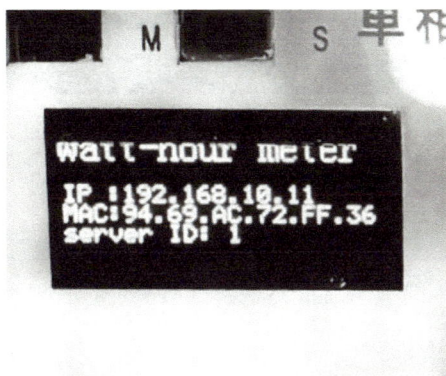

图 6-14　确认 IP 地址

3. Modbus 功能码

Modbus 功能码参数含义，见表 6-2。

表 6-2　Modbus 功能码参数

地址	含义
40001	IP 地址第一段
40002	IP 地址第二段
40003	IP 地址第三段
40004	IP 地址第四段
40005	寄存器值
40006	Server ID
40033	DATA/100= 电压（V）
40034	DATA/100= 电流（A）
40035	DATA/100= 有功功率（W）
40036	DATA/100= 无功功率（W）
40037	DATA/100= 视在功率（W）
40038	DATA/100= 功率因数
40039	已用电量高 16 位
40040	已用电量低 16 位

6.4.6　能源采集系统综合调试

能源采集系统综合调试操作步骤如下：

1）使计算机与模块通过网线连接，打开调试软件，显示调试界面，如图 6-15 所示。

2）单击"连接设置"，选择"连接"，打开"连接的详细信息"对话框。在"使用的连接"下拉列表中选择"Remote modbus TCP Server"，按照电能表所显示 IP 地址更改 IP Address 为"192.168.10.11"（电能表的 IP），服务端口为 502，单击"确认"按钮，如图 6-16 所示。

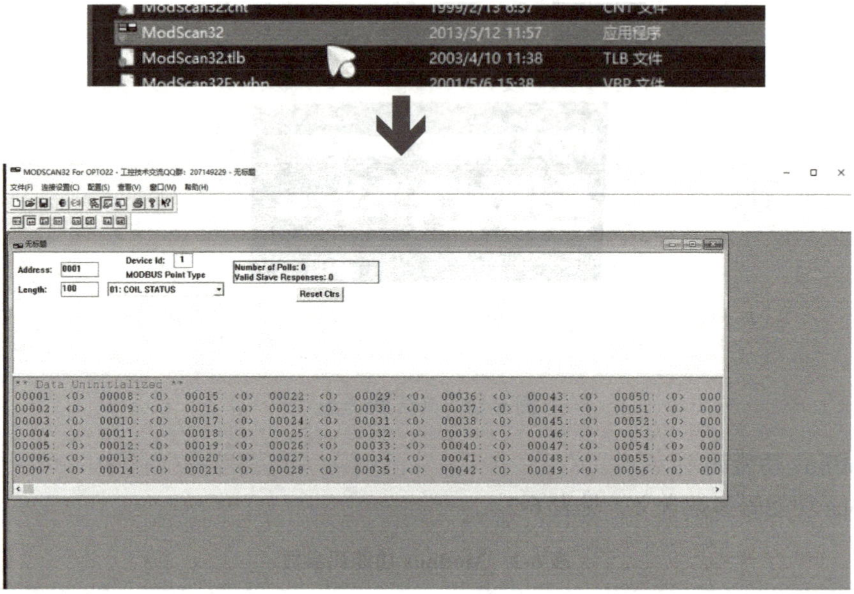

图 6-15　调试界面

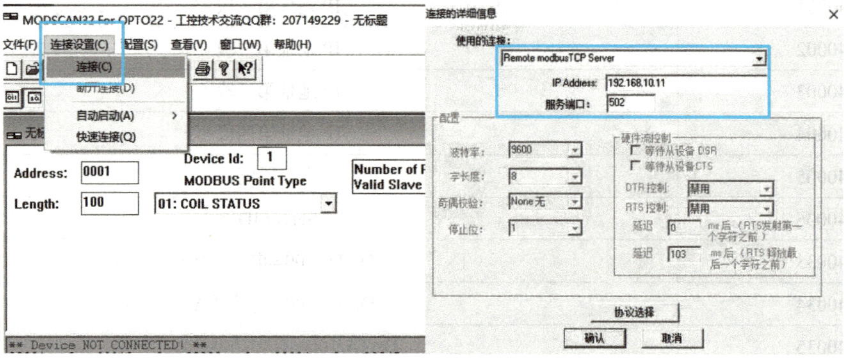

图 6-16　连接设置

3）字节 Length 改为"10"，表示从 Address0001 开始 10 位。在功能码下拉列表中选择"03：HOLDING REGISTER"。在灰色界面显示 IP 地址，此处可以修改 IP，如图 6-17 所示。

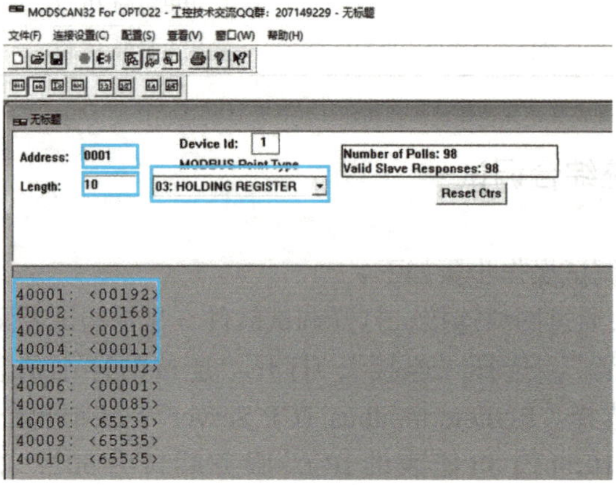

图 6-17　更改参数

4）将 Address 改为 0033，观察参数。

5）打开程序编辑工作区，从右侧"指令"选项卡中找到"通信"，选择"其它"，找到"MB_CLIENT"指令，将指令拖拽到 OB1 中，如图 6-18 所示。

6）根据控制要求编写 PLC 控制程序。

① 新建项目，进行设备组态，设置 PLC 属性，更改 IP 地址，并单击"系统常数"，查看"Local ~ PROFINET_ 接口 _1"的硬件标识符，硬件标识符为 64。设置数据块中的 ID 号对应电能表上的 ID 号，重新连接次数更改为 0，如图 6-19 所示设置时钟存储器。

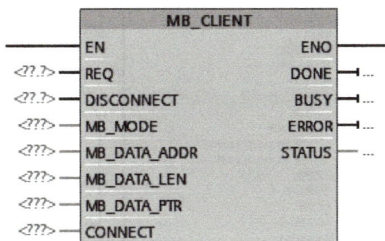

图 6-18　MB_CLIENT 指令

图 6-19　设置时钟存储器

MB_CLIENT 指令中的 ID 号要对应能源采集模块的 ID 号。此时为 1，重新连接次数选择 0（连接不上则继续重连），如图 6-20 所示。

图 6-20　检查 MB_CLIENT 指令 ID 号

② 添加数据块，右击数据块，选择"属性"，勾选"数据块从 OPC UA 可访问"，如图 6-21 所示。双击数据块，添加元素。

③ 数据块编写，如图 6-22 所示。

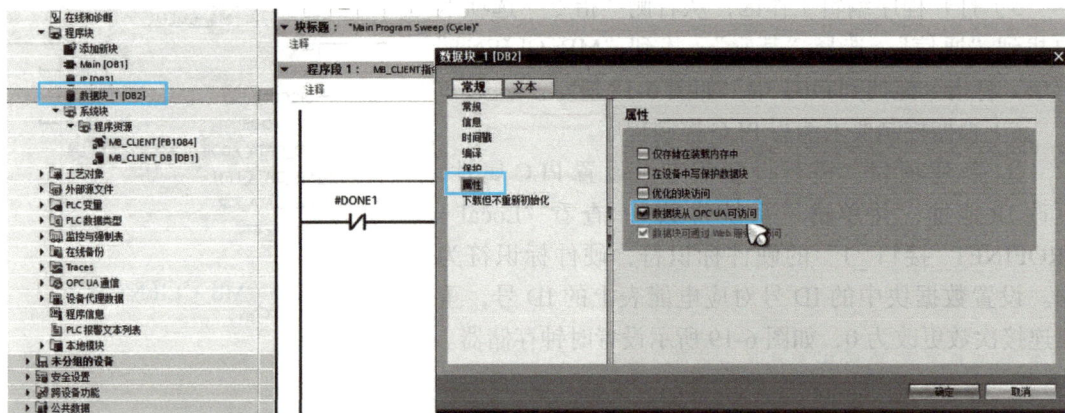

图 6-21　勾选"数据块从 OPC UA 可访问"

图 6-22　数据块编写

6.4.7　两站通信项目搭建

1. 方法一：PROFINET 智能 IO 设备

创建项目、添加设备（1# 站 1215C DC/DC/DC 与 SM1223 拓展模块，2# 站 1215C DC/DC/DC）。在 2# 站添加智能设备和传输区域，在设备属性的"常规"设置中选择"PROFINT 接口"→"操作模式"，勾选"IO 设备"，"已分配的 IO 控制器"选择"1# 站 .PROFINT 接口 _1"，在传输区域单击"新增"，设置传输区域，如图 6-11 所示。

2. 方法二：PLC-S7 通信

创建项目、添加设备（1# 站 1215C DC/DC/DC 与 SM1223 拓展模块，2# 站 1215C DC/DC/DC）。建立 S7 通信连接（1# 站与 2# 站），进入"设备和网络"界面，单击"连接"，在下拉列表中选择"S7 连接"，根据要求将设备进行连接，如图 6-23 所示。

6.4.8　编辑变量表

打开 PLC_1 的"PLC 变量"文件夹，双击"添加新变量表"，选择"＜新增＞"→"更改变量名称"→"更改数据类型"→"更改地址"，完成变量表，如图 6-24 和图 6-25 所示。

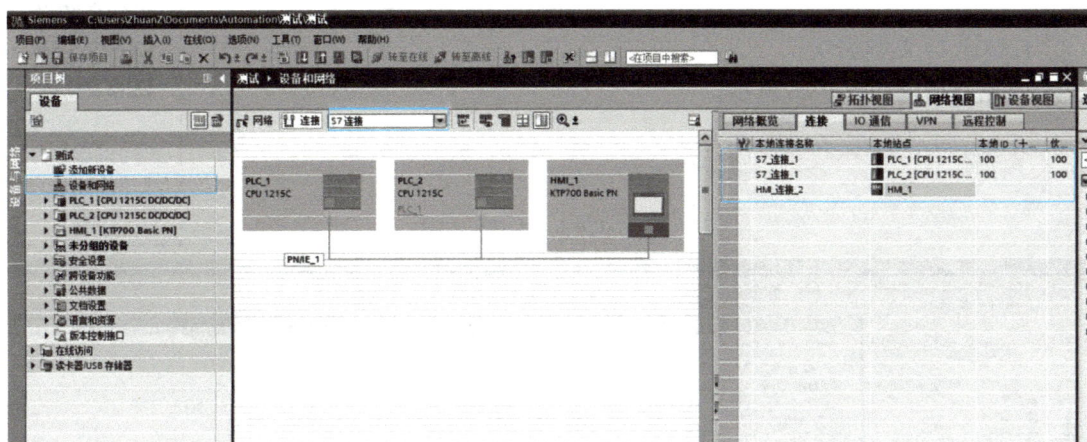

图 6-23 建立 S7 连接

图 6-24 1# 站变量表

		名称	数据类型	地址	保持	从 H...	从 H...	在 H...
1		启动标志位	Bool	%Q2.0		✓	✓	✓
2		开始采集	Bool	%M20.0		✓	✓	✓
3		停止采集	Bool	%M20.1		✓	✓	✓

图 6-25 2# 站变量表

6.4.9 两站通信项目程序设计

1. 设计 1# 站数据块

1# 站数据块如图 6-26 所示。

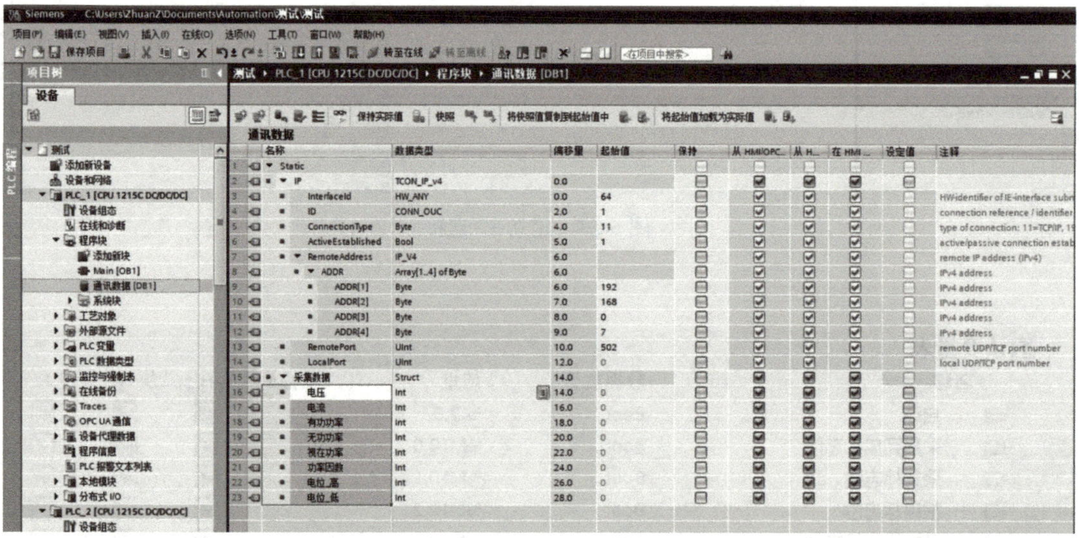

图 6-26 1# 站数据块

2. 设计 2# 站数据块

2# 站数据块 DB1 如图 6-27 所示。

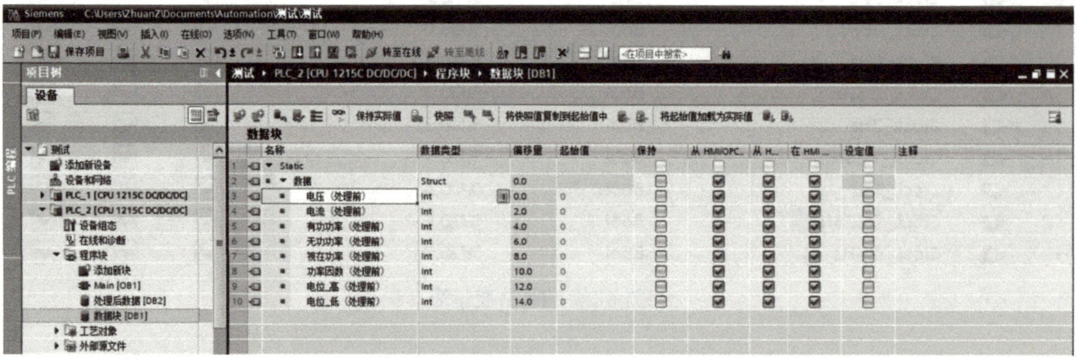

图 6-27 数据块 DB1

2# 站数据块 DB2 如图 6-28 所示。

3. 编写程序

（1）1# 站梯形图程序。

1）请求采集电能表数据程序，如图 6-29 所示。

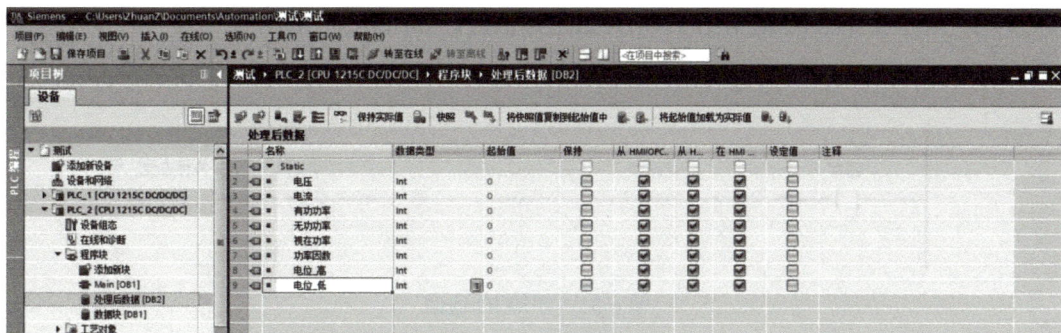

图 6-28　数据块 DB2

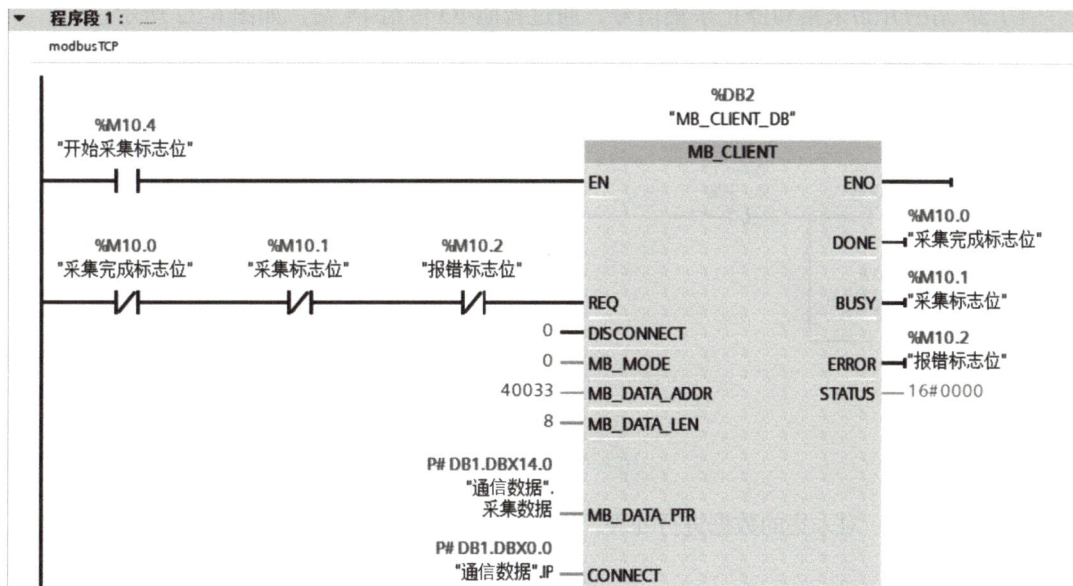

图 6-29　采集数据

2）请求 S7 通信向 2# 站发送数据，如图 6-30 所示。

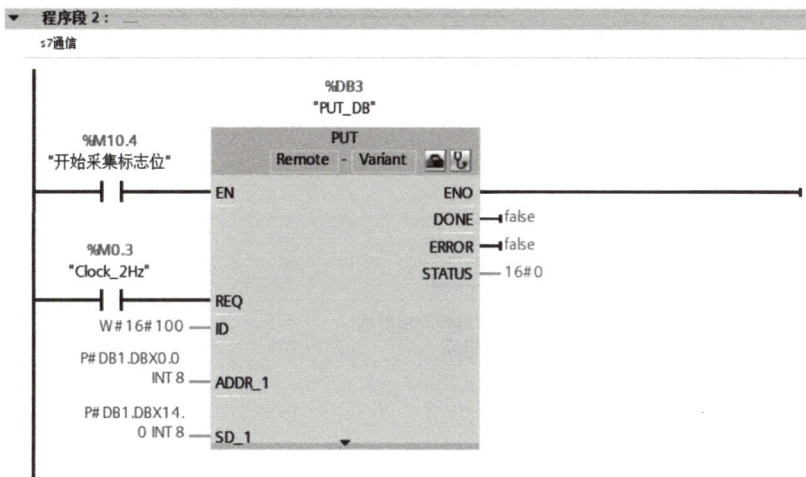

图 6-30　S7 通信

3）2#站通过智能 IO 通信给 1#站开始采集信号，如图 6-31 所示。

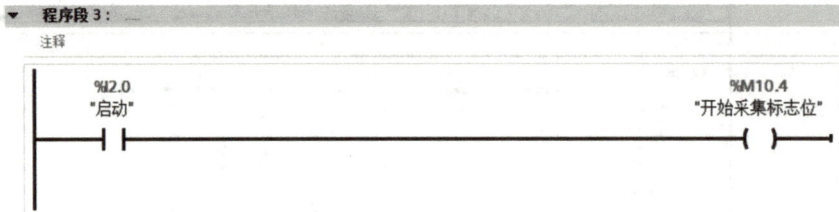

图 6-31 智能 IO 通信

（2）2#站梯形图程序

1）2#站的开始采集和停止采集信号，通过智能 IO 传给 1#站，如图 6-32 所示。

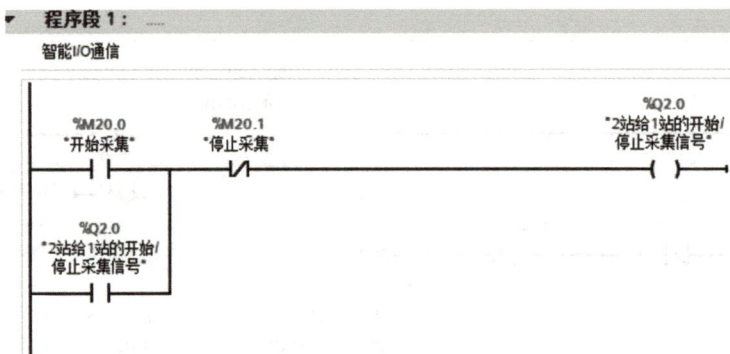

图 6-32 开始采集

2）数据处理。对采集的数据进行处理，得到所需的数据，显示到 HMI 上，如图 6-33 所示。

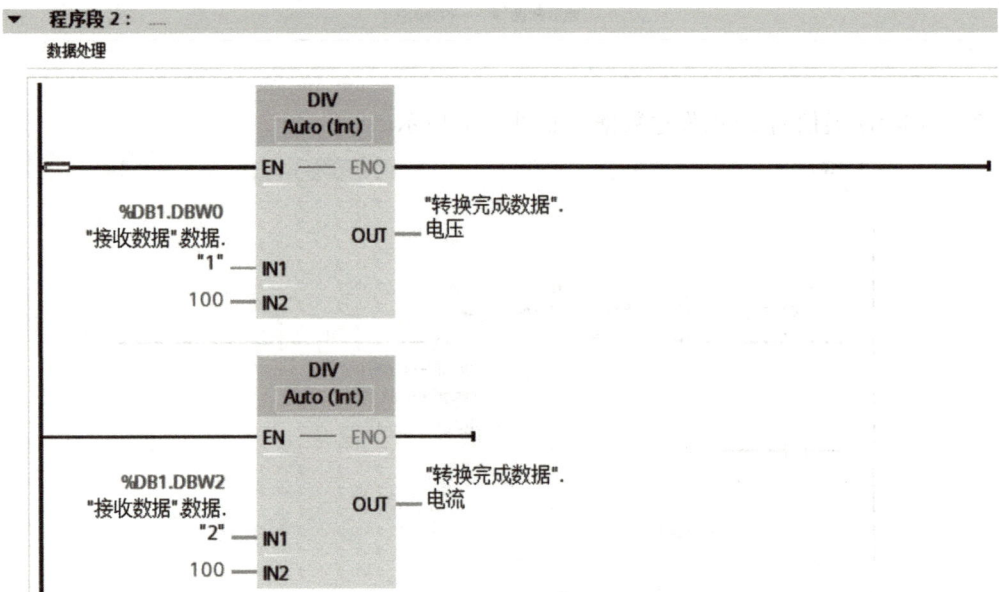

图 6-33 数据处理

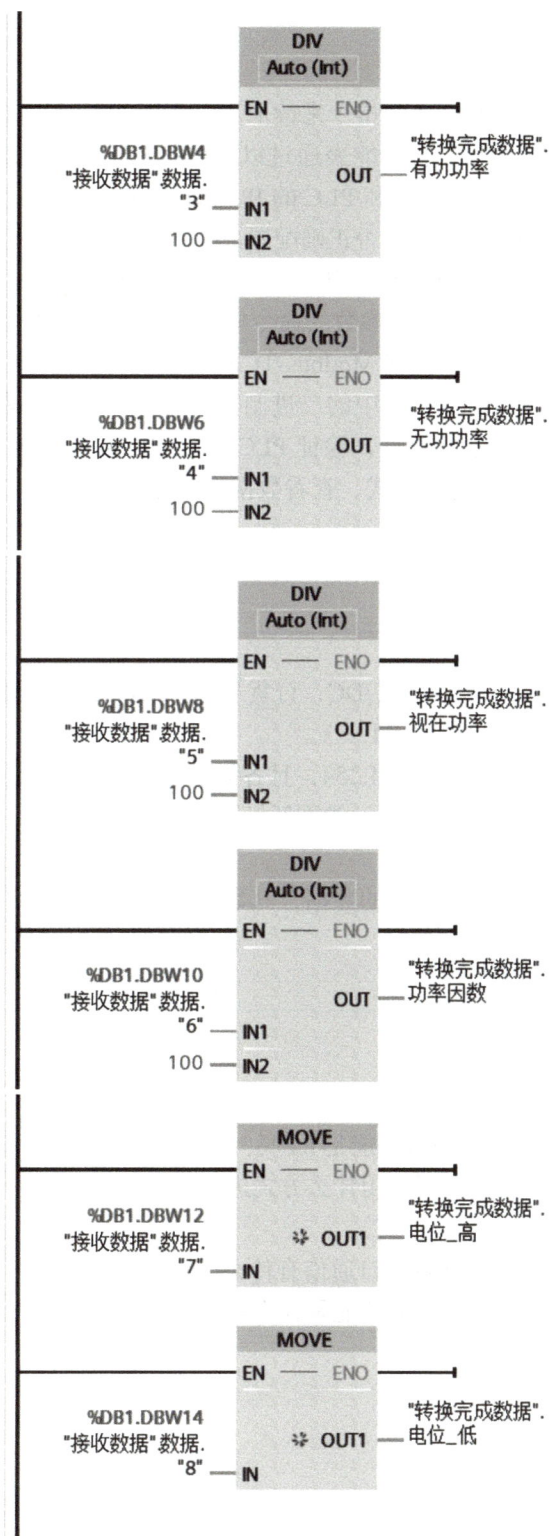

图 6-33　数据处理（续）

6.4.10 调试程序

在 PLC 程序中,使用相应的 I/O 指令来读取和写入智能 IO 设备的数据。电能表 TCP 通信调试,硬件连接与网络设置,将电能表通过以太网接口连接到局域网交换机或 PLC 的以太网口。确保网络连接稳定,电能表和 PLC 的 IP 地址在同一网段。检查电能表的网络设置,如 IP 地址、子网掩码、网关等参数是否正确配置。

在程序调试中编写 PLC 程序,应先建立 TCP 连接。使用通信指令发送读取电能表数据的命令,如读取电压、电流、功率等参数的命令帧。在接收数据后,按照电能表通信协议规定的格式进行数据解析。例如,根据 Modbus-TCP,从接收缓冲区中提取寄存器数据,并转换为实际的物理量数值(如将寄存器中的二进制数据转换为浮点数表示的电压值)。通过在线监控和对比实际电能表显示的数据,验证 PLC 接收到的数据是否正确。可以使用调试工具,如设置断点、单步执行程序等方式,查看数据处理过程中的每一个步骤。

6.5 注意事项

1. PLC 型号为 CPU 1215C DC/DC/DC,订货号为 6ES7215-1AG40-0XB0,版本号是 4.4;网络步进电机默认通信网段:192.168.1.xxx。

2. 电能表 IP 最大值为 254.254.254.254,且各设备需在同一网段。

3. 更改 IP 后需要将设备断电重启,并重新打开调试软件。

4. PLC 通信应在同一网段。

5. S7 通信中,PUT 与 GET 传输的数据,其数据类型及长度必须相互对应,数据块需取消"块的优化访问"。

6.6 问题与思考

1. Modbus TCP 通信硬件标识符只能是 64 吗?可以更改吗?

2. 多台 S7-1200 PLC 之间还可以用什么方式进行通信?

3. 列举 PLC 之间具体的通信方式。

4. 西门子 S7 通信与智能 IO 自由口通信有什么区别?

5. 西门子 S7-1200 PLC 数据块的功能是什么?

项目 7 自动化生产线变频器综合应用

【知识目标】

1. 理解西门子变频器 G120 基本参数。
2. 熟悉西门子变频器 G120 数字量驱动控制电机的方法。
3. 熟悉西门子变频器 G120 模拟量信号输入实现电机调速的方法。
4. 熟悉西门子变频器 G120 PN 通信实现电机控制的方法。

【能力目标】

1. 掌握西门子变频器 G120 基本参数的设置方法。
2. 掌握西门子变频器 G120 数字量驱动控制电机的能力。
3. 掌握西门子变频器 G120 模拟量信号输入实现电机调速的能力。
4. 掌握西门子变频器 G120 PN 通信实现电机控制的能力。

【素养目标】

1. 树立正确的职业观和职业道德，敬业爱岗，勤奋努力。
2. 培养积极乐观的心态，应对各种压力和挑战。
3. 激发创新的欲望和兴趣，敢于突破传统思维模式。

7.1 项目描述

学习利用 S7-1200 对 G120 变频器进行控制，实现三相异步电动机的多段速控制。比较典型的就是泡面生产线，如图 7-1 所示。

从压面到压成面饼到烘干再到封装，每一个步骤都有变频器的参与，且都起到了至关重要的作用，每个步骤中三相异步电动机的转速也都不同。封装时需要考虑效率，速度就相对快一点，烘干时需要考虑质量，速度就会慢下来，保证面饼质量过关。本项目利用 S7-1200 对 G120 变频器进行控制，实现三相异步电动机的多段速控制。

图 7-1　泡面自动化生产线

图 7-1 泡面自动化生产线（续）

7.2 相关知识

7.2.1 G120 变频器硬件电路

SINAMICS G120 系列变频器的设计目标是为交流电动机提供经济的、高精度的速度／转矩控制，按照尺寸的不同，功率范围为 0.37 ~ 250kW，广泛适用于变频驱动的应用场合，其高性能的 IGBT 及电动机电压脉宽调制技术和可选择的脉宽调制频率的采用，使得电动机运行极为灵活。其多方面的保护功能可以为电动机提供更高一级的保护。

SINAMICS G120 变频器是一个智能化的数字式变频器，在基本操作板（BOP）上可以进行参数设置。参数分为两个级别：①标准级：可以访问经常使用的参数；②专家级：只供专家使用。G120 变频器的端子图如图 7-2 所示。

7.2.2 G120 变频器参数设置

G120 变频器的每一个参数名称对应一个参数的编号。参数号用 0000 ~ 9999 的 4 位数字表示。在参数号的前面冠以一个小写字母"r"时，表示该参数是"只读"的参数。其他所有参数号的前面都冠以一个大写字母"P"。这些参数的设定值可以直接在标题栏的"最小值"和"最大值"范围内进行修改。

（1）更改参数值的方法

在 BOP 面板上可以修改和设定系统参数，使变频器具有期望的特性，如斜坡时间、最小频率和最大频率等。选择的参数号和设定的参数值在具有 5 位数字的 LCD 上显示。更改参数值的步骤可大致归纳为：①查找所选定的参数号；②进入参数值访问级，修改参数值；③确认并存储修改好的参数值。

图 7-3 所示为举例说明如何修改参数 P0327 的数值。按照图中说明的类似方法，可以用 BOP 设定常用的参数。长按 ▣ 键可以进行参数的单位数编辑。按下 ▣ 和 ▣ 键可以修改参数的各个单位数，按下 ▣ 键可进行单独确认。

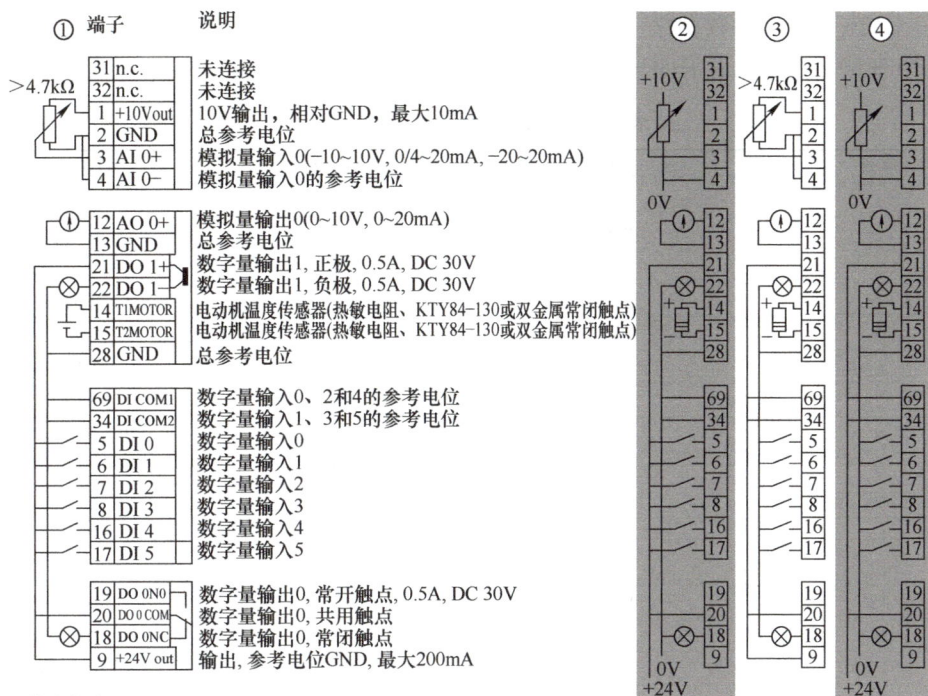

① 端子　　　说明

端子		说明
31	n.c.	未连接
32	n.c.	未连接
1	+10Vout	10V输出，相对GND，最大10mA
2	GND	总参考电位
3	AI 0+	模拟量输入0(−10~10V, 0/4~20mA, −20~20mA)
4	AI 0−	模拟量输入0的参考电位
12	AO 0+	模拟量输出0(0~10V, 0~20mA)
13	GND	总参考电位
21	DO 1+	数字量输出1, 正极, 0.5A, DC 30V
22	DO 1−	数字量输出1, 负极, 0.5A, DC 30V
14	T1MOTOR	电动机温度传感器(热敏电阻、KTY84-130或双金属常闭触点)
15	T2MOTOR	电动机温度传感器(热敏电阻、KTY84-130或双金属常闭触点)
28	GND	总参考电位
69	DI COM1	数字量输入0、2和4的参考电位
34	DI COM2	数字量输入1、3和5的参考电位
5	DI 0	数字量输入0
6	DI 1	数字量输入1
7	DI 2	数字量输入2
8	DI 3	数字量输入3
16	DI 4	数字量输入4
17	DI 5	数字量输入5
19	DO 0N0	数字量输出0, 常开触点, 0.5A, DC 30V
20	DO 0 COM	数字量输出0, 共用触点
18	DO 0NC	数字量输出0, 常闭触点
9	+24V out	输出, 参考电位GND, 最大200mA

接线方式:
①通过内部电源的连接，开关闭合后，数字量输入变为高电平。
②通过外部电源的连接，开关闭合后，数字量输入变为高电平。
③通过内部电源的连接，开关闭合后，数字量输入变为低电平。
④通过外部电源的连接，开关闭合后，数字量输入变为低电平。

图 7-2　G120 变频器端子图

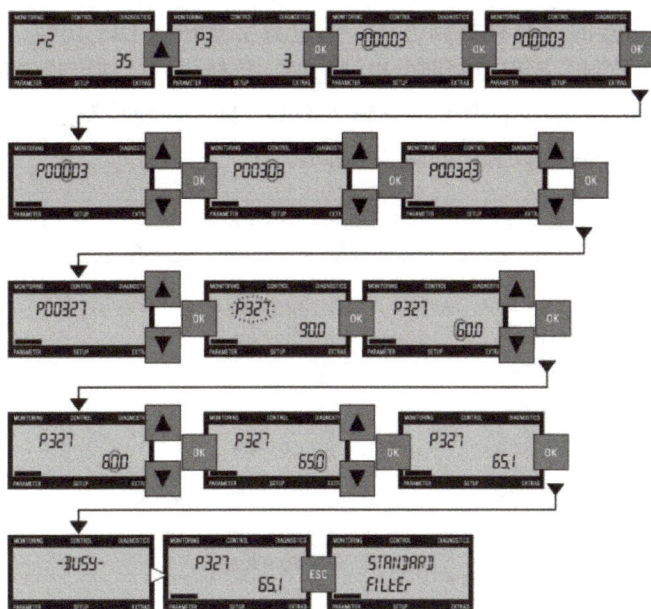

图 7-3　P0327 参数设置过程

（2）G120 变频器参数设置

G120 变频器参数设置说明见表 7-1。

表 7-1   G120 变频器参数设置说明

序号	参数号	设置值	参数号注释
1	P0010	30	参数复位
2	P0970	1	启动参数复位
3	P0010	1	快速调试
4	P0015	17	宏连接
5	P0300	1	设置为异步电动机
6	P0304	380V	电动机额定电压
7	P0305	0.18A	电动机额定电流
8	P0307	0.03kW	电动机额定功率
9	P0310	50Hz	电动机额定频率
10	P0311	1300r/min	电动机额定转速
11	P0341	$0.00001kg \cdot m^2$	电动机转动惯量
12	P0756	0	单极电压输入（0~10V）
13	P1082	1300r/min	最大转速
14	P1120	0.1s	加速时间
15	P1121	0.1s	减速时间
16	P1900	0	电动机数据检查
17	P0010	0	电动机就绪
18	P0971	1	参数保存

7.2.3   G120 变频器 PROFINET 应用

变频器 PN 网络通过宏指令 7 控制电机，实现现场总线 PROFIBUS/PROFINET 控制和点动控制切换。变频器的这两种控制方式，通过数字量输入 DI3 切换，DI3 断开为远程控制，DI3 接通为本地控制。远程控制即电机的起停、旋转方向、速度设定值通过 PROFIBUS/PROFINET 总线控制。本地控制即数字量输入 DI0、DI1 分别控制点动 J0G1 和点动 J0G2，点动速度在 P1058、P1059 中设置，如图 7-4 所示。

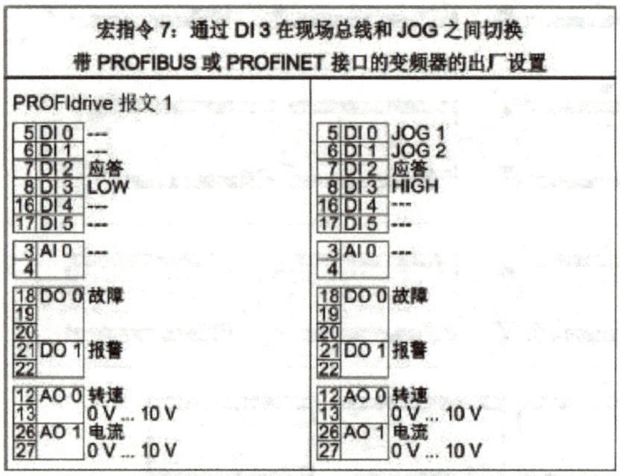

图 7-4   G120 宏指令 7

编写 PLC 程序之前，先要掌握第一个控制字各位的功能。通过设置控制字各位可以得到正转运行（16#047F）、反转运行（16#0C7F）、停止运行（16#047E）、报警复位（16#04FE）等不同的控制方式，见表 7-2。

表 7-2　第一个控制字功能

位号	位号解释	设置值	
位 00	ON（斜坡上升）/OFF（斜坡下降）	0 否	1 是
位 01	OFF2：按惯性自由停车	0 否	1 是
位 02	OFF3：快速停车	1 是	0 否
位 03	脉冲使能	1 是	0 否
位 04	斜坡函数发生器（RFG）使能	0 否	1 是
位 05	RFG 开始	0 否	1 是
位 06	设定值使能	0 否	1 是
位 07	故障确定	0 否	1 是
位 08	正向点动	0 否	1 是
位 09	反向点动	0 否	1 是
位 10	由 PLC 进行控制	0 否	1 是
位 11	设定值反向	0 否	1 是
位 12	保留	保留	保留
位 13	用电动电位计（MOP）升速	0 否	1 是
位 14	用 MOP 降速	0 否	1 是
位 15	本机 / 远程控制	0P0719 下标 0	1P0719 下标 1

G120 正反转控制字功能表如图 7-5 所示。

	15	14	13	12	11	10	9	8	7	6	5	4	3	2	1	0
起动电机 047F	0	0	0	0	0	1	0	0	0	1	1	1	1	1	1	1
OFF1方式停车 047E	0	0	0	0	0	1	0	0	0	1	1	1	1	1	1	0
电机反转 0C7F	0	0	0	0	1	1	0	0	0	1	1	1	1	1	1	1
故障复位 04FE	0	0	0	0	0	1	0	0	1	1	1	1	1	1	1	0

图 7-5　G120 正反转控制字功能表

第二个控制字为主速度设定值，数值是以 16 进制的形式发送的，即 4000（Hex）规格化为由 P2000 设定的速度（如默认值为 1500r/min），那么 2000H 即规格化 750r/min。对于 CPU 1215C DC/DC/DC 的控制器，模拟量输入为电压 0 ~ 10V，模拟量输出为电流 0 ~ 20A，见表 7-3。

表 7-3　第二个控制字

数据方向	PLC I/O 地址	变频器过程数据	数据类型
PLC →变频器	QW64	PZD1- 控制字 1（STW1）	16 进制（16bit）
	QW66	PZD2- 主设定值（NSOLL_A）	有符号整数（16bit）
变频器→ PLC	IW68	PZD1- 状态字 1（ZSW1）	16 进制（16bit）
	IW70	PZD2- 实际转速（NIST_A）	有符号整数（16bit）

7.3 项目要求

初始状态：系统已经上电，各指示灯均不亮，按钮处于抬起状态，电机停止。当按下 SB1 按钮，电机正转运行（速度为 500r/min），松开 SB1 后，电机继续保持正转运行；第二次按下 SB1 按钮，电机速度变为 800r/min；第三次按下 SB1 按钮，电机速度变为 1000r/min；第四次按下 SB1 按钮，电机速度变为 1300r/min；按下 SB2 停止按钮后，电机停止运行。

7-1　G120 变频器项目要求

7.4 项目实施

7.4.1　G120 变频器数字量驱动控制电机调速

1. I/O 分配表

根据 PLC 输入 / 输出点分配原则及本项目控制要求，进行 I/O 地址分配，见表 7-4。

表 7-4　I/O 分配表

序号	PLC 地址	符号	功能
1	I1.2	SB2	停止按钮
2	I1.3	SB1	启动按钮
3	Q0.0		DI1
4	Q0.1		DI2
5	Q0.5		DI4
6	Q0.6		DI5

2. 绘制 I/O 接线图

根据控制要求及表 7-4，G120 变频器数字量驱动控制电机多段速的 I/O 接线图如图 7-6 所示。通过 PLC 的输出控制变频器的 DI1、DI2、DI4、DI5。

3. 创建项目工程

双击打开博途软件，选择"创建新项目"，输入项目名称"G120 变频器数字量驱动控制电机多段速"，选择项目保存路径，然后单击"创建"按钮创建项目。

4. 硬件组态

1）打开项目树中的"设备与网络"，添加新设备，如图 7-7 所示。

2）根据所提供的 PLC，找到相应的 CPU 型号，进行添加，如图 7-8 所示。

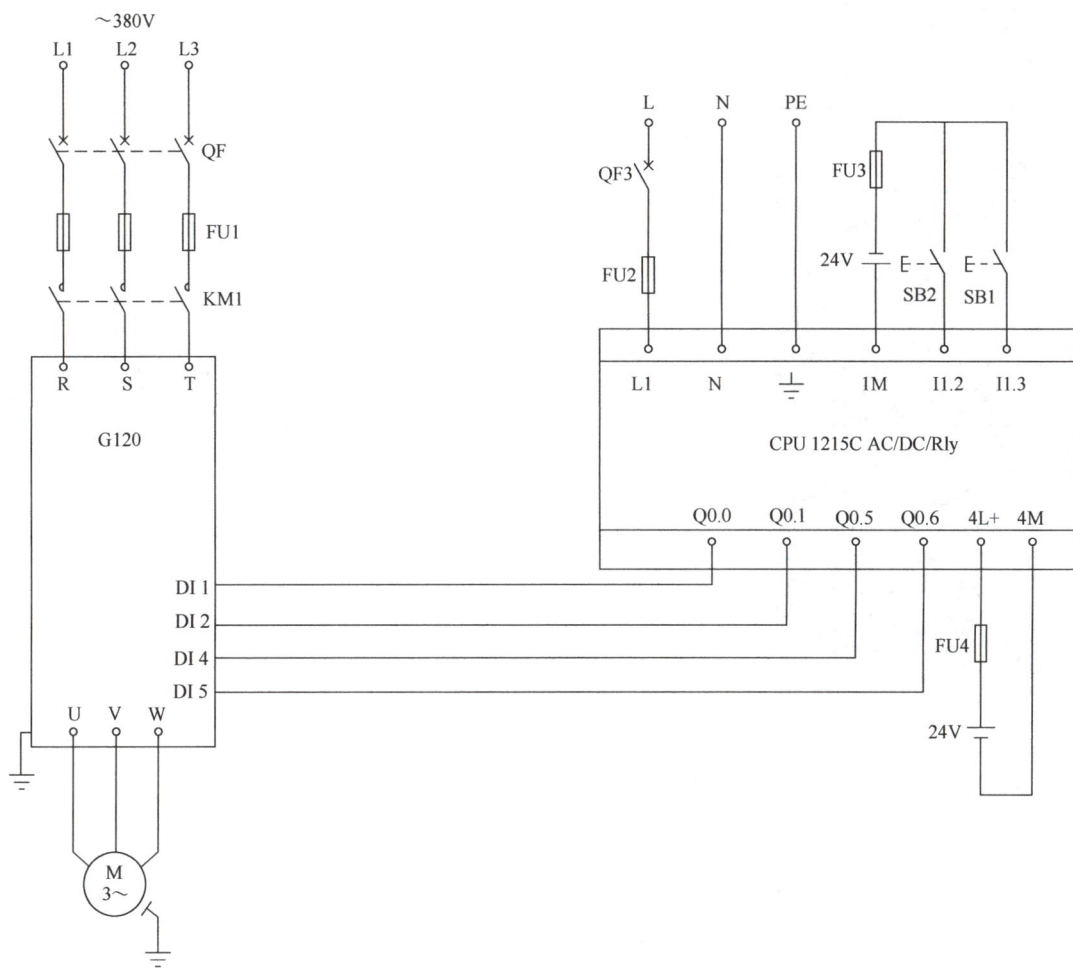

图 7-6　绘制 I/O 接线图

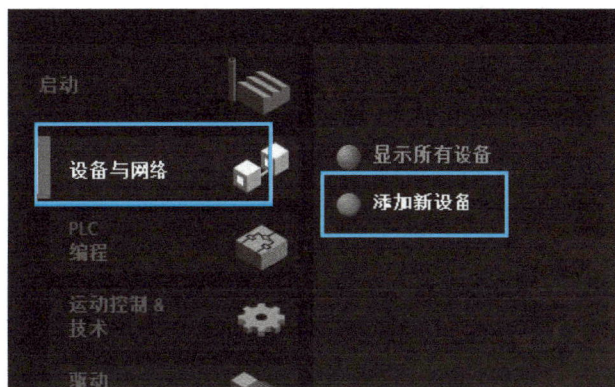

图 7-7　添加新设备

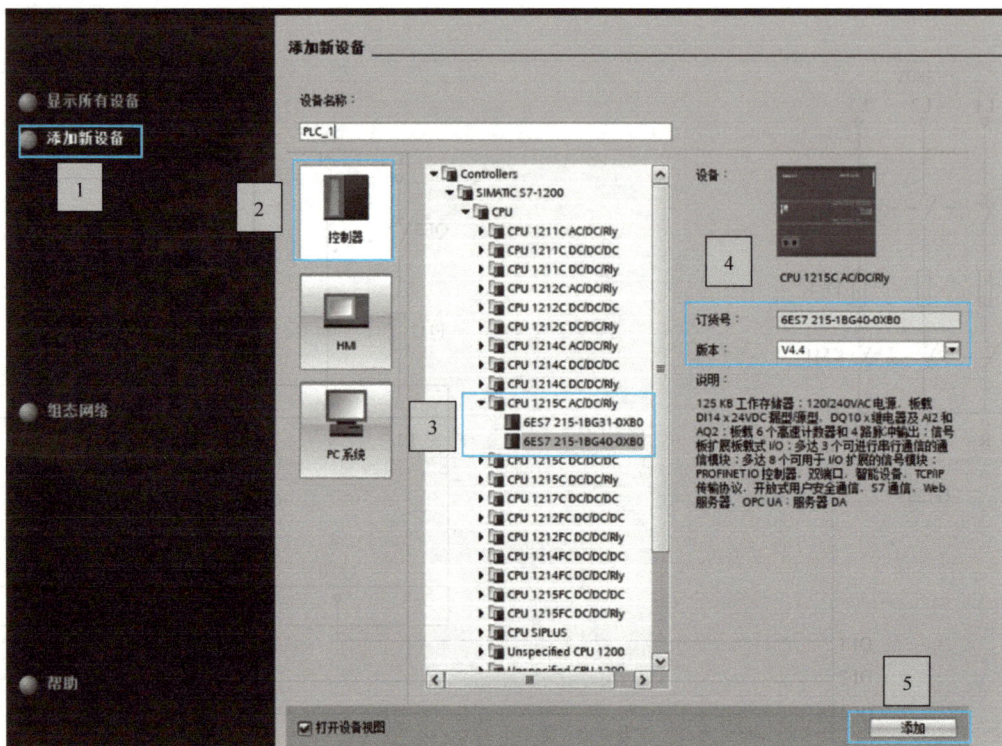

图 7-8 添加 PLC 设备

3）修改 PLC 的 IP 地址为"192.168.0.1"，如图 7-9 所示。

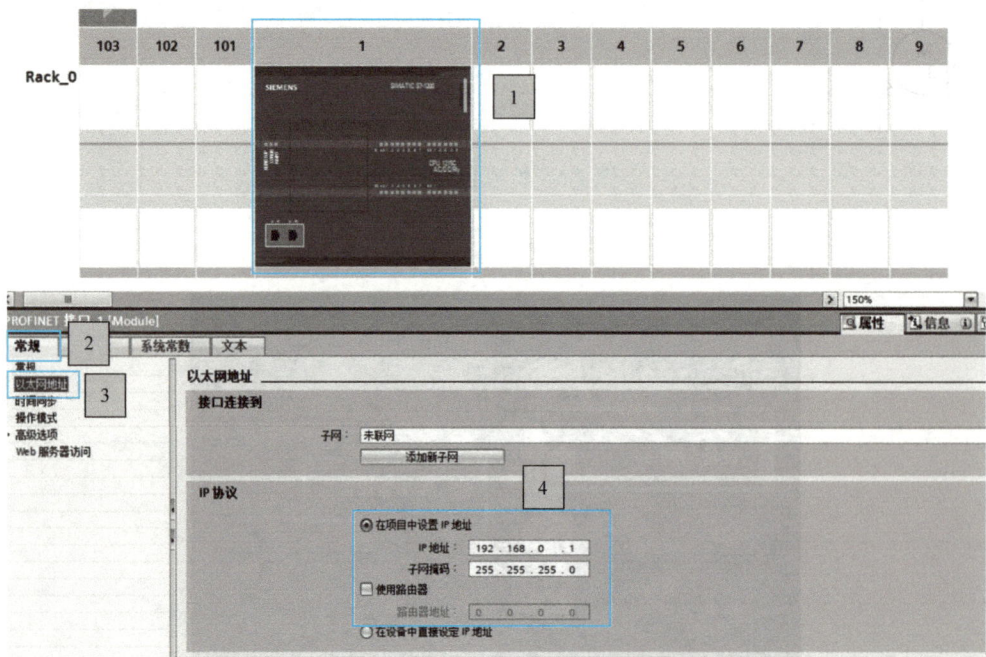

图 7-9 修改 PLC 的 IP 地址

5. 编辑变量表

根据本项目的控制要求编辑变量表，如图 7-10 所示。

		名称	数据类型	地址	保持	从 H...	从 H...	在 H...
1		SB1启动按钮	Bool	%I1.3	☐	☑	☑	☑
2		SB2停止按钮	Bool	%I1.2	☐	☑	☑	☑
3		DI1	Bool	%Q0.0	☐	☑	☑	☑
4		DI2	Bool	%Q0.1	☐	☑	☑	☑
5		DI4	Bool	%Q0.5	☐	☑	☑	☑
6		DI5	Bool	%Q0.6	☐	☑	☑	☑

图 7-10 变量表

6. 根据控制要求编写程序

本项目使用计数器指令，每按下一次启动按钮，计数器计数一次，速度随次数的增加逐渐升高。按下停止按钮，电机停止，如图 7-11 所示。

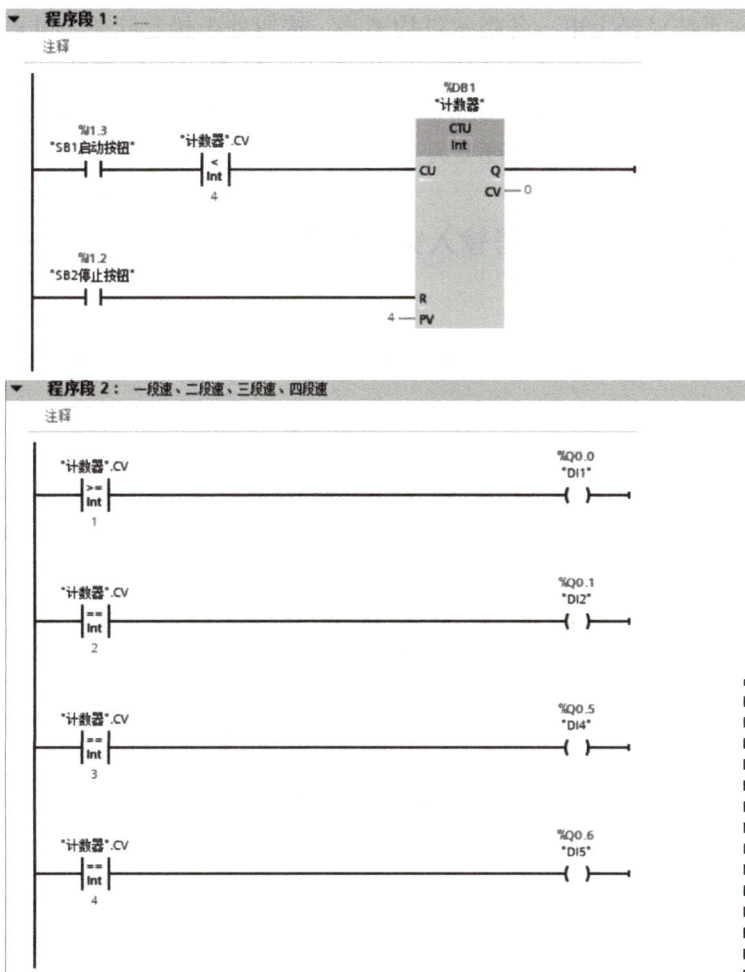

7-2 G120 变频器数字量驱动控制电机调速程序讲解

图 7-11 速度随次数的增加逐渐升高

7. G120 面板参数设置

G120 面板参数设置，见表 7-5。

表 7-5　G120 面板参数设置

参数	设定值	说明
P0010	1	快速调试
P0015	3	设置宏程序
P1001	500	固定转速 1
P1002	300	固定转速 2
P1003	500	固定转速 3
P1004	800	固定转速 4
P0010	0	就绪

7-3　G120 变频器数字量驱动控制电机调速项目 BOP 面板参数设置

8. 设备调试

1）编译并下载程序。

2）对照控制要求检验程序的正确性（程序调试）。

初始状态：系统已经上电，各指示灯均不亮，按钮处于抬起状态，电机停止。当按下 SB1 按钮，电机正转运行（速度为 500r/min），松开 SB1 后，电机继续保持正转运行；第二次按下 SB1 按钮，电机速度变为 800r/min；第三次按下 SB1 按钮，电机速度变为 1000r/min；第四次按下 SB1 按钮，电机速度变为 1300r/min；按下 SB2 停止按钮后，电机停止运行。

7.4.2　G120 变频器模拟量信号输入实现电机调速

1. I/O 分配表

根据 PLC 输入 / 输出点分配原则及本项目控制要求，进行 I/O 地址分配，见表 7-6。

表 7-6　I/O 分配表

序号	PLC 地址	符号	功能
1	I1.3	SB1	启动按钮
2	I1.2	SB2	停止按钮
3	I1.5	SA1	转换开关
4	Q0.0		VF-ON/OFF
5	Q0.1		VF- 换向

2. 绘制 I/O 接线图

根据控制要求及表 7-6 的 I/O 分配表，G120 变频器模拟量信号输入实现电机调速的 I/O 接线图如图 7-12 所示。通过 PLC 的信号板模拟量的输出控制变频器的 AI0+、AI0−。通过 PLC 的输出控制变频器的 DI0、DI1。

3. 创建工程项目

双击打开博途软件，在视图中选择"创建新项目"，输入项目名称"G120 变频器模拟量信号输入实现电机调速"，选择项目保存路径，然后单击"创建"按钮创建项目。

4. 硬件组态

1）打开项目树中的"设备与网络"，添加新设备，如图 7-13 所示。

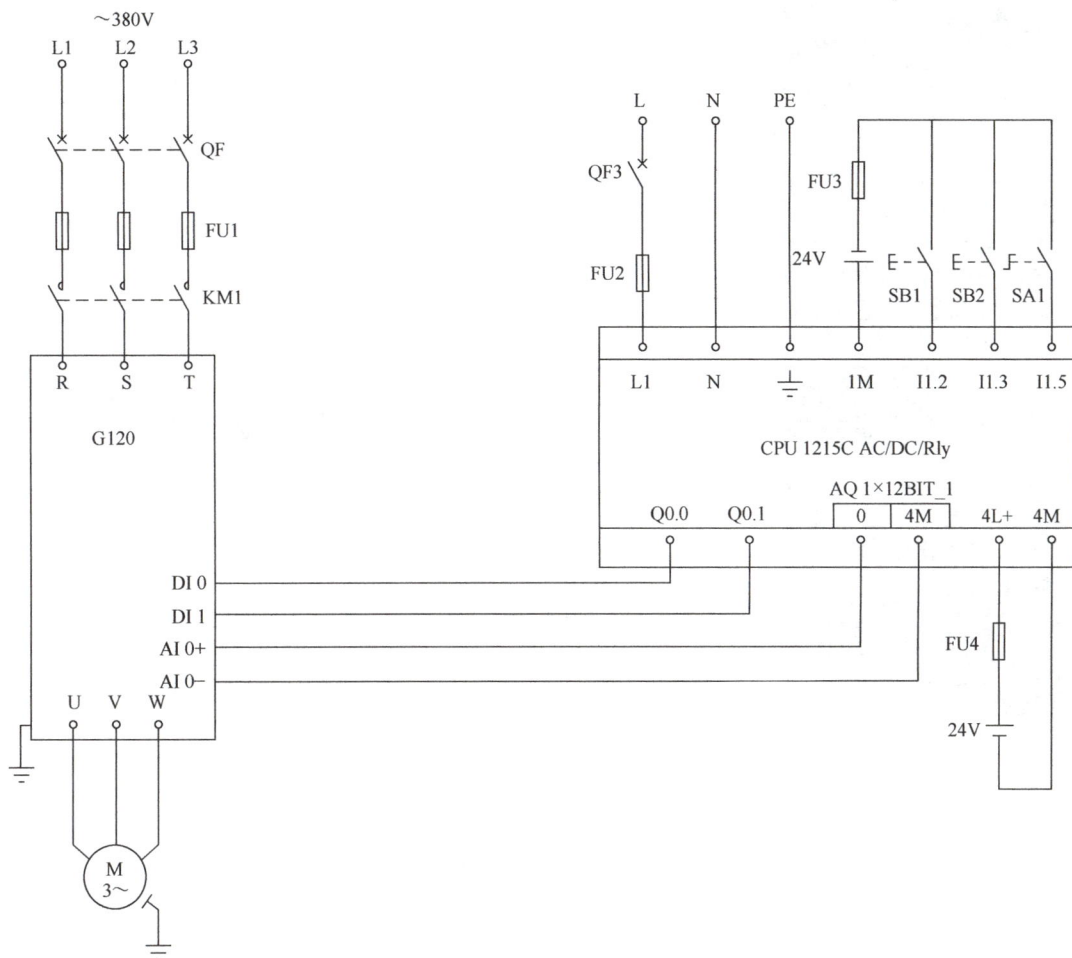

图 7-12　绘制 I/O 接线图

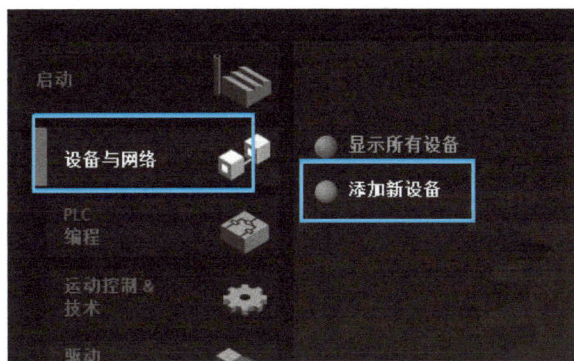

图 7-13　添加新设备

2）找到相应的 CPU 型号，进行添加，如图 7-14 所示。

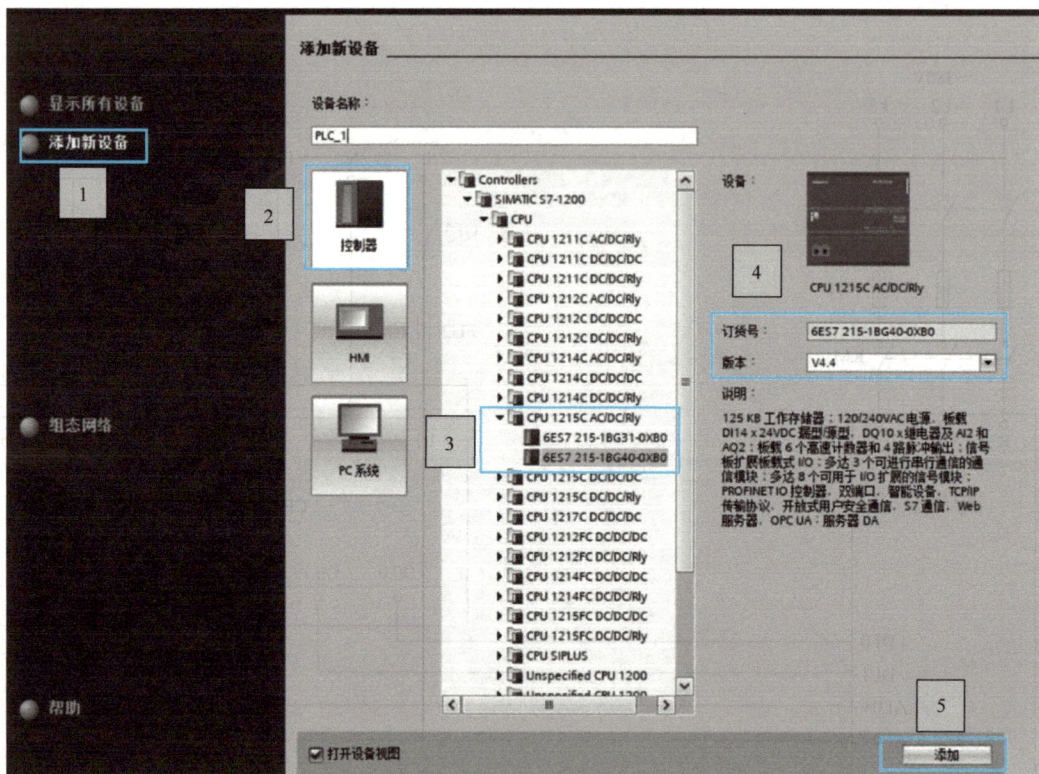

图 7-14　添加 PLC 设备

5. 设计变量表

根据本项目的控制要求设计变量表，如图 7-15 所示。

默认变量表

		名称	数据类型	地址	保持	从 H...	从 H...	在 H...
1	〈叩	SA1转换开关	Bool	%I1.5		☑	☑	☑
2	〈叩	SB1启动按钮	Bool	%I1.3		☑	☑	☑
3	〈叩	SB2停止按钮	Bool	%I1.2		☑	☑	☑
4	〈叩	VF-ON/OFF	Bool	%Q0.0		☑	☑	☑
5	〈叩	模拟量输出	Word	%QW80		☑	☑	☑
6	〈叩	输入转速	Word	%MW50		☑	☑	☑
7	〈叩	中间变里	DWord	%MD54		☑	☑	☑

图 7-15　变量表

6. 根据控制要求编写程序

本项目按下启动按钮，电机正转，程序如图 7-16 所示。使用 NORM_X 和 SCALE_X 指令进行频率模拟量输出，根据输入频率的大小控制电机速度，如图 7-17 所示。

7-4　G120 变频器模拟量信号输入实现电机调速程序讲解

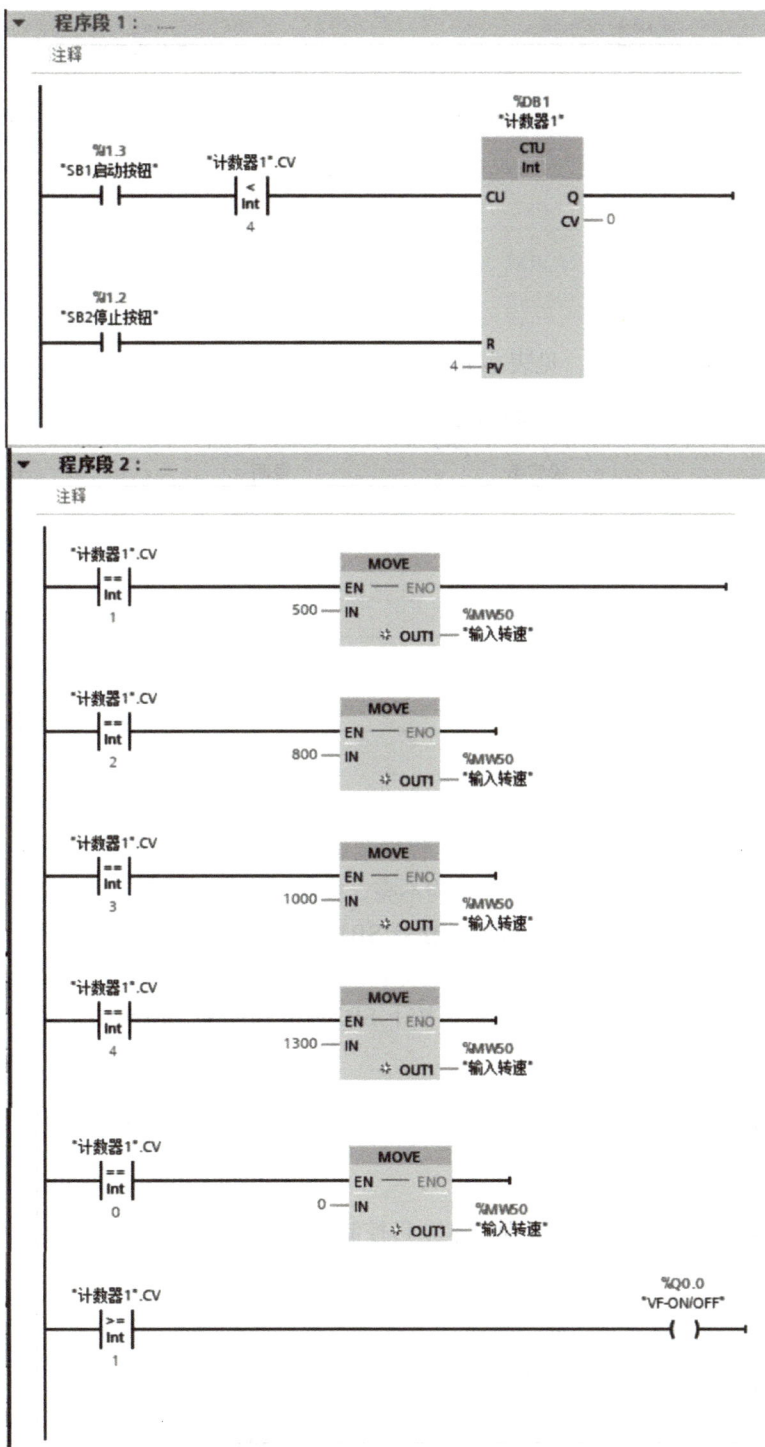

图 7-16 四段速电机正转

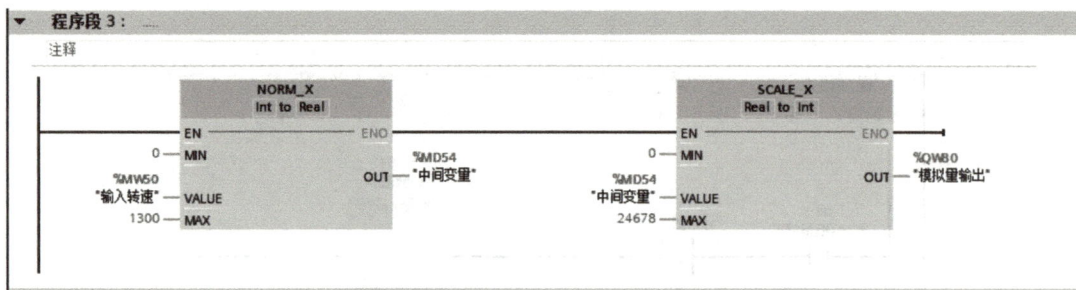

图 7-17   用 NORM_X 和 SCALE_X 指令进行频率模拟量输出

7. G120 面板参数设置

进行 G120 面板参数设置，见表 7-7。

表 7-7   G120 面板参数设置

参数	设定值	说明
P0010	1	快速调试
P0015	12	设置宏程序
P1120	0.5	上升时间
P1121	0.5	下降时间
P0010	0	就绪

7-5   G120 变频器模拟量信号输入实现电机调速面板参数设置

8. 设备调试

1）编译并下载程序。

2）对照控制要求检验程序的正确性（程序调试）。

初始状态：系统已经上电，各指示灯均不亮，按钮处于抬起状态，电机停止。当按下 SB1 按钮，电机正转运行（速度为 500r/min），松开 SB1 后，电机继续保持正转运行；第二次按下 SB1 按钮，电机速度变为 800r/min；第三次按下 SB1 按钮，电机速度变为 1000r/min；第四次按下 SB1 按钮，电机速度变为 1300r/min；按下 SB2 停止按钮后，电机停止运行。

7.4.3   G120 变频器 PN 通信实现电机调速

1. I/O 分配表

根据 PLC 输入 / 输出点分配原则及本项目控制要求，进行 I/O 地址分配，见表 7-8。

表 7-8   I/O 分配表

序号	PLC 地址	符号	功能
1	I1.3	SB1	绿按钮
2	I1.2	SB2	红按钮
3	I1.5	SA1	转换开关

2. 绘制 I/O 接线图

根据控制要求及表 7-8 的 I/O 分配表，G120 变频器 PN 通信实现电机调速的 I/O 接线图如图 7-18 所示。通过 PLC 的网口及网线与变频器的网口连接以交换数据，进行网络通信来控制变频器驱动电机。

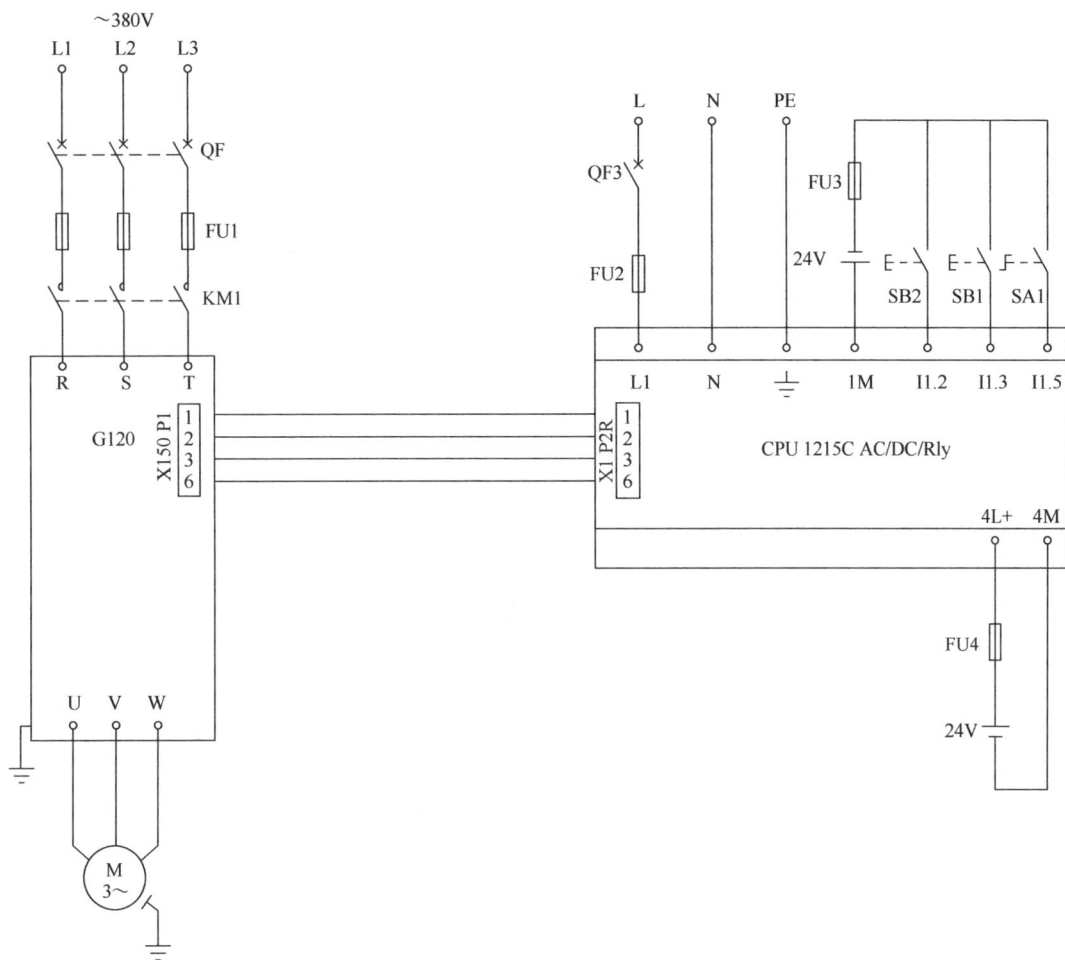

图 7-18 绘制 I/O 接线图

3. 创建工程项目

双击打开博途软件，选择"创建新项目"，输入项目名称"G120 变频器 PN 通信实现电机控制"，选择项目保存路径，然后单击"创建"按钮创建项目。

4. 硬件组态

1）PLC 组态同 7.4.1 节中 G120 变频器数字量驱动控制电机多段速的组态方法一样。

2）添加所对应的变频器单元。进入"网络视图"界面，单击"硬件目录"下的"Other field devices"，依次选择"PROFINET IO"→"Drives"→"SINAMICS"→"SINAMICS G120 CU240E-2 PN(-F) V4.7"，然后双击，变频器添加到网络中，如图 7-19 所示。

7-6 G120 变频器 PN 通信实现电机调速组态

图 7-19　添加 G120 变频器设备

3）网络连接 PLC 与变频器。在"网络视图"界面中，单击变频器模块"未分配"，然后选择所对应的 PLC PROFINET 接口，如图 7-20 所示。

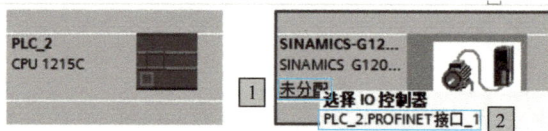

图 7-20　进行 PLC 与变频器的网络连接

4）修改变频器的 IP 地址为"192.168.0.2"，如图 7-21 所示。

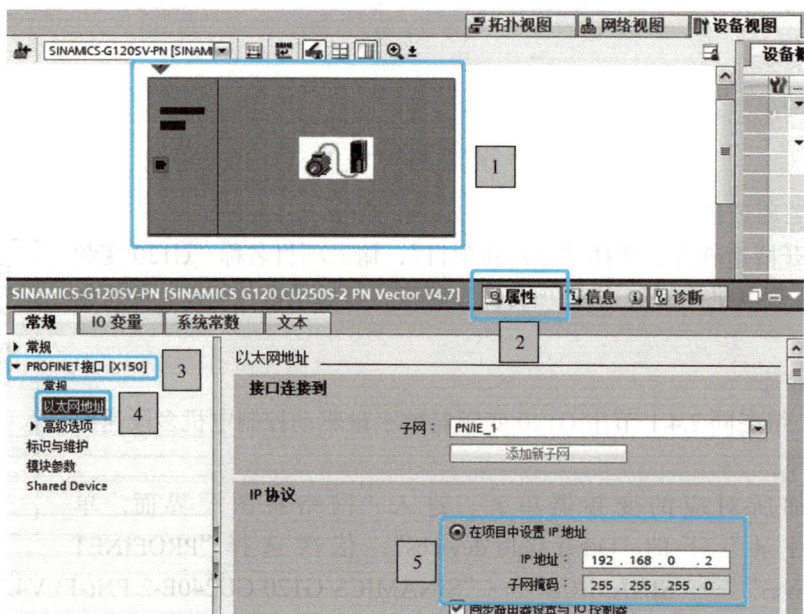

图 7-21　修改变频器的 IP 地址

5）在变频器的"设备视图"中，添加变频器的报文：标准报文 1，如图 7-22 所示。

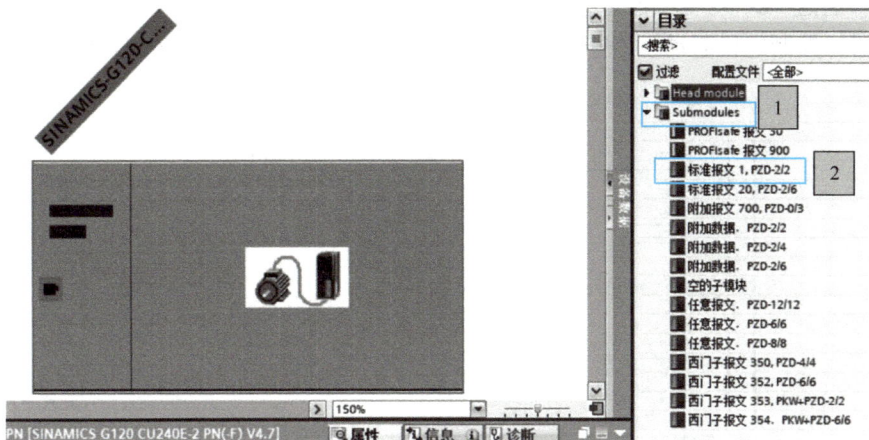

图 7-22　添加变频器报文

6）在变频器的"设备视图"中，设置 G120 变频器控制的输入输出起始地址。将输入起始地址从默认值修改为"100"，输出起始地址从默认值修改为"100"，如图 7-23 所示。

图 7-23　设定变频器的 IO 起始地址

5. 编辑变量表

打开 PLC_1 的"PLC 变量"文件夹，双击"添加新变量表"，选择"＜新增＞"→"更改变量名称"→"更改数据类型"→"更改地址"，完成变量表，如图 7-24 所示。

	名称	数据类型	地址	保持	从 H...	从 H...	在 H...	注释
1	VF控制字	Word	%QW100		☑	☑	☑	
2	SA1（转换开关）	Bool	%I1.5		☑	☑	☑	
3	正转保持	Bool	%M10.0		☑	☑	☑	
4	SB1（绿按钮）	Bool	%I1.3		☑	☑	☑	
5	SB2（红按钮）	Bool	%I1.2		☑	☑	☑	
6	反转保持	Bool	%M10.1		☑	☑	☑	
7	转速设定值	Real	%MD20		☑	☑	☑	
8	临时	DWord	%MD24		☑	☑	☑	
9	VF速度字	Word	%QW102		☑	☑	☑	

图 7-24　变量表

6. 根据控制要求编写程序

本项目通过 PLC 与变频器进行数据交互，通过 PLC 的标准报文 1，使用控制字和状态字驱动变频器，控制电机起动、停止及调整速度大小。程序梯形图如图 7-25 和图 7-26 所示。

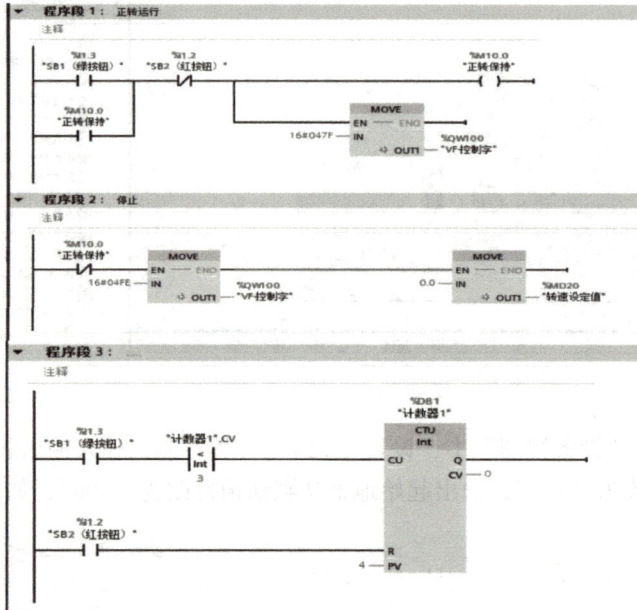

图 7-25　正转运行

7-7　G120 变频器 PN 通信实现电机调速程序讲解

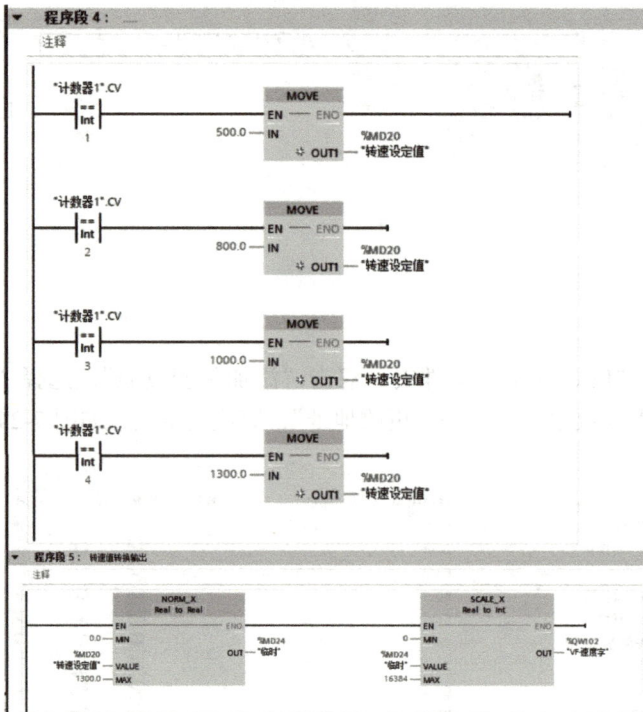

图 7-26　转速值转换输出

7. G120 面板参数设置

G120 面板参数设置，见表 7-9。

表 7-9　G120 面板参数设置

参数	设定值	说明
P0010	1	快速调试
P0015	7	设置宏程序
P1120	0.5	上升时间
P1121	0.5	下降时间
P0010	0	就绪

8. 设备调试

1）编译并下载程序。

2）对照控制要求检验程序的正确性（程序调试）。

初始状态：系统已经上电，各指示灯均不亮，按钮处于抬起状态，电机停止。当按下 SB1 按钮，电机正转运行（速度为 500r/min），松开 SB1 后，电机继续保持正转运行；第二次按下 SB1 按钮，电机速度变为 800r/min；第三次按下 SB1 按钮，电机速度变为 1000r/min；第四次按下 SB1 按钮，电机速度变为 1300r/min；按下 SB2 停止按钮后，电机停止运行。

7.5　注意事项

1. PLC 型号为 CPU 1215C DC/DC/DC，订货号为 6ES7 215-1AG40-0XB0，版本号是 4.4；变频器控制模块为 G120 CU240E-2 PN V4.7。

2. 电机运转过程中不要发生堵转，出现故障时，应及时切断电源。

3. 变频器设置参数应与实际电机相符。

7.6　问题与思考

1. 采用三种控制方法驱动变频器 G120 控制电机有什么本质的区别？

2. 思考三种控制方式的优缺点。

3. 列举 G120 变频器的基本参数设置。

4. 使用 G120 变频器 PN 通信方法实现电机调试时，电机正向起动、反向起动、停车清故的控制字分别是什么？

5. 变频器反馈给电机的 16 位状态字指的是什么？

项目 8　自动化生产线伺服驱动典型应用

【知识目标】

1. 理解伺服控制系统的基本原理。
2. 熟悉西门子 S7-1200 PLC 运动控制指令。
3. 掌握 FB 函数块的基本理论知识。
4. 理解触摸屏的基本概念。

【能力目标】

1. 掌握伺服控制系统的调试方式。
2. 能够应用运动控制指令完成伺服系统的程序设计。
3. 能够应用 FB 函数块完成结构化程序设计。
4. 掌握绘制 HMI 触摸屏界面的基本能力。

【素养目标】

1. 培养团队协作、沟通交流的职业素养。
2. 培养适应社会的应变能力，保持良好的学习状态。
3. 培养分析问题、解决问题的能力。

8.1　项目描述

20 世纪 80 年代以来，随着集成电路、电力电子技术和交流可变速驱动技术的发展，永磁交流伺服驱动技术取得了显著的发展，交流伺服系统已成为当代高性能伺服系统的主要发展方向。当前，高性能的电伺服系统大多采用永磁同步型交流伺服电机，控制驱动器多采用快速、准确定位的全数字位置伺服系统。

自动化立体仓库中的堆垛机依靠伺服系统进行货物的存取操作。伺服电机驱动堆垛机在货架之间的巷道内精确移动，同时控制载货平台的升降和伸缩，将货物准确地放置在指定的货架位置或从货架上取出货物。图 8-1 所示为京东物流自动化立体仓库。

如图 8-2 所示，在小米汽车自动化生产线中大量用到了机器人，每个机器人六个轴都配备了伺服电机。例如在小米汽车车身焊接生产线上，机器人的机械臂需要精确地到达不同的焊接点。伺服系统能够精确控制机械臂关节的角度、速度和加速度。对于一个六轴机器人来说，六个关节的伺服电机协同工作，根据预先编程的轨迹，使机器人末端执行器（如焊接枪）以毫米级甚至更高的精度在复杂的三维空间内移动，确保焊接的准确性和稳定性。

图 8-1　京东物流自动化立体仓库

图 8-2　小米汽车自动化生产线

本项目将完成自动化生产线中基于西门子 V90 伺服驱动器的伺服驱动系统的实现。

8.2　相关知识

8.2.1　V90 伺服驱动系统硬件简介

交流伺服电机的工作原理：伺服电机内部的转子是永磁铁，驱动器控制的 U/V/W 三相电形成电磁场，转子在此磁场的作用下转动，同时电机自带的编码器反馈信号给驱动器，驱动器将反馈值与目标值进行比较，调整转子转动的角度。伺服电机的精度取决于编码器的精度（线数）。交流伺服电机的结构如图 8-3 所示。

图 8-3　交流伺服电机的结构

伺服驱动器主要由伺服控制单元、功率驱动单元、通信接口单元、伺服电机及相应的反馈检测器件组成，其系统结构框图如图 8-4 所示。其中伺服控制单元包括位置控制器、速度控制器、转矩和电流控制器等。

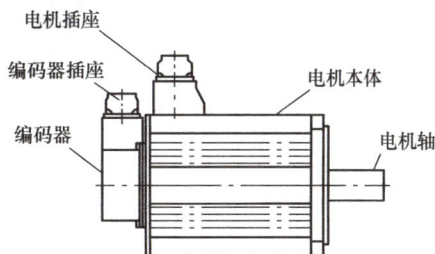

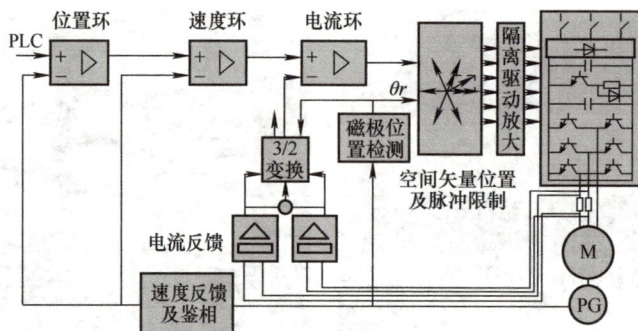

图 8-4　伺服驱动器系统结构框图

伺服驱动器的面板如图 8-5 所示。

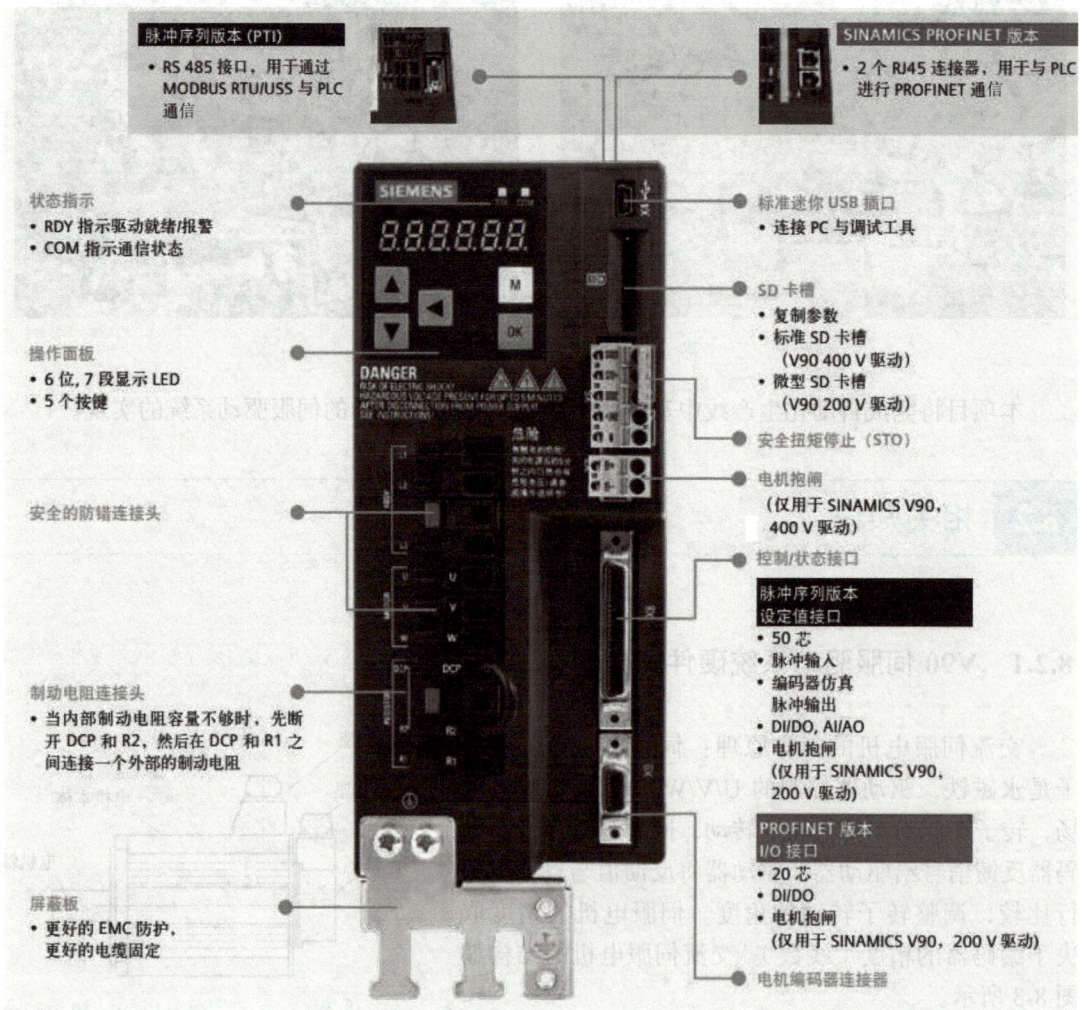

脉冲序列版本（PTI）
- RS 485 接口，用于通过 MODBUS RTU/USS 与 PLC 通信

SINAMICS PROFINET 版本
- 2 个 RJ45 连接器，用于与 PLC 进行 PROFINET 通信

状态指示
- RDY 指示驱动就绪/报警
- COM 指示通信状态

操作面板
- 6 位, 7 段显示 LED
- 5 个按键

安全的防错连接头

制动电阻连接头
- 当内部制动电阻容量不够时，先断开 DCP 和 R2，然后在 DCP 和 R1 之间连接一个外部的制动电阻

屏蔽板
- 更好的 EMC 防护，更好的电缆固定

标准迷你 USB 插口
- 连接 PC 与调试工具

SD 卡槽
- 复制参数
- 标准 SD 卡槽（V90 400 V 驱动）
- 微型 SD 卡槽（V90 200 V 驱动）

安全扭矩停止（STO）

电机抱闸
（仅用于 SINAMICS V90，400 V 驱动）

控制/状态接口

脉冲序列版本 设定值接口
- 50 芯
- 脉冲输入
- 编码器仿真脉冲输出
- DI/DO, AI/AO
- 电机抱闸（仅用于 SINAMICS V90，200 V 驱动）

PROFINET 版本 I/O 接口
- 20 芯
- DI/DO
- 电机抱闸（仅用于 SINAMICS V90，200 V 驱动）

电机编码器连接器

图 8-5　伺服驱动器的面板

8.2.2 西门子 S7-1200 PLC 运动控制指令

1. MC_Power 运动控制指令

功能：使能轴或禁用轴。

使用要点：在程序里一直调用，并且在其他运动控制指令之前调用并使能。

MC_Power 运动控制指令如图 8-6 所示。

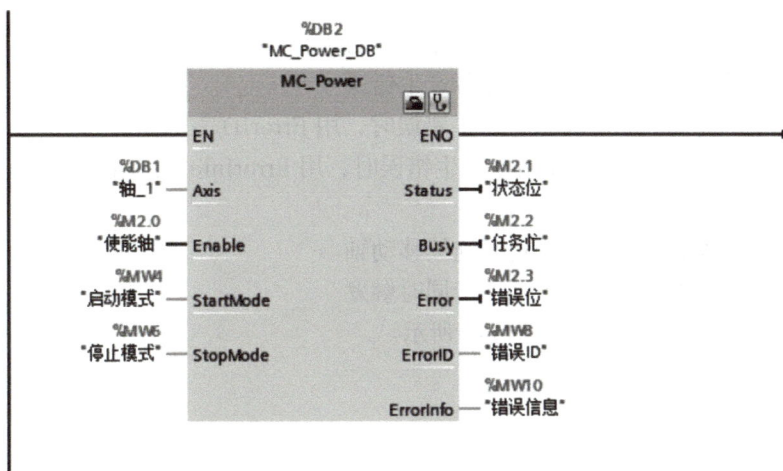

图 8-6　MC_Power 运动控制指令

（1）输入端

1）EN：MC_Power 指令的使能端，不是轴的使能端。MC_Power 指令必须在程序里一直调用，并保证 MC_Power 指令在其他 Motion Control 指令的前面调用。

2）Axis：轴名称。

单击"Aixs"，系统会出现带可选按钮的白色长条框，这时单击"选择按钮"，就会出现相应的列表。

3）Enable：轴使能端。

Enable=0：根据组态的"StopMode"中断当前所有作业，停止并禁用轴。

Enable=1：如果组态了轴的驱动信号，则 Enable=1 时将接通驱动器的电源。

4）StartMode：轴启动模式。

Enable=0：启用位置不受控的定位轴，即速度控制模式。

Enable=1：启用位置受控的定位轴，即位置控制模式（默认）。

5）StopMode：轴停止模式。

StopMode=0：紧急停止。如果禁用轴的请求处于待决状态，则轴将以组态的急停减速度进行制动。轴在变为静止状态后被禁用。

StopMode=1：立即停止。如果禁用轴的请求处于待决状态，则会输出该设定值 0，并禁用轴。轴将根据驱动器中的组态进行制动，并转入停止状态。对于采用 PTO（Pulse Train Output）的驱动器连接，禁用轴时，将根据频率降低速度，停止脉冲输出：

- 输出频率 ≥ 100Hz，速度降至 0 所需时间：最长 30ms。

• 输出频率 <100Hz，速度降至 0 所需时间：最短 30ms；输出频率 =2Hz 时，最长 1.5s。

StopMode=2：带有加速度变化率控制的紧急停止。

如果禁用轴的请求处于待决状态，则轴将以组态的急停减速度进行制动。如果激活了加速度变化率控制，会将已组态的加速度变化率考虑在内。轴在变为静止状态后被禁用。

（2）输出端

1）ENO：使能输出。

2）Status：轴的使能状态。

3）Busy：标记 MC_Power 指令是否处于活动状态。

4）Error：标记 MC_Power 指令是否产生错误。

5）ErrorID：当 MC_Power 指令产生错误时，用 ErrorID 表示错误号。

6）ErrorInfo：当 MC_Power 指令产生错误时，用 ErrorInfo 表示错误信息。

2. MC_MoveJog 点动控制指令

功能：在点动模式下以指定的速度连续移动轴。

使用要点：正向点动和反向点动不能同时触发。

MC_MoveJog 点动控制指令如图 8-7 所示。

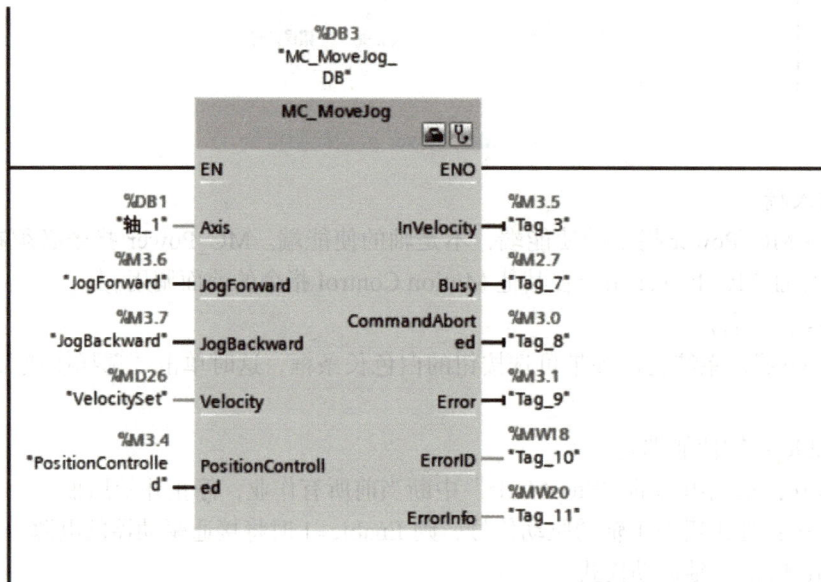

图 8-7　MC_MoveJog 点动控制指令

1）JogForward：正向点动，不是用上升沿触发。JogForward 为 1 时，轴运行；JogForward 为 0 时，轴停止。类似于按钮功能，按下按钮，轴就运行，松开按钮，轴停止运行。

2）JogBackward：反向点动，使用方法参考 JogForward。

在执行点动控制指令时，保证 JogForward 和 JogBackward 不会同时触发，可以用逻辑进行互锁。

3）Velocity：点动速度设定。Velocity 数值可以实时修改，实时生效。

4）PositionControlled：

PositionControlled=0：非位置控制，即运行在速度控制模式。

PositionControlled=1：位置控制，即运行在位置控制模式。

只要执行指令 MC_MoveJog 即应用该参数。之后，MC_Power 的设置再次适用。使用 PTO 轴时忽略该参数。

8.2.3　函数块应用

1. 函数块

函数块（FB）是用户编写的有自己的存储区（背景数据块）的代码块，FB 的典型应用是执行不能在一个扫描周期结束的操作。每次调用函数块时，都需要指定一个背景数据块。

2. 生成函数块

在项目"函数与函数块"中添加名为"电动机控制"的 FB1。取消 FB1 默认的属性"块的优化访问"。

3. 定义函数块的局部变量

函数块的输入、输出参数和静态数据用指定的背景数据块保存。在 FB 中，定时器如果使用一个固定的背景数据块，在同时多次调用该 FB 时，背景数据块将会被同时用于多处。为此在块接口中生成数据类型为 IEC_TIMER 的静态变量"定时器 DB"，用它提供定时器 TOF 的背景数据，如图 8-8 所示。

	电动机控制					电动机数据1			
	名称	数据类型	偏移量	默认值		名称	数据类型	偏移量	默认值
1	▼ Input				1	▼ Input			
2	起动按钮	Bool	0.0	false	2	起动按钮	Bool	0.0	false
3	停止按钮	Bool	0.1	false	3	停止按钮	Bool	0.1	false
4	定时时间	Time	2.0	T#0ms	4	定时时间	Time	2.0	T#0ms
5	▼ Output				5	▼ Output			
6	制动器	Bool	6.0	false	6	制动器	Bool	6.0	false
7	▼ InOut				7	▼ InOut			
8	电动机	Bool	8.0	false	8	电动机	Bool	8.0	false
9	▼ Static				9	▼ Static			
10	▶ 定时器DB	IEC_TIMER	10.0		10	▶ 定时器DB	IEC_TIMER	10.0	

图 8-8　定时器 TOF 的背景数据

4. FB1 的控制要求与程序

用输入参数"起动按钮"和"停止按钮"控制 InOut 参数"电动机"。按下停止按钮，断开延时定时器（TOF）开始定时，输出参数"制动器"为"1"状态，经过输入参数"定时时间"设置的时间预置值后，停止制动。

在 TOF 定时期间，每个扫描周期执行完 FB1 之后，用静态变量"定时器 DB"来保存 TOF 的背景数据。可以修改函数块的输入、输出参数和静态变量的默认值。该默认值作为 FB 的背景数据块同一个变量的起始值。调用 FB 时没有指定实参的形参使用背景数据块中的起始值，如图 8-9 所示。

5. 在 OB1 中调用 FB1

在 PLC 默认变量表中生成两次调用 FB1 使用的符号地址。在 OB1 中两次调用 FB1，自动生成背景数据块，为各形参指定实参。

图 8-9　定时器 DB

6. 调用函数块的仿真试验

将程序下载到仿真 PLC，后者进入 RUN 模式。在 S7-PLCSIM 的项目视图中，生成一个新的项目，打开"SIM 表格 _1"，生成 IB0 和 QB0 的 SIM 表条目。

两次单击起动按钮 I0.0，1 号设备 Q0.0 变为"1"状态。两次单击停止按钮 I0.1，Q0.0 变为"0"状态，制动 Q0.1 变为"1"状态。经过参数"定时时间"设置的时间后，Q0.1 变为"0"状态。可以令两台设备几乎同时起动、同时停车和制动延时，如图 8-10 所示。

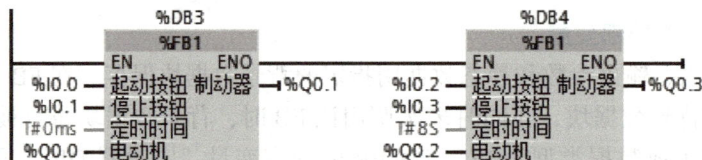

图 8-10　调用 FB

7. 处理调用错误

调用符号名为"电动机控制"的 FB1 之后，在 FB1 的接口区增加了输入参数"定时时间"，被调用的 FB1 的字符变为红色。右击出错的 FB1，执行快捷菜单中的"更新块调用"命令，弹出"接口同步"对话框，显示出原有的块接口和增加了输入参数后的块接口。单击"确定"按钮，"接口同步"对话框消失。被调用的 FB1 被修改为新的接口，程序中 FB1 的红色字符变为黑色，如图 8-11 所示。

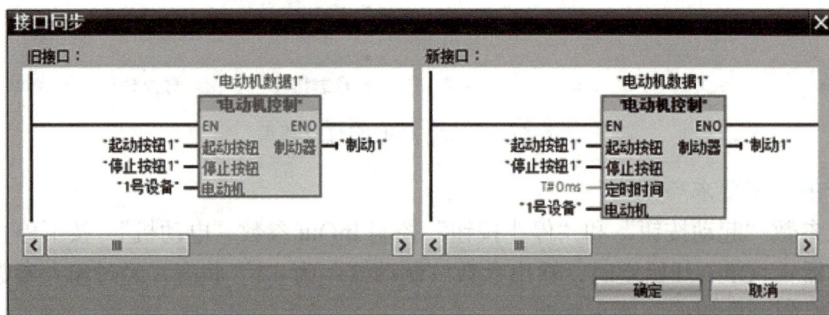

图 8-11　正确调用 FB

8. 函数与函数块的区别

FB 和 FC 均为用户编写的子程序，接口区中均有 Input、Output、InOut 参数和 Temp 数据。FC 的返回值实际上属于输出参数。FC 和 FB 的区别如下：

1）FB 函数块有背景数据块，FC 函数没有。

2）只能在 FC 函数内部访问它的局部变量。其他代码块或 HMI 可以访问 FB 函数块背景数据块中的变量。

3）FC 函数没有静态变量，FB 函数块有保存在背景数据块中的静态变量。如果 FC 函数或 FB 函数块的内部不使用全局变量，只使用局部变量，不需要做任何修改，就可以将块移植到其他项目。如果代码块有执行完后需要保存的数据，应使用 FB 函数块。

4）在调用 FB 函数块时可以不设置某些输入、输出参数的实参，而是使用它们的默认值。FC 函数的局部变量没有默认值，调用时应给所有的形参指定实参。

5）FB 函数块的输出、输入参数和用静态数据保存的内部状态数据有关。

9. 组织块与函数块和函数的区别

出现事件或故障时，由操作系统调用对应的组织块，FB 和 FC 是用户程序在代码块中调用的。组织块没有输出参数、InOut 参数和静态数据，它的输入参数是操作系统提供的启动信息。用户可以在组织块的接口区生成临时变量和常量。组织块中的程序是用户编写的。

8.2.4　触摸屏简介

1. 人机界面与触摸屏

在控制领域，人机界面一般指操作人员与控制系统进行对话和相互作用的专用设备。人机界面可以用字符、图形和动画动态地显示现场数据和状态，操作人员可以通过人机界面来控制现场的被控对象。此外，人机界面还有报警、用户管理、数据记录、生成趋势图、配方管理、通信等功能。触摸屏即人机界面的功能实现硬件设备，它使用直观方便，易于操作。用户可以在触摸屏上生成满足要求的触摸式按键。现在的触摸屏一般使用 TFT 液晶显示器。

2. 人机界面的工作过程

首先需要使用计算机上运行的工控组态软件对人机界面触摸屏进行组态，生成满足用户要求的界面。组态结束后将界面和组态信息编译和下载到触摸屏的存储器中。

在控制系统运行时，人机界面和 PLC 之间通过通信来交换信息，从而实现人机界面的各种功能。将界面上的图形对象与 PLC 变量的地址联系起来，就可以实现控制系统运行时 PLC 与人机界面之间的自动数据交换，如图 8-12 所示。

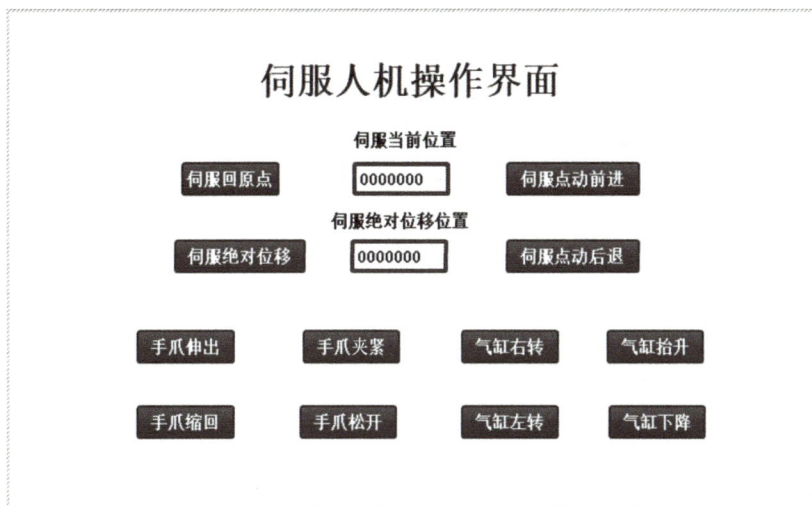

图 8-12　输送站人机界面

8.3 项目要求

输送站控制要求是：系统复位；机械手在供料站抓取工件；从供料站转移到加工站；机械手在加工站放下和抓取工件；从加工站移到装配站；机械手在装配站放下和抓取工件；从装配站移到分拣站；在分拣站放下工件；机械手返回原点。图 8-13 所示为输送站实训设备。

图 8-13　输送站实训设备

8.4 项目实施

8.4.1 设计 I/O 分配表

根据 PLC 输入 / 输出点分配原则及本项目控制要求，进行 I/O 地址分配，见表 8-1。

8-1　自动化生产线伺服驱动典型应用项目实施

表 8-1　I/O 分配表

序号	PLC 地址	符号	功能
1	I0.0	SC1	回原点检测
2	I0.1	K1	下限位
3	I0.2	K2	上限位
4	I0.3	1B1	下降到位检测
5	I0.4	1B2	抬升到位检测
6	I0.5	2B1	左旋到位检测
7	I0.6	2B2	右旋到位检测
8	I0.7	3B1	下夹爪伸出到位检测
9	I1.0	3B2	下夹爪缩回到位检测

（续）

序号	PLC 地址	符号	功能
10	I1.1	4B1	下夹爪夹紧到位检测
11	I2.4	SB1	SB1 按钮
12	I2.5	SB2	SB2 按钮
13	I2.6	QS1	急停按钮
14	I2.7	SA1	SA 旋钮
15	Q0.3	YV1	抬升电磁阀
16	Q0.4	YV2	左旋电磁阀
17	Q0.5	YV3	右旋电磁阀
18	Q0.6	YV4	下夹爪伸出电磁阀
19	Q0.7	YV5	下夹爪夹紧电磁阀
20	Q1.0	YV6	下夹爪放松电磁阀

8.4.2 绘制 I/O 接线图

根据控制要求及表 8-1 的 I/O 分配表，PLC 控制 V90 伺服驱动的 I/O 接线图，如图 8-14 所示。

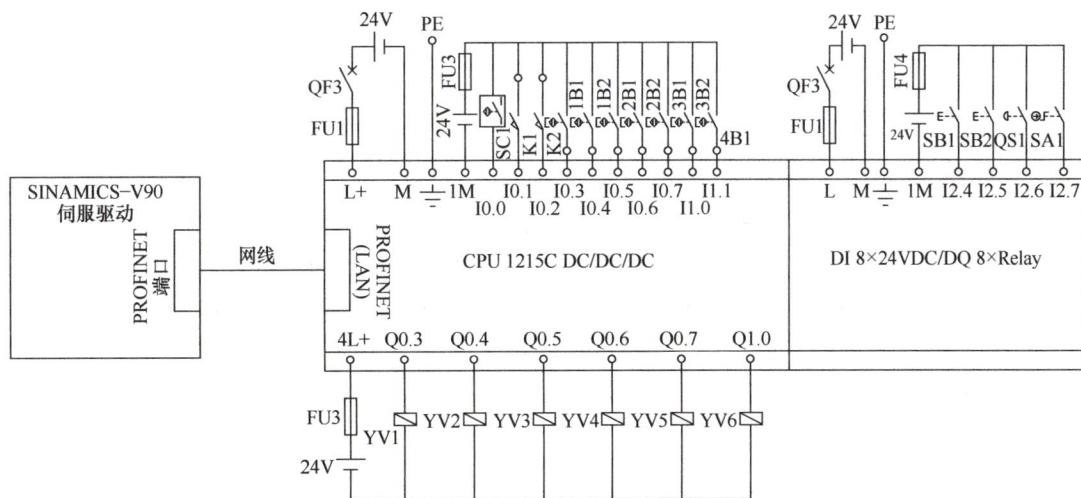

图 8-14 PLC 控制 V90 伺服驱动的 I/O 接线图

8.4.3 创建工程项目

双击桌面上的图标，打开博途软件，选择"创建新项目"，输入项目名称"输送单元调试"，选择项目保存路径，然后单击"创建"按钮完成创建。

8.4.4　硬件组态

在项目视图的项目树中双击"添加新设备"，添加设备名称为 PLC_1 的设备 CPU 1215C DC/DC/DC。

伺服系统轴的组态具体操作步骤如下：

1）首先在"工艺对象"里添加新增对象并选择轴，如图 8-15 所示。

8-2　自动化生产线伺服驱动典型应用项目实施硬件组态

图 8-15　伺服轴的添加

2）在"驱动器"中勾选"PROFIdrive"，单位是 mm，如图 8-16 所示。

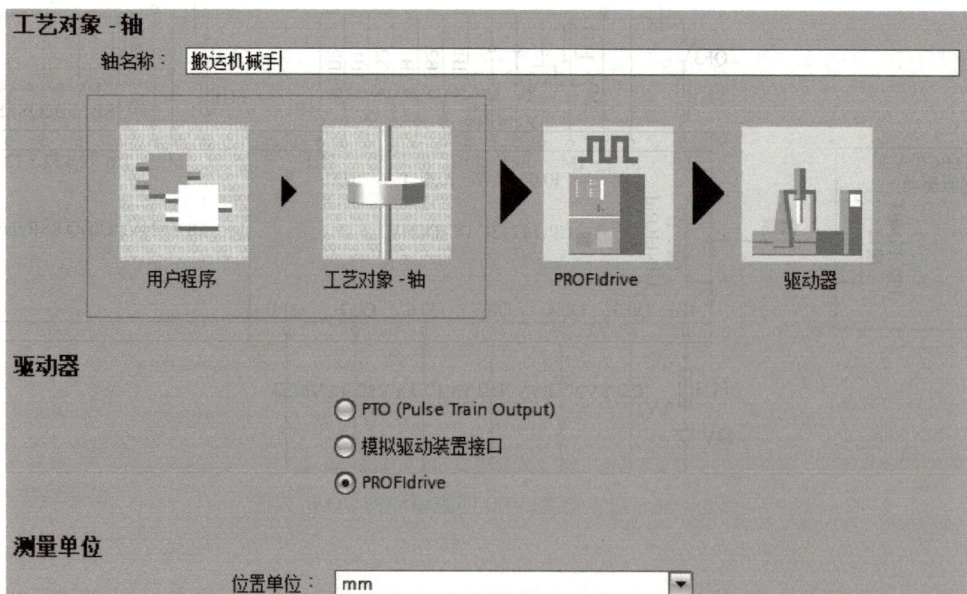

图 8-16　伺服驱动方式的组态

3）选择驱动并选择标准报文 3，如图 8-17 所示。

4）设置电机每转的负载位移，如图 8-18 所示。

5）启用硬限位开关，并设置上下限位，如图 8-19 所示。

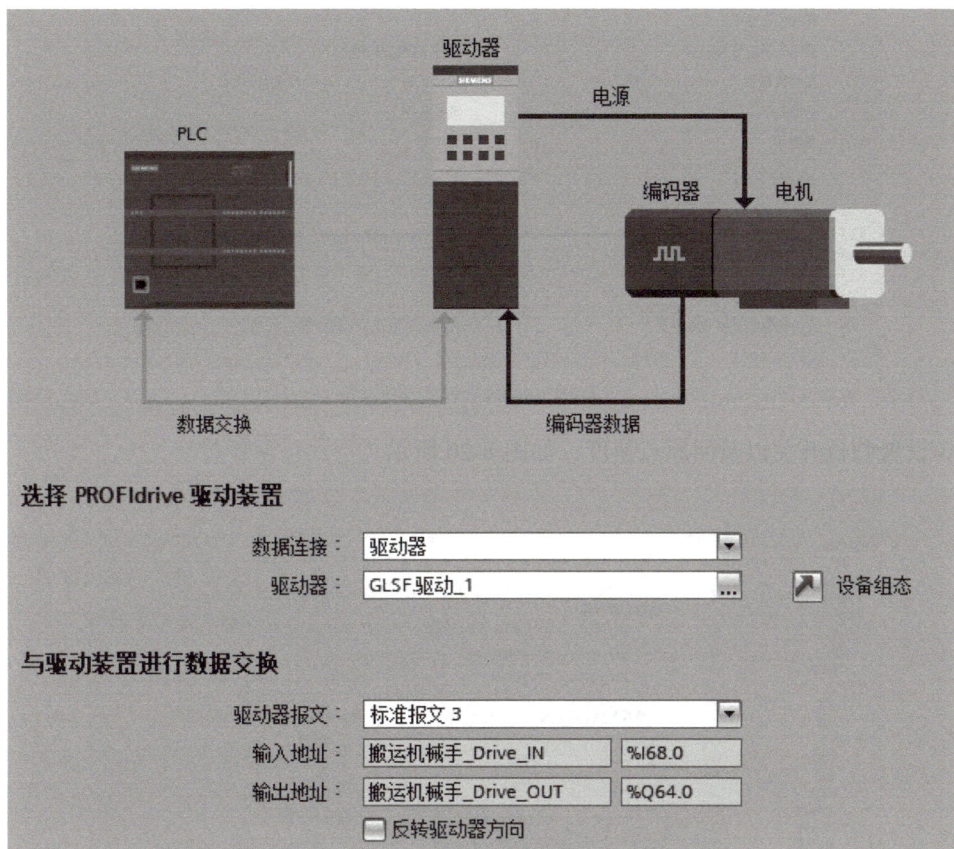

选择 PROFIdrive 驱动装置

数据连接：　驱动器

驱动器：　GLSF驱动_1　⟋ 设备组态

与驱动装置进行数据交换

驱动器报文：　标准报文 3

输入地址：　搬运机械手_Drive_IN　%I68.0

输出地址：　搬运机械手_Drive_OUT　%Q64.0

☐ 反转驱动器方向

图 8-17　伺服驱动器及报文的组态

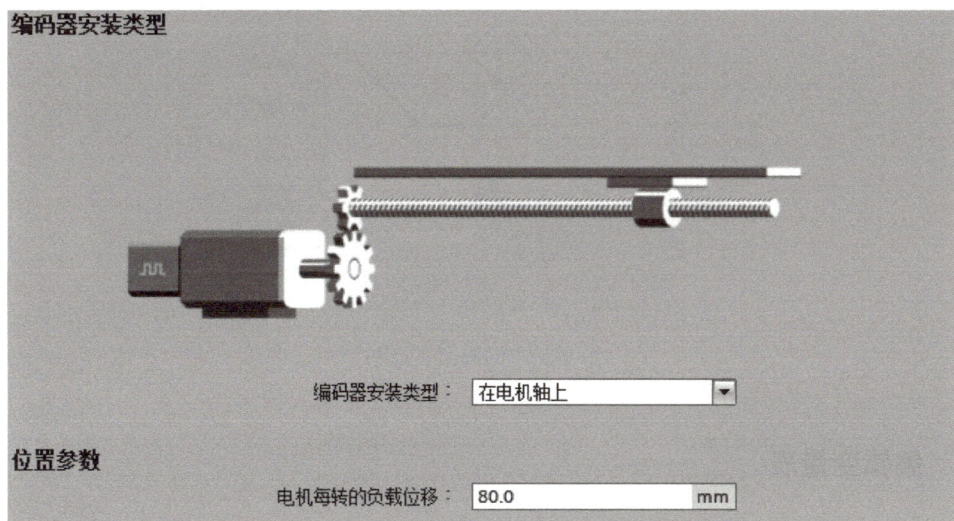

编码器安装类型

编码器安装类型：　在电机轴上

位置参数

电机每转的负载位移：　80.0　mm

图 8-18　伺服位置参数的配置

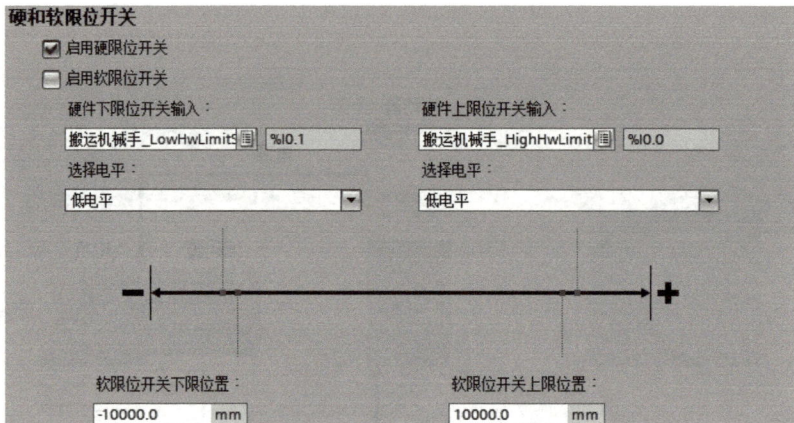

图 8-19 伺服限位开关组态

6）设置归位开关以及回原点速度，如图 8-20 所示。

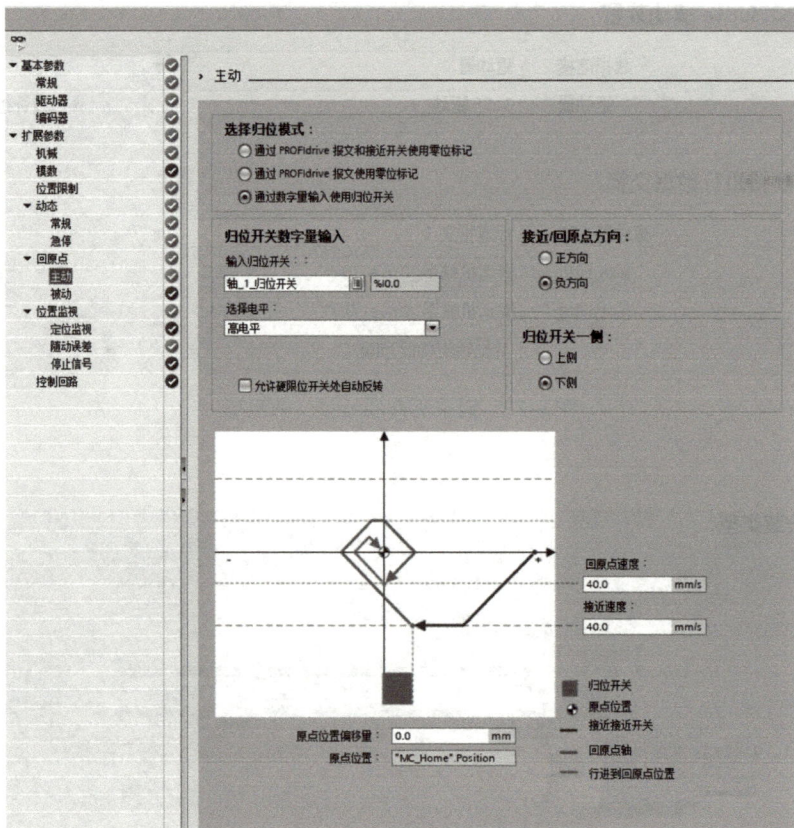

图 8-20 伺服原点组态

8.4.5 编辑变量表

打开 PLC_1 的"PLC 变量"文件夹，双击"添加新变量表"，选择"＜新增＞"→"更改变量名称"→"更改数据类型"→"更改地址",如图 8-21 所示。

图 8-21 输送单元的 PLC 控制变量表

8.4.6 编写程序

程序编写具体步骤如下。

1)根据工作过程要求,画出输送单元动作的顺序功能图,如图 8-22 所示。

8-3 自动化生产线伺服驱动典型应用项目实施程序讲解

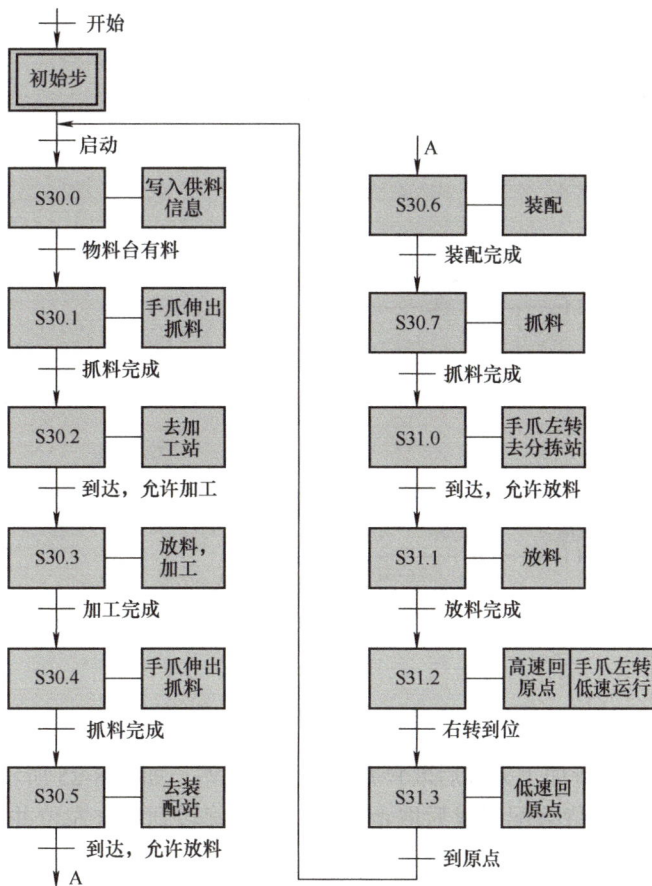

图 8-22 输送单元动作的顺序功能图

2）根据控制要求，编写程序。

① 按下启动按钮 2s 后移动到初始位置，如图 8-23 所示。

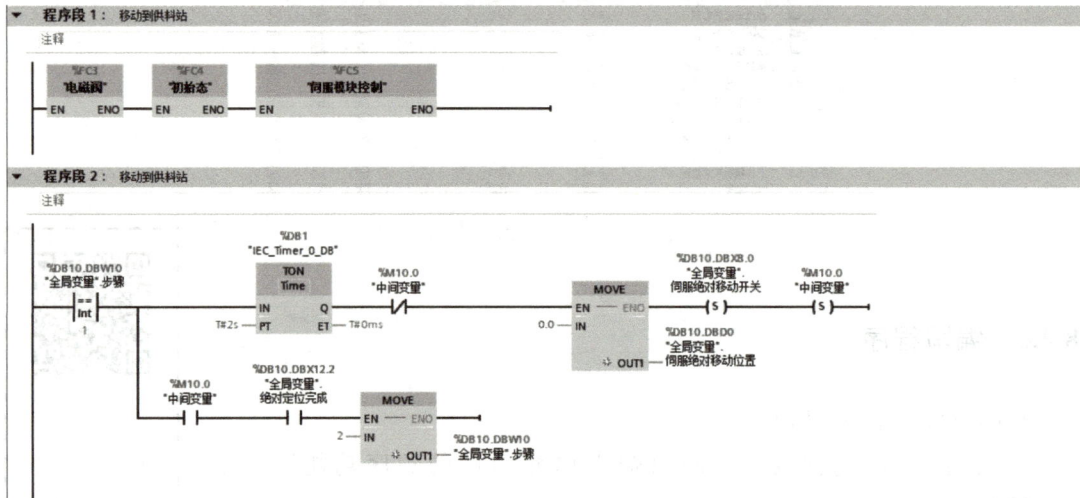

图 8-23　伺服移动到供料站程序

② 在供料站取料并移动到加工站，如图 8-24 所示。

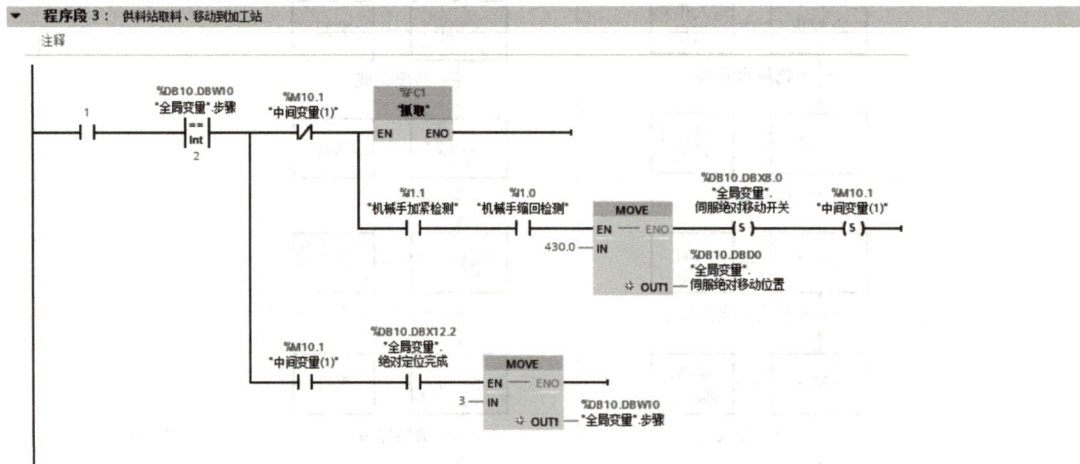

图 8-24　供料站取料并移动到加工站程序

③ 在加工站放料，待加工完成后取料并移动到装配站，如图 8-25 所示。

④ 在装配站放料，待装配完成后取走物料，然后旋转到气缸左位并移动到分拣站，如图 8-26 所示。

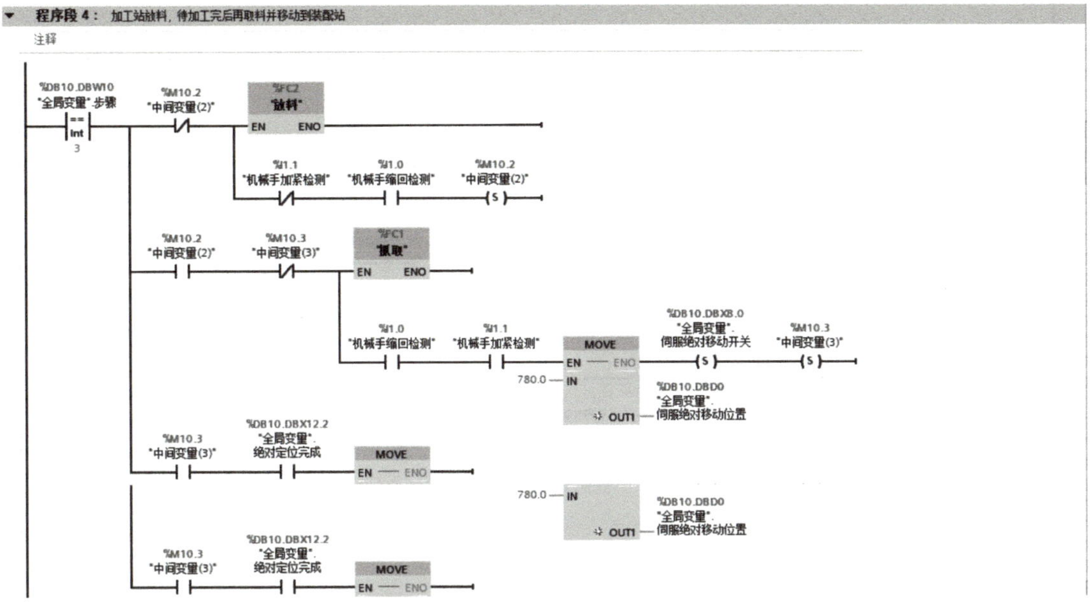

图 8-25　加工站放料，待加工完后再取料并移动到装配站程序

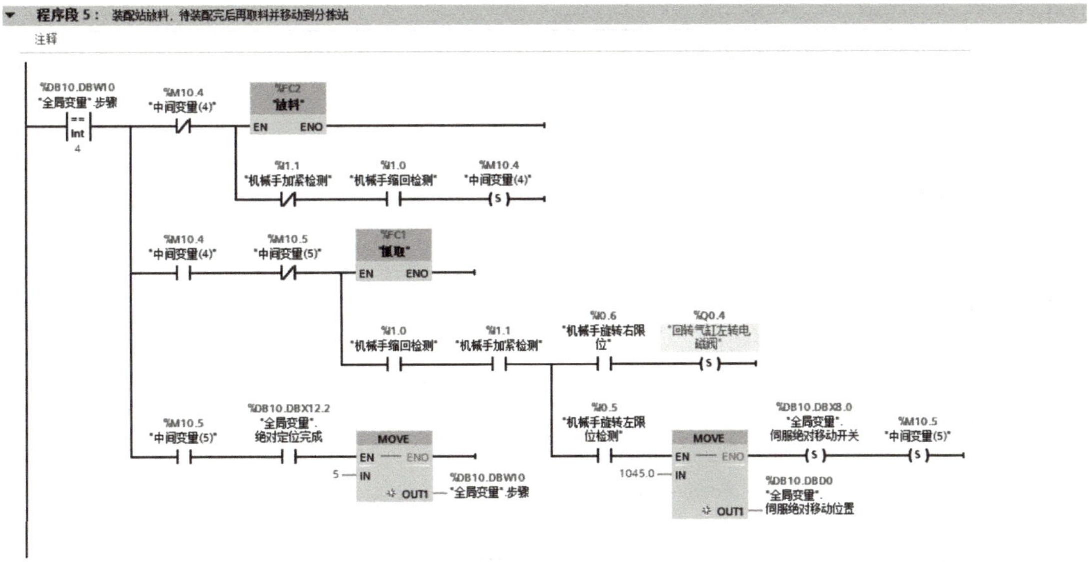

图 8-26　装配站放料，待装配完后再取料并移动到分拣站程序

⑤ 先在分拣站放料并驱动旋转气缸左转，待左转到位后移动到原点位置，如图 8-27 所示。

⑥ 复位所有中间变量并回到第一步，使程序能够循环往复地运行，如图 8-28 所示。

⑦ 按下启动按钮后启动第一个步骤并给伺服 100.0mm/s 的绝对位移速度。按下急停按钮使所有气缸复位，回到初始位置，中间变量 M10.0 复位，如图 8-29 所示。

▼ 程序段 6： 分拣站放料

注释

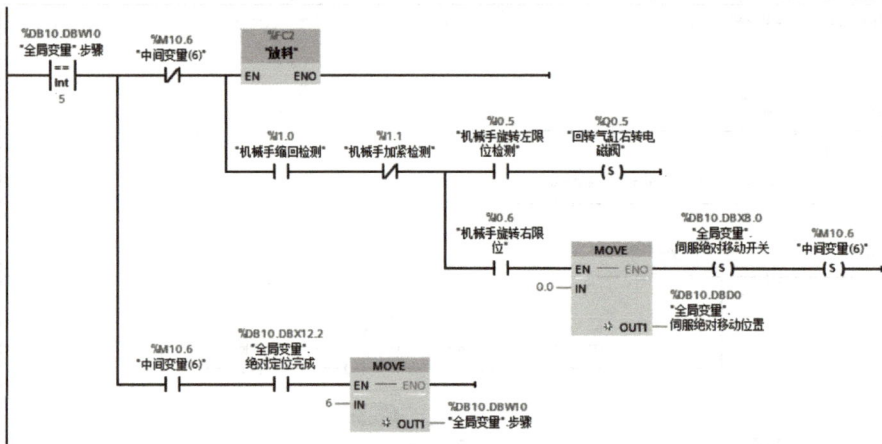

图 8-27　分拣站放料程序

▼ 程序段 7：　循环操作回到第一步供料站取料

注释

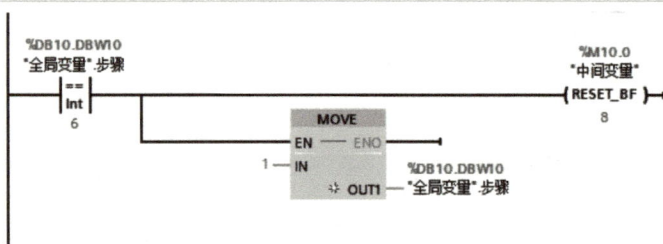

图 8-28　循环操作回到第一步供料站取料程序

▼ 程序段 8：　启动、停止、复位

注释

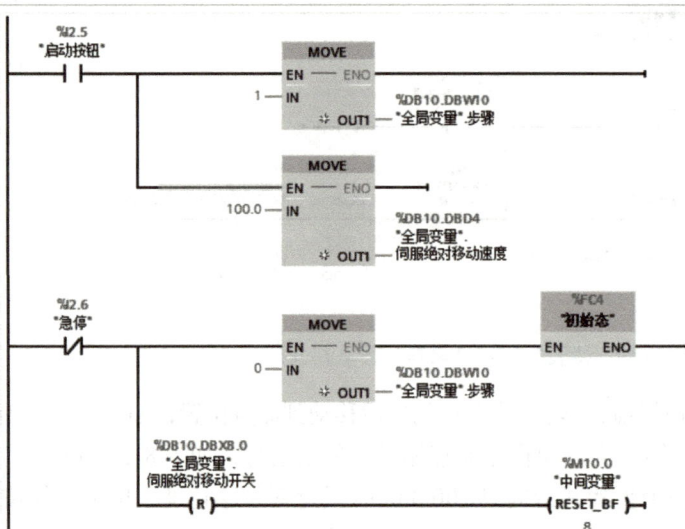

图 8-29　启动、停止、复位程序

⑧ 子程序：用 FB 控制伺服工艺对象，如图 8-30 所示。

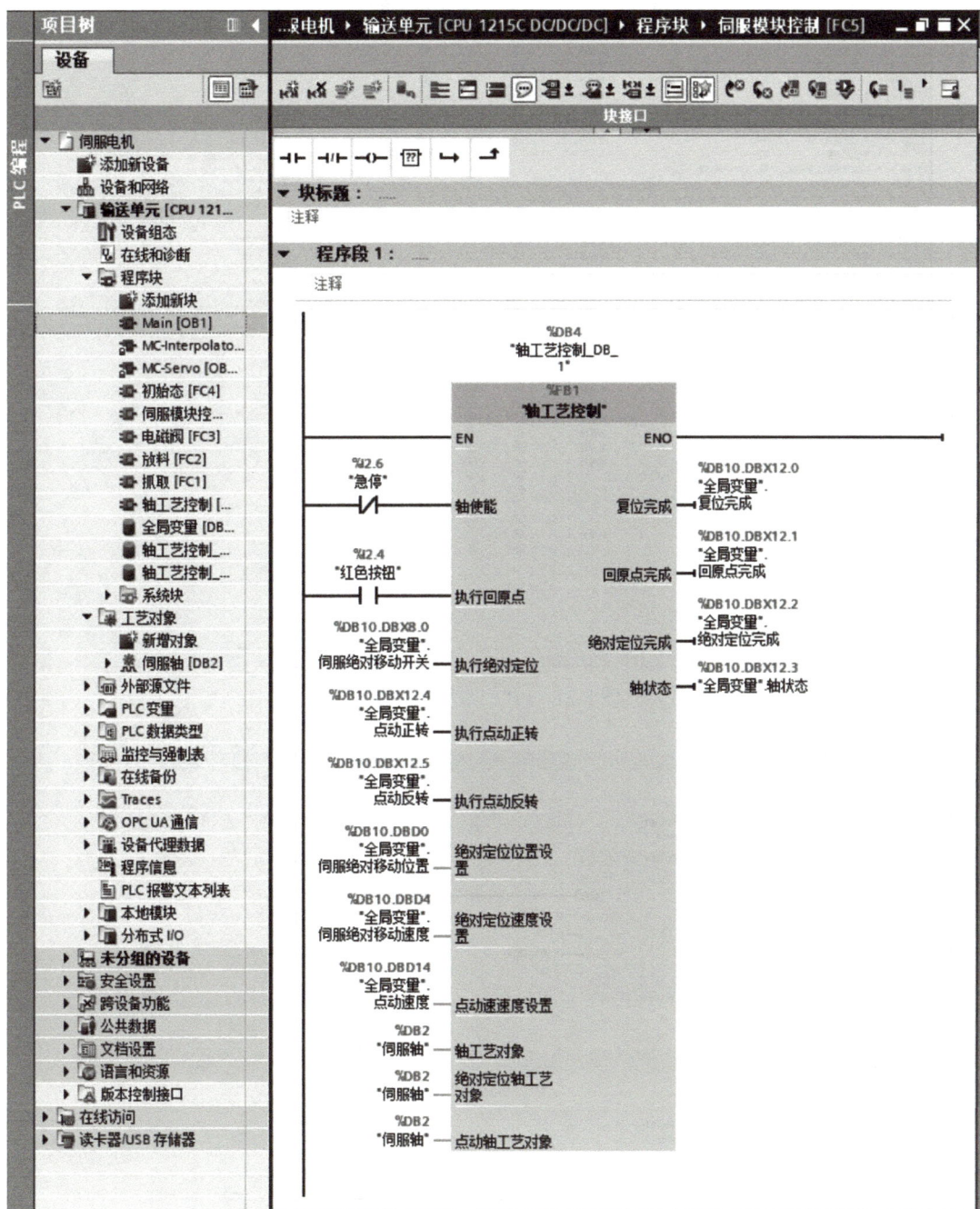

图 8-30 用 FB 控制伺服工艺对象

轴工艺控制 FB 中需要添加的变量，如图 8-31 所示。

程序段 1 是伺服使能的指令块，程序段 2 是伺服报错故障复位的指令块，如图 8-32 所示。

伺服电机 ▸ 输送单元 [CPU 1215C DC/DC/DC] ▸ 程序块 ▸ 轴工艺控制 [FB1]

轴工艺控制

	名称	数据类型	默认值	保持	从 HMI/OPC...	从 H...	在 HMI ...	设定值	注释
1	▼ Input				☐	☐	☐	☐	
2	轴使能	Bool	false	非保持	☑	☑	☑	☐	
3	执行回原点	Bool	false	非保持	☑	☑	☑	☐	
4	执行绝对定位	Bool	false	非保持	☑	☑	☑	☐	
5	执行点动正转	Bool	false	非保持	☑	☑	☑	☐	
6	执行点动反转	Bool	false	非保持	☑	☑	☑	☐	
7	绝对定位位置设置	Real	0.0	非保持	☑	☑	☑	☐	
8	绝对定位速度设置	Real	0.0	非保持	☑	☑	☑	☐	
9	点动速度设置	Real	0.0	非保持	☑	☑	☑	☐	
10	▸ 轴工艺对象	TO_Axis			☐	☐	☐	☐	
11	▸ 绝对定位轴工艺对象	TO_PositioningAxis			☐	☐	☐	☐	
12	▸ 点动轴工艺对象	TO_SpeedAxis			☐	☐	☐	☐	
13	▼ Output				☐	☐	☐	☐	
14	复位完成	Bool	false	非保持	☑	☑	☑	☐	
15	回原点完成	Bool	false	非保持	☑	☑	☑	☐	
16	绝对定位完成	Bool	false	非保持	☑	☑	☑	☐	
17	轴状态	Bool	false	非保持	☑	☑	☑	☐	
18	▼ InOut				☐	☐	☐	☐	
19	<新增>				☐	☐	☐	☐	
20	▼ Static				☐	☐	☐	☐	
21	▸ MC_Power_Instance	MC_Power			☑	☑	☑	☐	
22	▸ MC_Reset_Instance	MC_Reset			☑	☑	☑	☐	
23	▸ MC_Home_Instance	MC_Home			☑	☑	☑	☐	
21	▸ MC_MoveAbsolute_In...	MC_MoveAbsolute			☑	☑	☑	☐	
22	▸ MC_MoveJog_Instance	MC_MoveJog			☑	☑	☑	☐	
23	使能错误	Bool	false	非保持	☑	☑	☑	☑	
24	复位错误	Bool	false	非保持	☑	☑	☑	☐	
27	复位错误	Bool	false	非保持	☑	☑	☑	☐	
28	回原点错误	Bool	false	非保持	☑	☑	☑	☐	
29	绝对定位错误	Bool	false	非保持	☑	☑	☑	☐	
30	点动错误	Bool	false	非保持	☑	☑	☑	☐	
31	▸ MC_Power_Instance_1	MC_Power			☑	☑	☑	☑	
32	▸ MC_Reset_Instance_1	MC_Reset			☑	☑	☑	☑	
33	▸ MC_Home_Instance_1	MC_Home			☑	☑	☑	☑	
34	▸ MC_MoveAbsolute_In...	MC_MoveAbsolute			☑	☑	☑	☑	
35	系统错误	Bool	false	非保持	☑	☑	☑	☑	
36	▸ MC_MoveJog_Instanc...	MC_MoveJog			☑	☑	☑	☑	
37	▼ Temp				☐	☐	☐	☐	
38	<新增>				☐	☐	☐	☐	
39	▼ Constant				☐	☐	☐	☐	
40	<新增>				☐	☐	☐	☐	

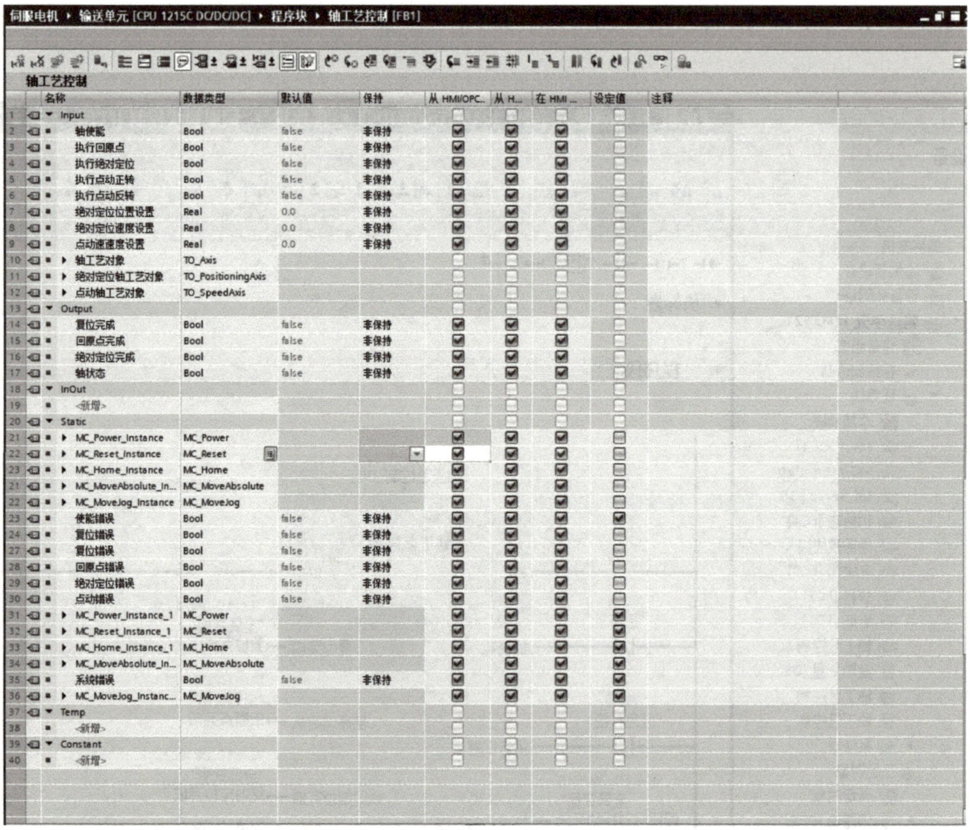

图 8-31　FB 中添加的变量

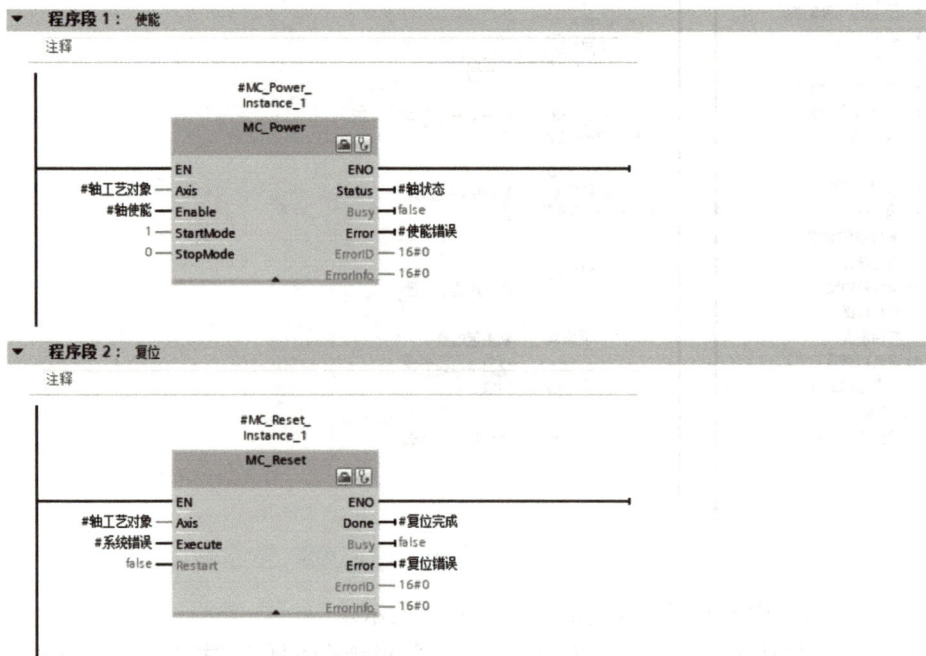

图 8-32　伺服使能和复位的指令块

程序段 3 是伺服用来回原点的指令块，程序段 4 是伺服绝对定位的指令块，如图 8-33 所示。

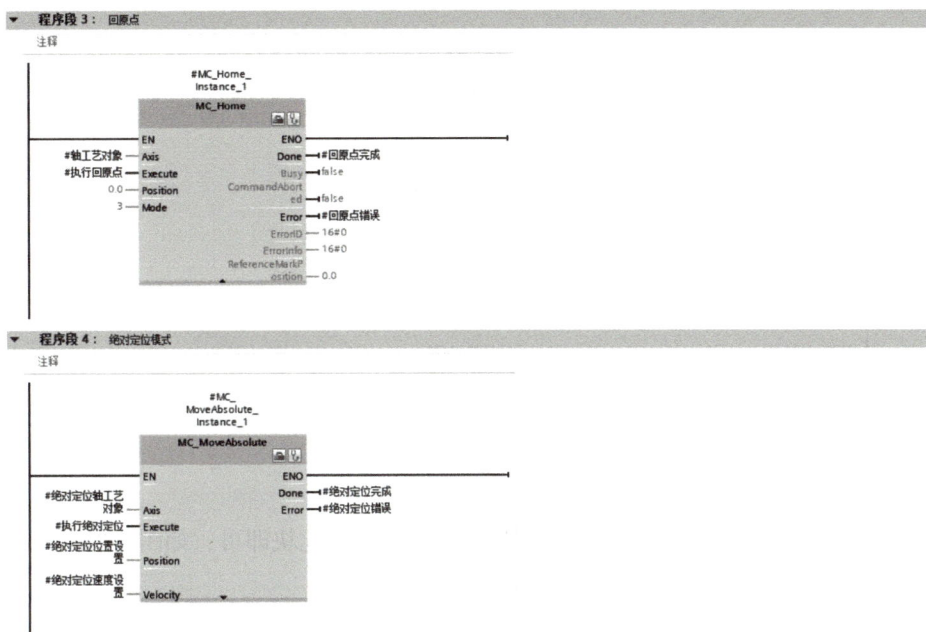

图 8-33　伺服回原点和绝对定位的指令块

程序段 5 是伺服点动运行的指令块，程序段 6 是故障报错用来停止气缸动作和伺服移动的指令块，如图 8-34 所示。

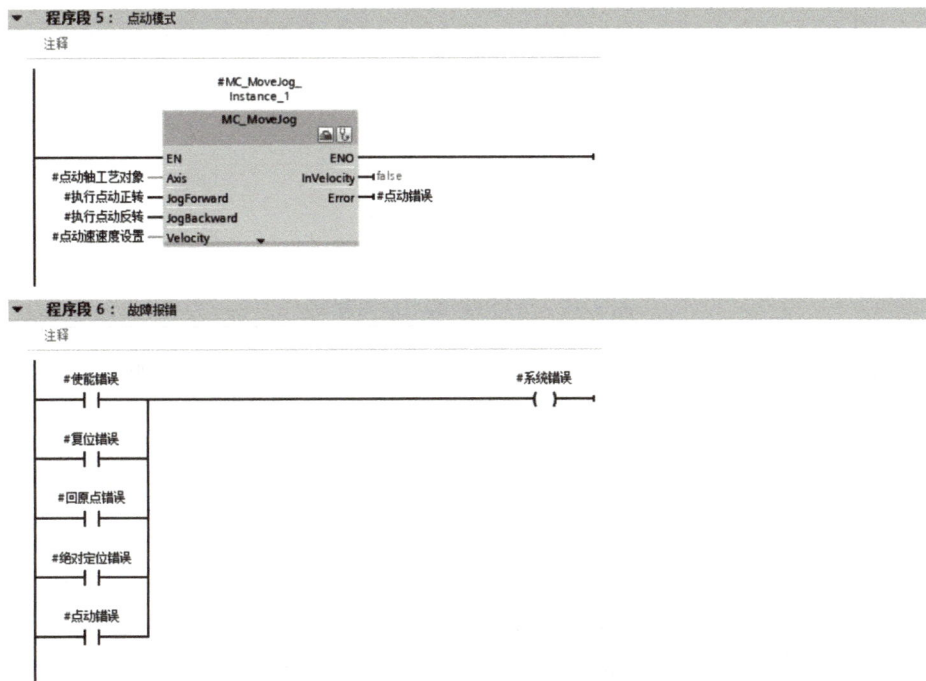

图 8-34　伺服点动和故障报错的指令块

⑨ 子程序：FC 放料。在主程序中抓取料块时仅需调用此块即可，如图 8-35 所示。

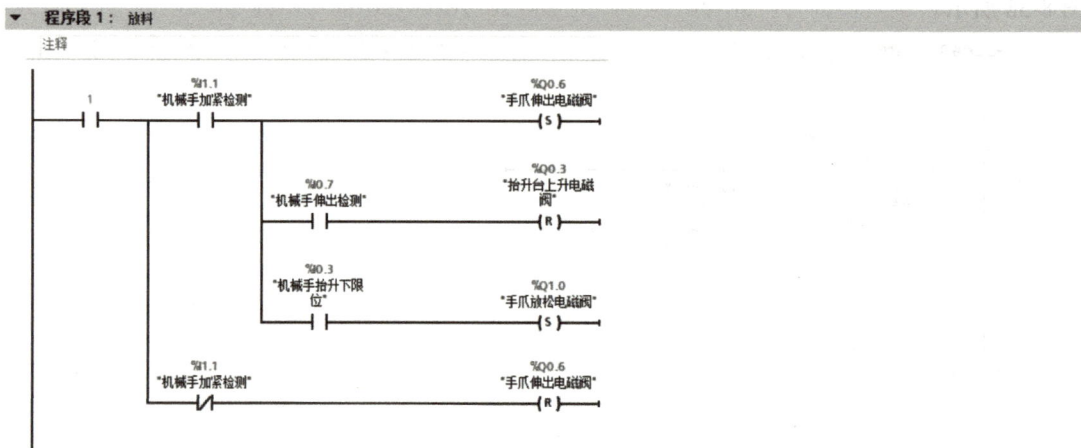

图 8-35 运用 FC 编写放料程序

⑩ 子程序：FC 取料。在主程序中抓取料块时仅需调用此块即可，如图 8-36 所示。

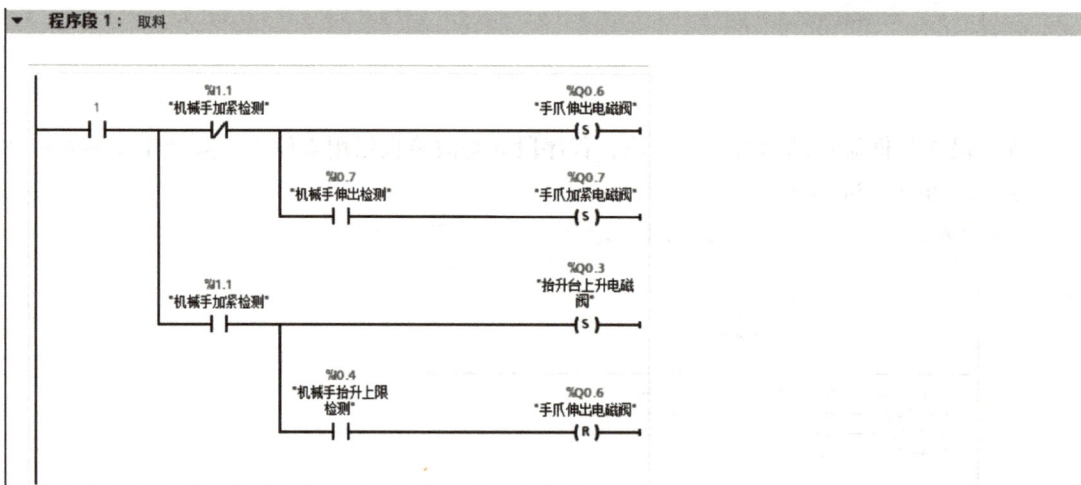

图 8-36 运用 FC 编写取料程序

⑪ 子程序：FC 电磁阀。双向电控电磁阀，在两端都无电控信号时，阀芯的位置取决于前一个电控信号。在到达相应位置以后给相应气缸复位，如图 8-37 所示。

8.4.7 调试程序

将调试好的用户程序及设备组态分别下载到 CPU 中，并连接好线路。首先通过 PLC 控制观察系统是否复位；按下启动按钮，观察机械手是否在供料站进行工件的抓取；手爪伸出抓料后，观察机械手是否从供料站转移到加工站；得到加工站到位信号后，观察机械手是否在加工站进行放下和抓取工件的动作；机械手抓取工件并发送信号后，观察机械手是否从加工站移到装配站；得到装配站到位信号后，观察机械手是否在装配站进行放下和抓取工件的动作；机械手抓取工件并发送信号后，观察机械手是否从装配站移到分拣站；当得到分拣站到位信号后，观察机械手在分拣站是否放下工件；当分拣站启动后，观察机械手是否返回原点。若上述调试现象与控制要求一致，则说明本项目任务功能已实现。

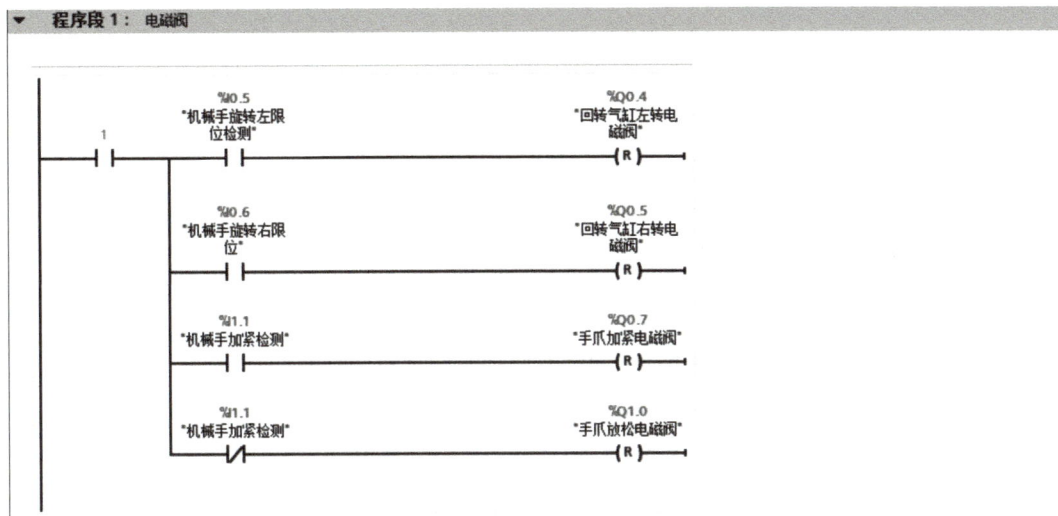

图 8-37　运用 FC 编写电磁阀程序

8.5　注意事项

1. 轴做绝对位置定位前一定要触发 MC_Home 指令。
2. 组态工艺轴，上下限位要设置正确。

8.6　问题与思考

1. PLC 如何与伺服 V90 进行网络通信？
2. 如何组态工艺轴，使得伺服电动机按照指令进行相应的动作？
3. 列举西门子 S7-1200 PLC 运动控制指令。
4. 伺服电动机与三相异步电动机的区别是什么？
5. 说明一下在结构化编程设计中，FB 和 FC 的作用。

项目 9 　自动化生产线 ABB 工业机器人综合应用

【知识目标】

1. 熟悉 ABB 工业机器人虚拟仿真软件 RobotStudio。
2. 认识 ABB 工业机器人 IRB120 示教器。
3. 熟悉 ABB 工业机器人 RAPID 编程指令。

【能力目标】

1. 能够应用 RobotStudio 软件建立 ABB 工业机器人虚拟工作站。
2. 能够使用 ABB 工业机器人示教器完成机器人基本操作。
3. 掌握应用 ABB 工业机器人 RAPID 基本指令编程的能力。

【素养目标】

1. 培养严谨认真、实事求是的工作态度。
2. 培养团队协作精神和沟通能力。
3. 培养严谨的科学态度和探索精神。

9.1　项目描述

　　ABB 工业机器人是自动化生产线的执行件。通过学习机器人操作，能够控制机器人完成工件的装载、拆卸等功能。例如，汽车生产线上的机器人能够实现多种功能，包括点焊、喷漆、涂胶、液体物料填充、冲压自动化、包边、搬运、装配与拧紧以及物流作业。图 9-1 所示为工业机器人应用现场。

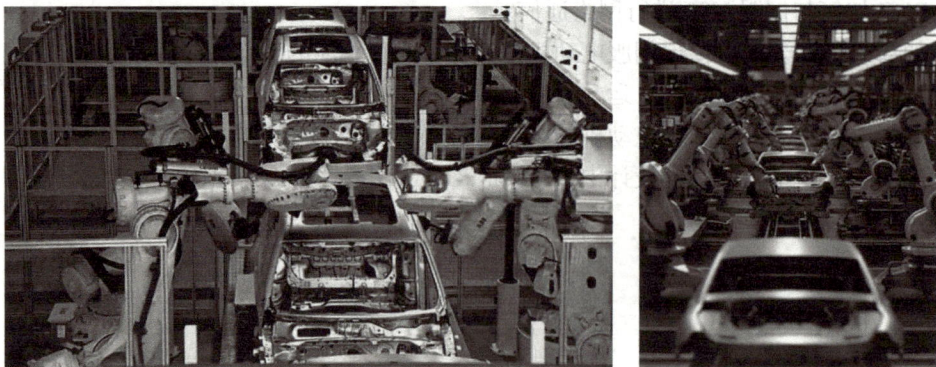

图 9-1　工业机器人应用现场

本项目完成自动化生产线中基于 ABB 工业机器人搬运系统的实际实现，包括 ABB 工业机器人的虚拟工作站建立、示教操作、RAPID 编程等任务。

9.2　相关知识

9.2.1　创建 ABB 工业机器人虚拟工作站

在实际操作 ABB 工业机器人之前，在虚拟工作站上进行编程，可以减少因编程失误产生的损失，并且这种技术能够在虚拟环境中构建、测试和优化机器人安装，从而大大加快调试时间并提高生产力。

9-1　创建 ABB 机器人虚拟工作站

正确使用 RobotStudio 软件构建虚拟工作站，具体的操作步骤如下：

1）打开 RobotStudio 软件。

2）单击"工作站和机器人控制器解决方案"。

3）设定名称（仅限英文）。

4）设定控制器名称（仅限英文）。

5）选择一款机器人型号，勾选"自定义选项"（为了给虚拟工作站添加需要的选项）。

6）单击"创建"按钮，如图 9-2 所示。

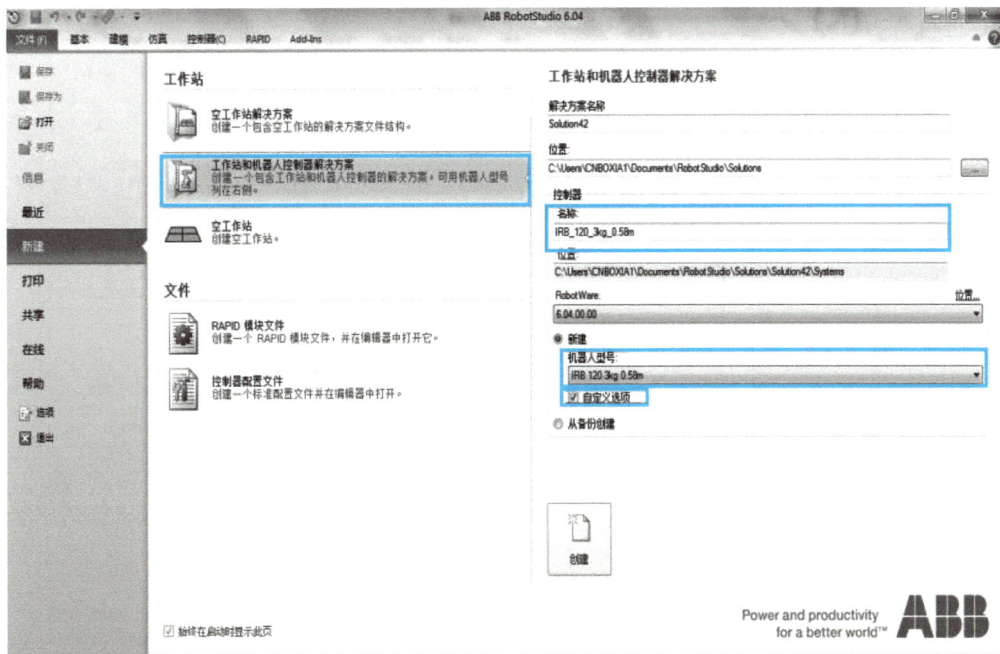

图 9-2　创建工作站

7）单击"Industrial Networks"。

8）勾选"709-1 DeviceNet Master/Slave"，如图 9-3 所示。

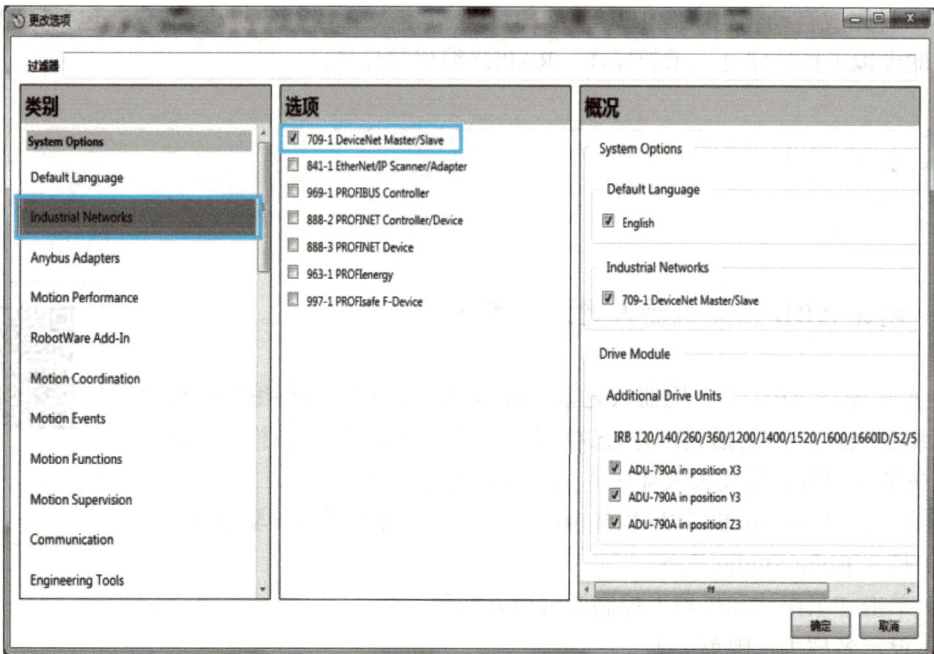

图 9-3　DeviceNet Master/Slave 配置选择

9）单击"Anybus Adapters"。

10）勾选"840-2 PROFIBUS Anybus Device"。（注意：这里也可以选择需要学习的现场总线，进行练习。）

11）单击"确定"按钮，如图 9-4 所示。

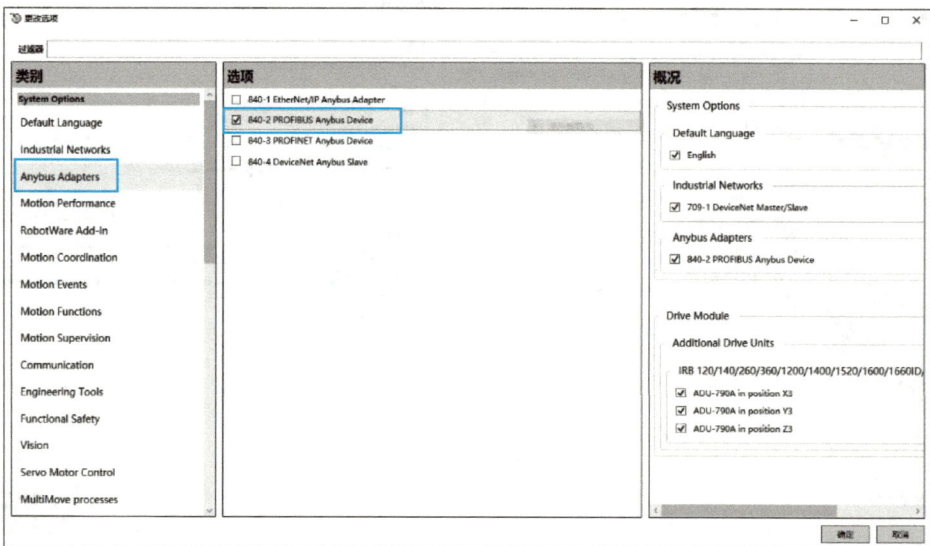

图 9-4　PROFIBUS Anybus Device 配置选择

12）选择机器人型号。

13）单击"确定"按钮，如图 9-5 所示。

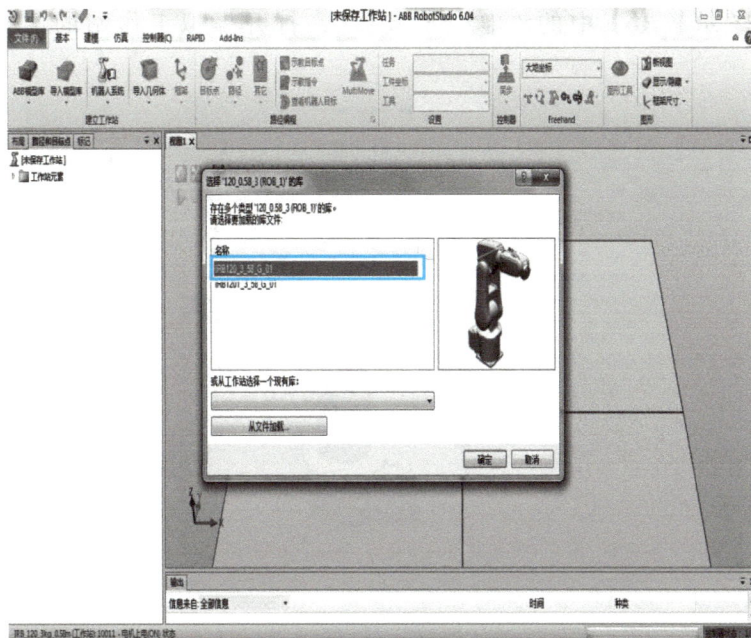

图 9-5　机器人型号选择

至此就成功创建了机器人 IRB120 的虚拟工作站（含有 DeviceNet 总线和 PROFIBUS Anybus 总线选项），如图 9-6 所示。

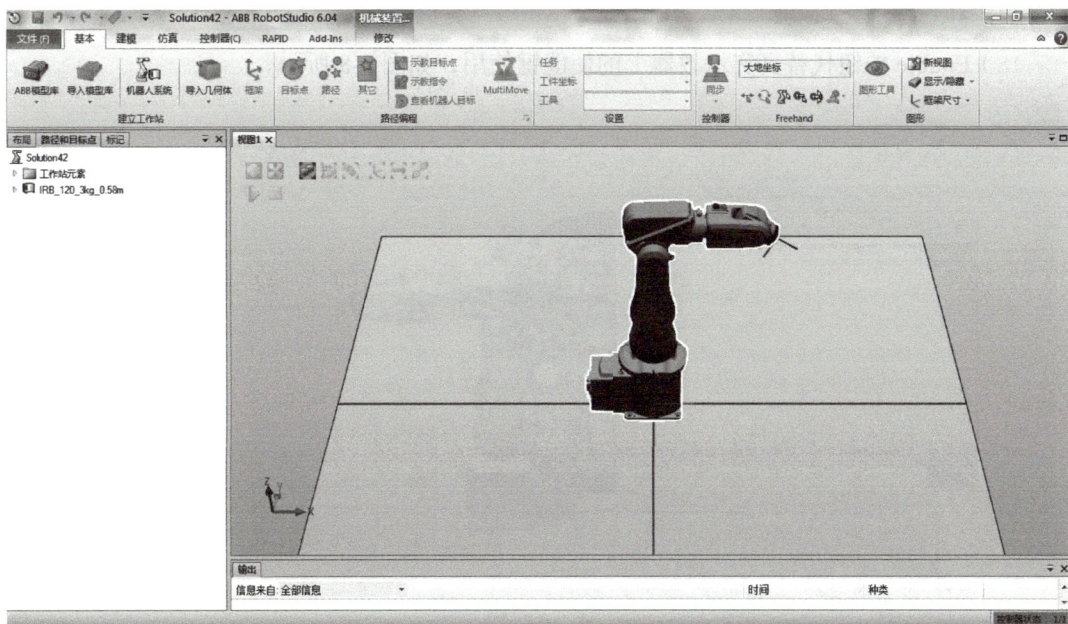

图 9-6　机器人 IRB120 虚拟工作站创建完成

14）单击"控制器"菜单。

15）单击"示教器"中的"虚拟示教器"，打开虚拟工作站的虚拟示教器，如图 9-7 所示。

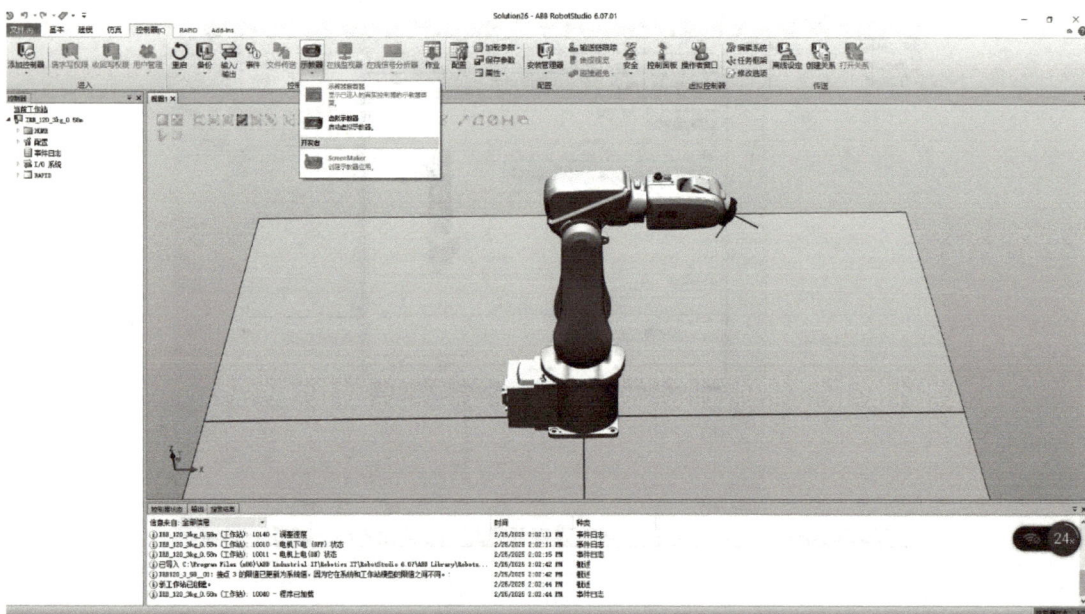

图 9-7　打开虚拟示教器

16）单击控制柜小图标。

17）单击"手动"，将系统切换到手动模式，就可以在 RobotStudio 中进行机器人操作练习。

18）Enable 按钮代替真实示教器上的使能键使用，如图 9-8 所示。

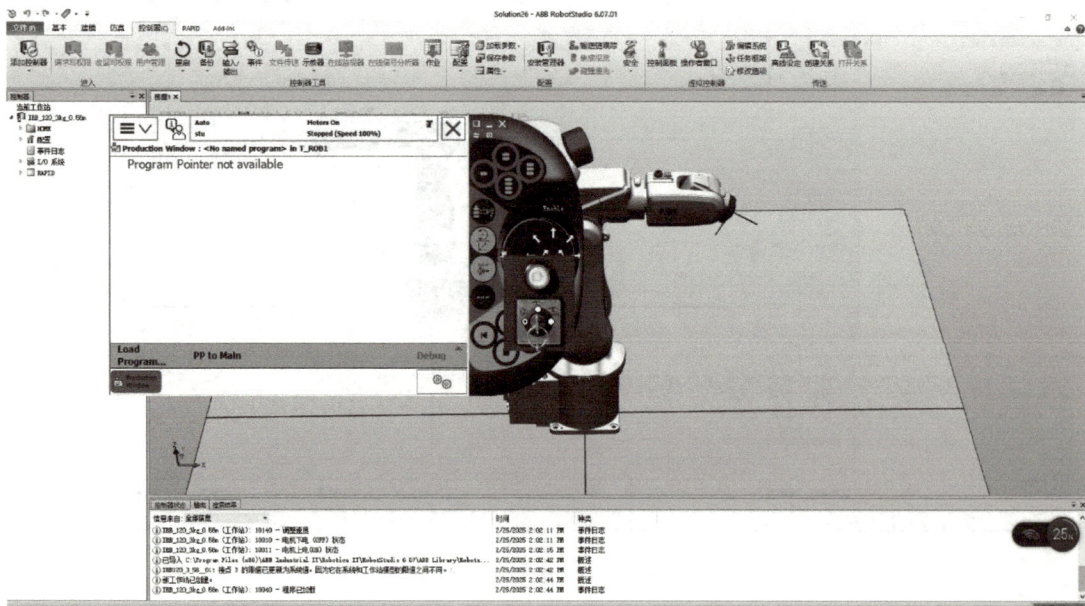

图 9-8　示教器手动模式

9.2.2　ABB 工业机器人 IRB120 示教器基本操作

1. 认识 IRB120 示教器

IRB120 示教器如图 9-9 所示。

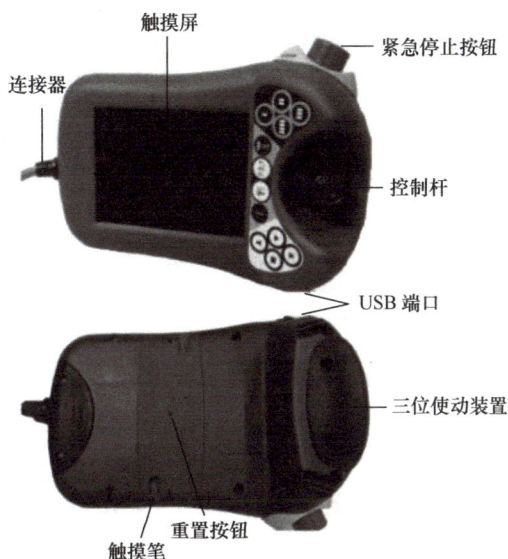

图 9-9　示教器实体

IRB120 示教器按钮如图 9-10 所示。

图 9-10 中，各按钮说明如下：

A ~ D：预设按钮 1 ~ 4。

E：选择机械单元。

F：切换运动模式，重定向或线性。

G：切换运动模式，轴 1 ~ 3 或轴 4 ~ 6。

H：切换增量。

J：Step BACKWARD（步退）按钮。按下此按钮，可使程序后退至上一条指令。

K：START（启动）按钮。开始执行程序。

L：Step FORWARD（步进）按钮。按下此按钮，可使程序前进至下一条指令。

M：STOP（停止）按钮，停止程序执行。

2. IRB120 示教器持握方式

IRB120 示教器持握方式，如图 9-11 所示。

操作示教器时，通常会手持该设备。惯用右手者用左手持设备，右手在触摸屏上执行操作。

左利手者通常更喜欢使用左手在触摸屏上操作，不过他们可以轻松通过将显示器旋转180°，使用右手持设备。

示教器出厂时设为右手操作，但是可轻松地调节为左手操作，满足左利手者的需要。

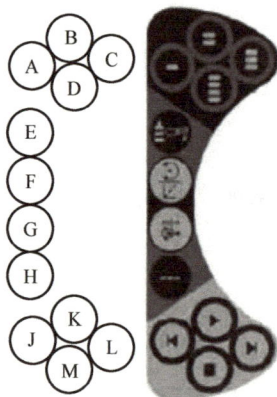

图 9-10　示教器按钮

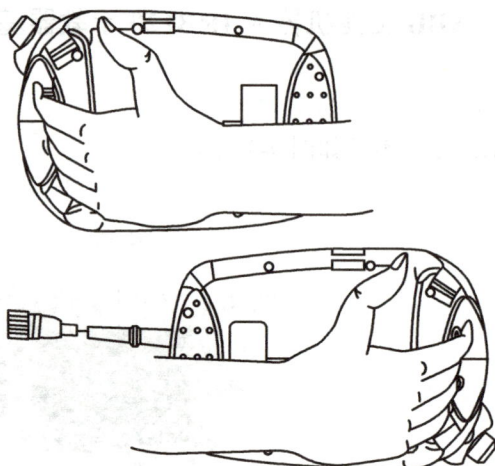

图 9-11　示教器持握方式

3. IRB120 示教器界面介绍

IRB120 示教器界面介绍，如图 9-12 所示。

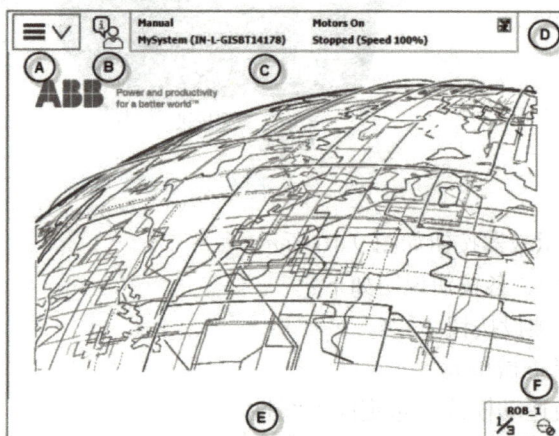

Ⓐ—ABB菜单

Ⓑ—操作员窗口

Ⓒ—状态栏

Ⓓ—关闭按钮

Ⓔ—任务栏

Ⓕ—快速设置菜单

图 9-12　示教器界面介绍

4. 机器人单关节运动手动操纵

ABB 机器人是由 6 个伺服电机分别驱动机器人的 6 个关节轴，那么每次手动操纵一个关节轴的运动，就称为单关节运动。

手动操纵单轴运动的方法如下。

1）接通电源，把机器人状态钥匙切换到最右边的手动状态。

2）单击 "ABB" 按钮，"动作模式" 选中 "轴 1-3"，然后单击 "确定"，如图 9-13 所示。

3）用左手按下使能按钮，进入 "电机开启" 状态，操作摇杆，机器人的 123 轴就会动作，摇杆的操作幅度越大，机器人的动作速度越快。采用同样的方法，选择 "轴 4-6"，操作摇杆，机器人的 456 轴就会动作。

5. 机器人线性运动的手动操纵

机器人的线性运动是指安装在机器人第 6 轴法兰盘上工具的 TCP 在空间中做线性运动。手动操纵线性运动的方法如下。

图 9-13   机器人单关节运动手动操纵界面

1）单击"ABB"按钮，"动作模式"选中"线性"，然后单击"确定"。

2）机器人的线性运动要在"工具坐标"中指定对应的工具，这里用"tool10"操纵示教器上的操纵杆，TCP 在空间中做线性运动。

6. 机器人重定位运动的手动操纵

机器人的重定位运动是指机器人第 6 轴法兰盘上的 TCP 在空间中绕着坐标轴旋转的运动，也可以理解为机器人绕着 TCP 做姿态调整的运动。手动操纵重定位运动的方法如下。

1）单击"ABB"按钮，"动作模式"选中"重定位"，然后单击"确定"。

2）单击"坐标系"，选中"工具"，然后单击"确定"。

3）单击"工具坐标"，选中"tool10"，然后单击"确定"，操纵示教器上的摇杆，TCP 做姿态调整的运动。

手动操纵的快捷按钮，如图 9-14 所示。

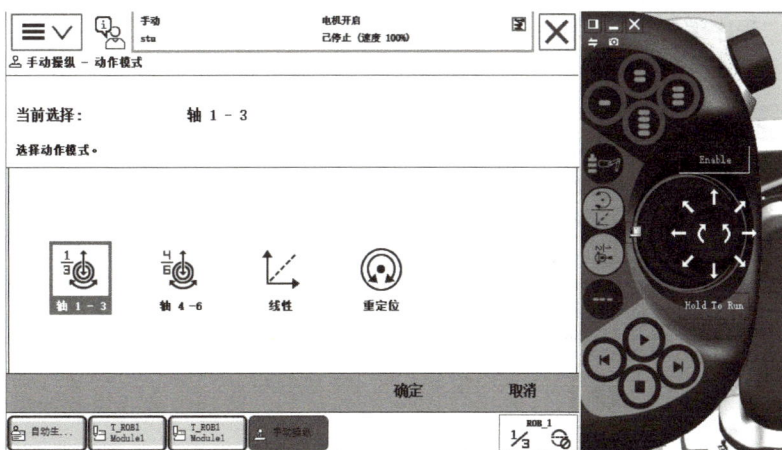

图 9-14   手动操纵的快捷按钮

7. 工业机器人增量移动

工业机器人增量移动，如图 9-15 所示。采用增量移动对机器人进行微幅调整，可非常精确地进行定位操作。控制杆偏转一次，机器人就移动一步（增量）。如果控制杆偏转持续一秒或数秒，机器人就会持续移动（速率为每秒 10 步）。默认模式不是增量移动，此时当控制杆偏转时，机器人将会持续移动。

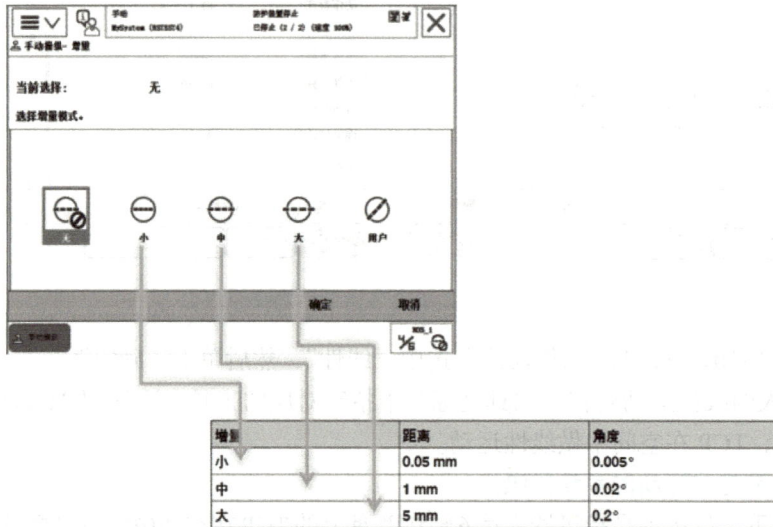

增量	距离	角度
小	0.05 mm	0.005°
中	1 mm	0.02°
大	5 mm	0.2°

图 9-15　工业机器人增量移动

9.2.3　ABB 工业机器人常用 RAPID 编程指令

1. 新建例行程序

新建例行程序具体的操作步骤如下：

1）单击左上角主菜单按钮。

2）选择"程序编辑器"，如图 9-16 所示。

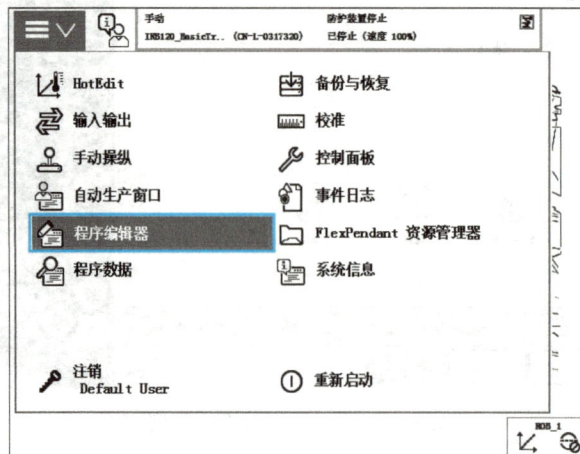

图 9-16　示教器主界面

3）单击"取消"，如图 9-17 所示。

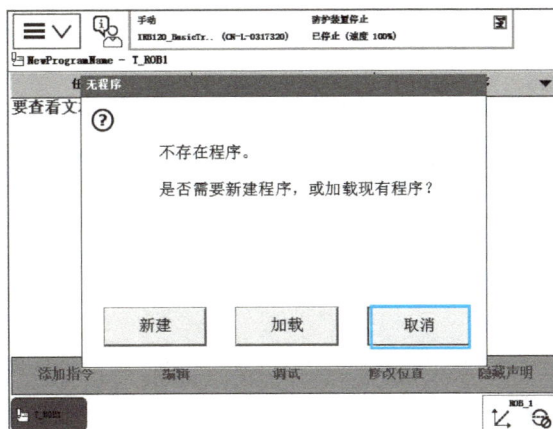

图 9-17　取消新建程序

4）单击左下角"文件"菜单里的"新建模块",如图 9-18 所示。

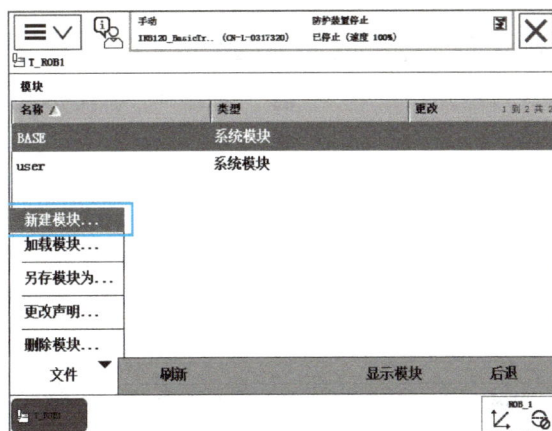

图 9-18　新建模块界面

5）设定模块名称（这里就使用默认名称 Module1）,单击"确定",如图 9-19 所示。

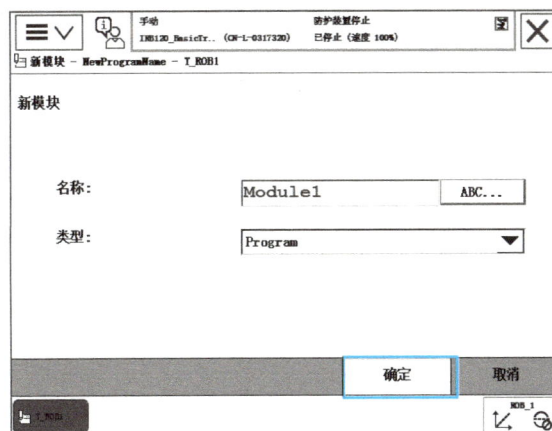

图 9-19　设置模块名称

6）选中 Module1,单击"显示模块",如图 9-20 所示。

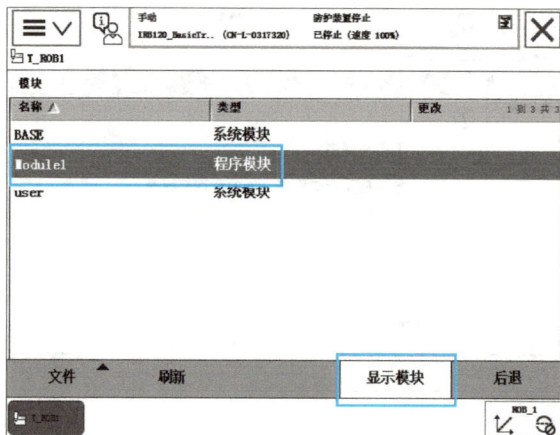

图 9-20　进入程序模块

7）单击"例行程序"，如图 9-21 所示。

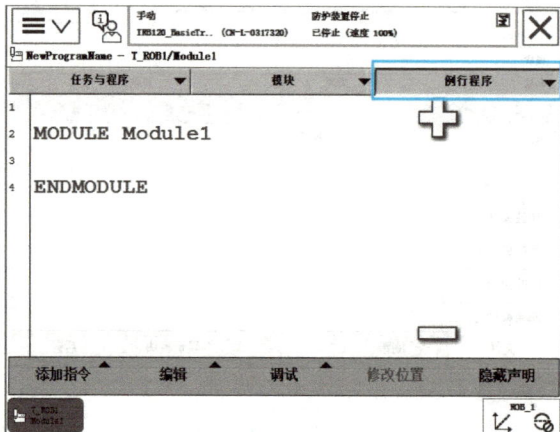

图 9-21　单击例行程序

8）单击左下角"文件"菜单里的"新建例行程序"，如图 9-22 所示。

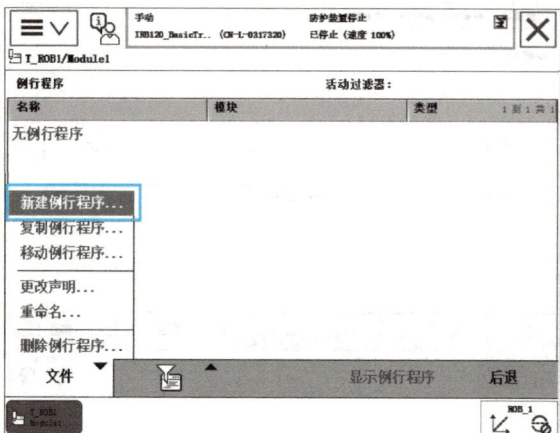

图 9-22　新建例行程序

9）设定例行程序名称（这里就使用默认名称 Routine1），单击"确定"，如图 9-23 所示。

图 9-23　设定例行程序名称

10）选中 Routine1，单击"显示例行程序"，如图 9-24 所示。

图 9-24　显示例行程序

11）选中要插入指令的程序位置，高显为蓝色，如图 9-25 所示。

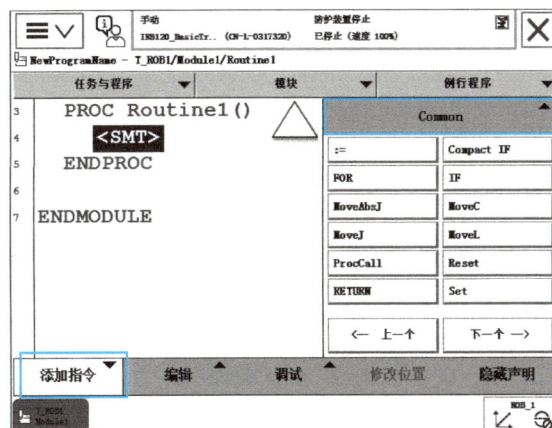

图 9-25　添加指令界面

12）单击"添加指令"打开指令列表。单击此按钮可切换到其他分类的指令列表。

2. 赋值指令 :=

赋值指令":="用于对程序变量进行赋值，赋值可以是一个常量（reg1 := 5;）或数学表达式（reg2 := reg1+4;）。下面就以添加常量赋值为例说明此指令的使用。

赋值指令添加的具体操作步骤如下：

1）在指令列表中选择":="，如图 9-26 所示。

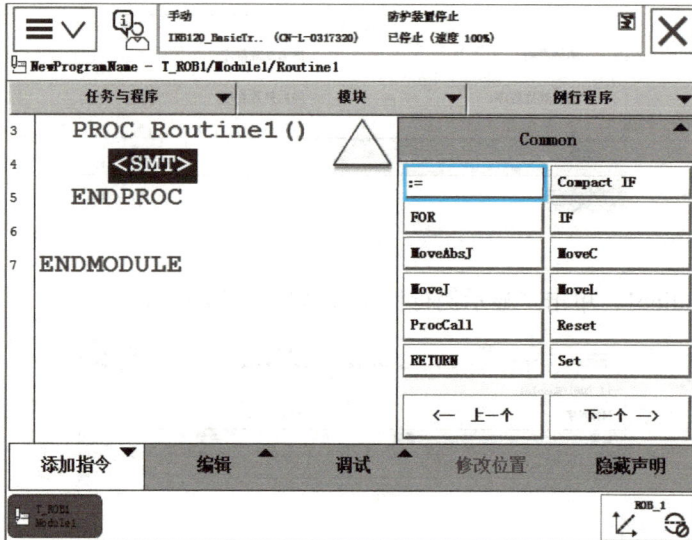

图 9-26　添加指令":="

2）单击"更改数据类型…"，选择"num"数字型数据，如图 9-27 所示。

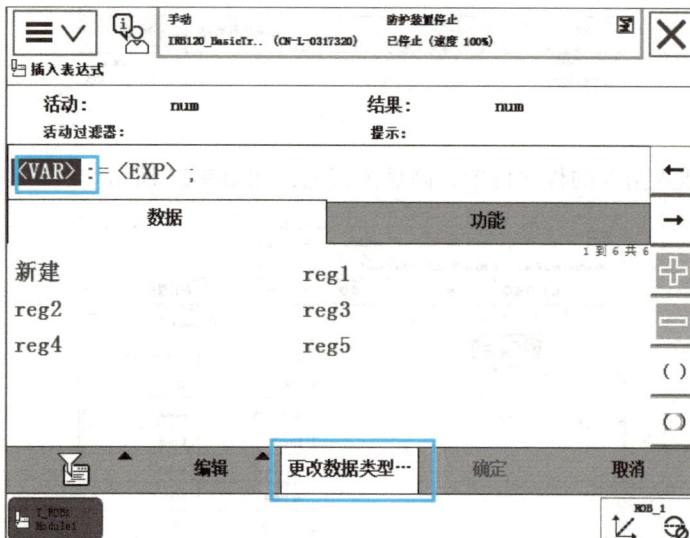

图 9-27　更改数据类型

3）在列表中找到"num"并选中，然后单击"确定"，如图 9-28 所示。

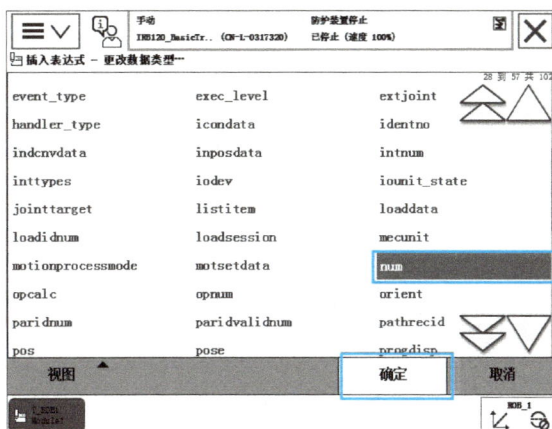

图 9-28　更改数据类型为 "num"

4）选中 "reg1"，如图 9-29 所示。

图 9-29　选中 "reg1"

5）选中 "<EXP>" 并蓝色高亮显示，如图 9-30 所示。

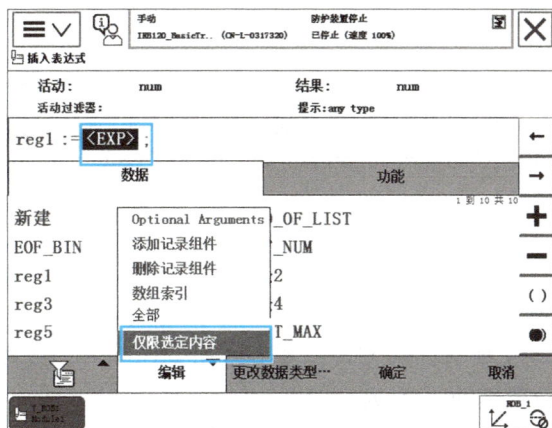

图 9-30　更改 "<EXP>"

6）打开"编辑"菜单，选择"仅限选定内容"。

7）通过软键盘输入数字"5"，然后单击"确定"，如图 9-31 所示。

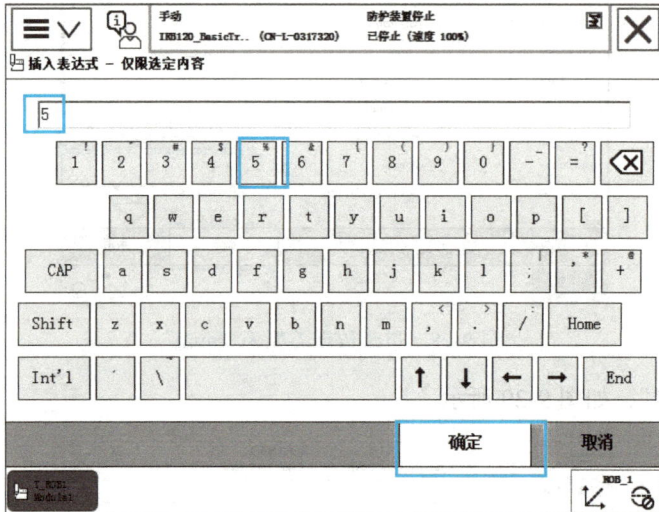

图 9-31　更改"<EXP>"为数字"5"

8）单击"确定"。在这里就能看到所增加的指令，如图 9-32 所示。

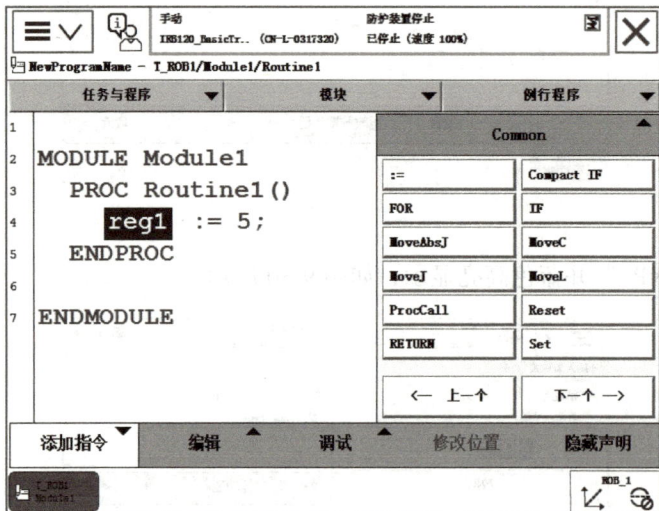

图 9-32　添加指令"reg1:=5"完成

3. 线性控制指令 MoveL

机器人在空间中运动主要有四种方式：关节运动（MoveJ）、线性运动（MoveL）、圆弧运动（MoveC）和绝对位置运动（MoveAbsJ）。

线性运动是机器人的 TCP 从起点到终点之间的路径始终保持为直线，一般如焊接、涂胶等应用对路径要求高的场合使用此指令。线性运动示意图如图 9-33 所示。

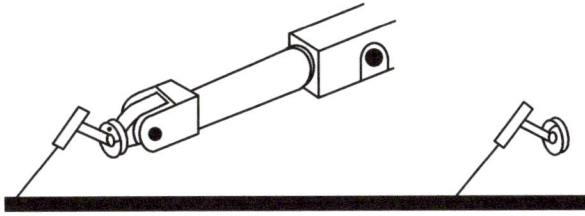

图 9-33 线性运动示意图

使用线性控制指令具体的操作步骤如下：

1）选中"<SMT>"为添加指令的位置，如图 9-34 所示。

2）在指令列表中选择"MoveL"。

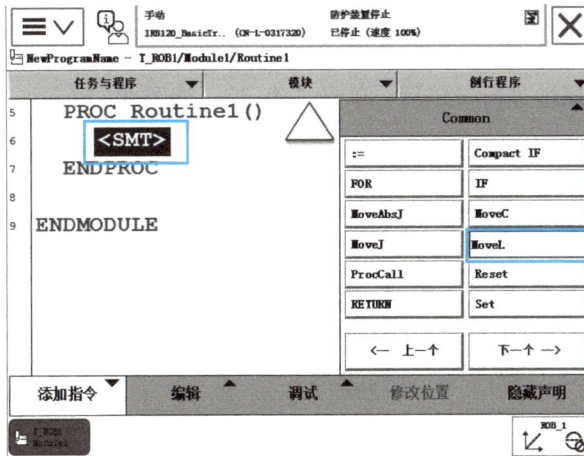

图 9-34 添加指令"MoveL"

3）选中"*"并蓝色高亮显示，再单击"*"（将"*"用变量名字代替），如图 9-35 所示。

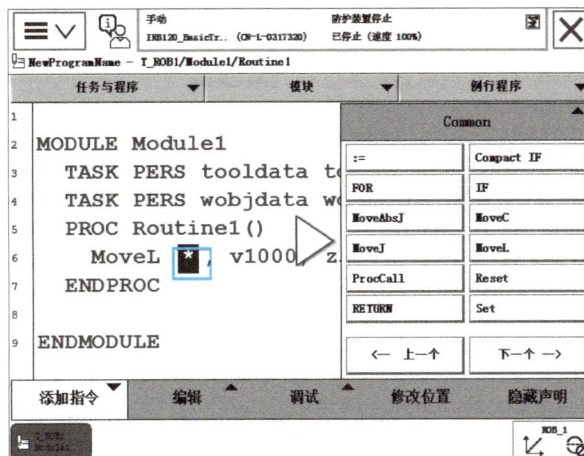

图 9-35 选中"*"变量

4）单击"新建"，如图 9-36 所示。

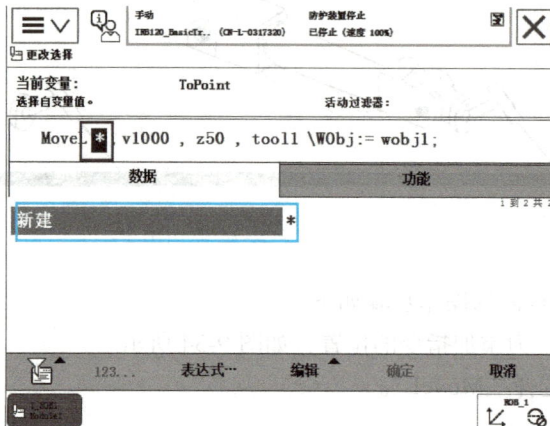

图 9-36　新建变量

5）对目标点数据属性进行设定后，单击"确定"，如图 9-37 所示。

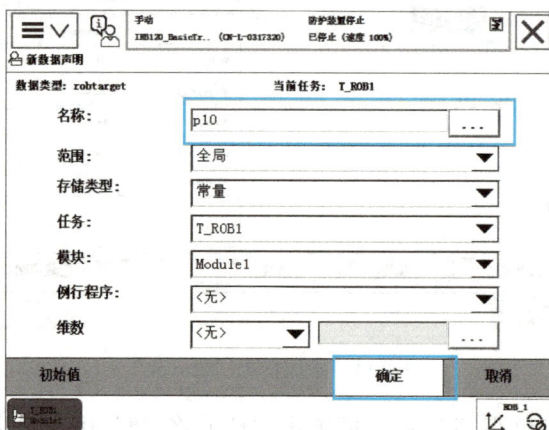

图 9-37　设置变量名称

6）"*"已经被 p10 目标点变量代替，如图 9-38 所示。

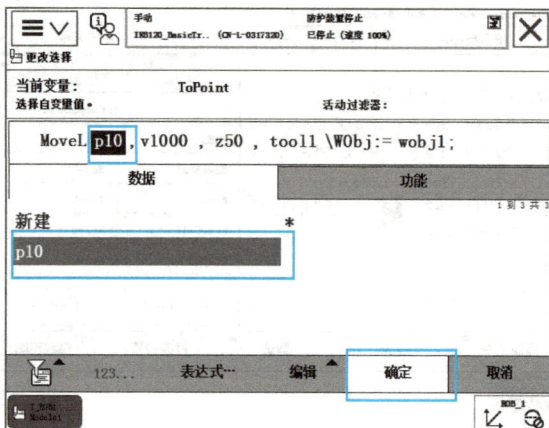

图 9-38　变量新建完成

7）单击"确定"。

8）单击"添加指令"，将指令列表收起来。

9）选中"p10"，单击"修改位置"，则 p10 将存储工具 tool1 在工件坐标系 wobj1 中的位置信息，如图 9-39 所示。

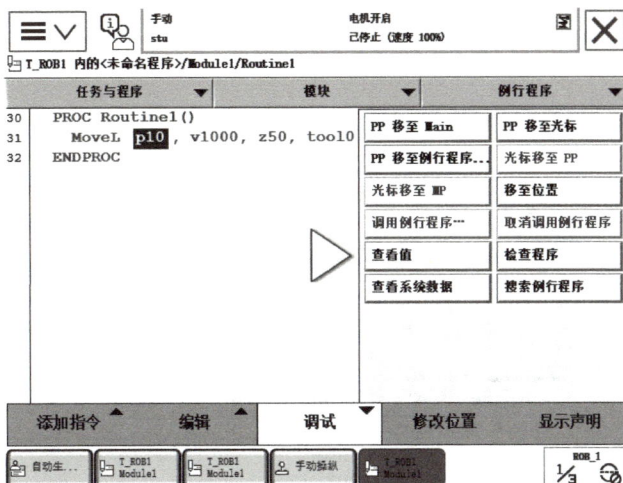

图 9-39　修改 p10 位置

10）线性控制的指令解析见表 9-1。

表 9-1　线性控制的指令解析

参数	含义
p10	目标点位置数据，定义当前机器人 TCP 在工件坐标系中的位置，通过单击"修改位置"进行修改
v1000	运动速度数据，定义速度，单位为 mm/s
z50	转角区域数据，定义转弯区的大小，单位为 mm
tool1	工具数据，定义当前指令使用的工具坐标
wobj1	工件坐标数据，定义当前指令使用的工件坐标

4. 逻辑判断指令

条件逻辑判断指令用于对条件进行判断后，执行相应的操作，是 RAPID 中重要的组成。

（1）Compact IF 紧凑型条件判断指令

如果 flag1 的状态为 TRUE，则 do1 被置位为 1，如图 9-40 所示。

Compact IF 紧凑型条件判断指令用于当一个条件满足了以后，就执行一条指令。

（2）IF 条件判断指令

IF 条件判断指令可根据不同的条件执行不同的指令。条件判定的条件数量可以根据实际情况进行增加与减少。

如图 9-41 所示，如果 num1 为 1，则 flag1 会赋值为 TRUE；如果 num1 为 2，则 flag1 会赋值为 FALSE；以上两种条件之外，则执行 do1 置位为 1。

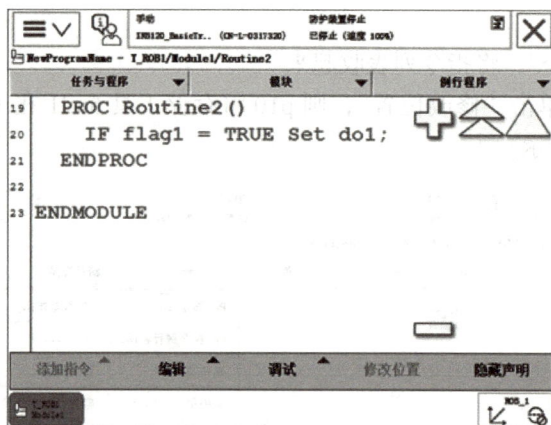

图 9-40　Compact IF 指令的使用

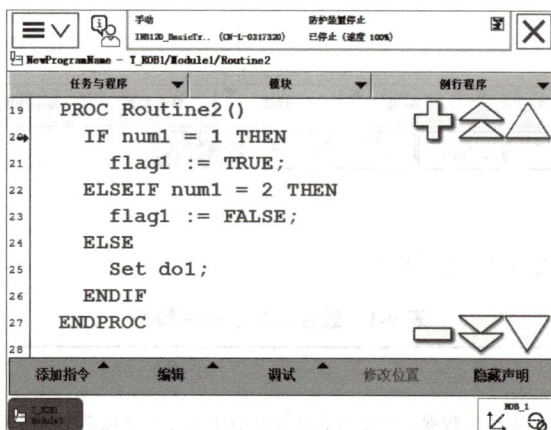

图 9-41　IF 指令的使用

（3）FOR 重复执行判断指令

FOR 重复执行判断指令用于一个或多个指令需要重复执行数次的情况。

如图 9-42 所示，例行程序 Routine2 重复执行 10 次。

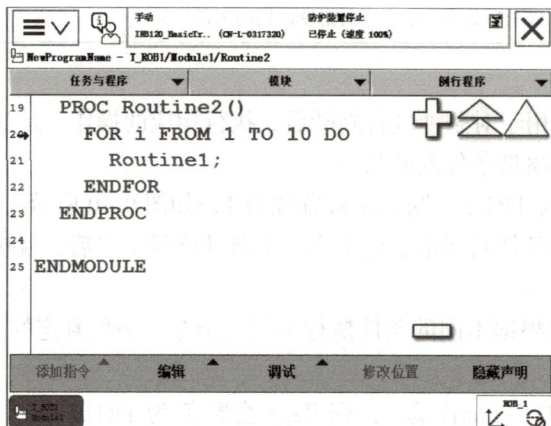

图 9-42　FOR 指令的使用

（4）WHILE 条件判断指令

WHILE 条件判断指令用于在给定条件满足的情况下，一直重复执行对应的指令。

如图 9-43 所示，当 num1>num2 条件满足的情况下，就一直执行 num1:=num1-1 的操作。

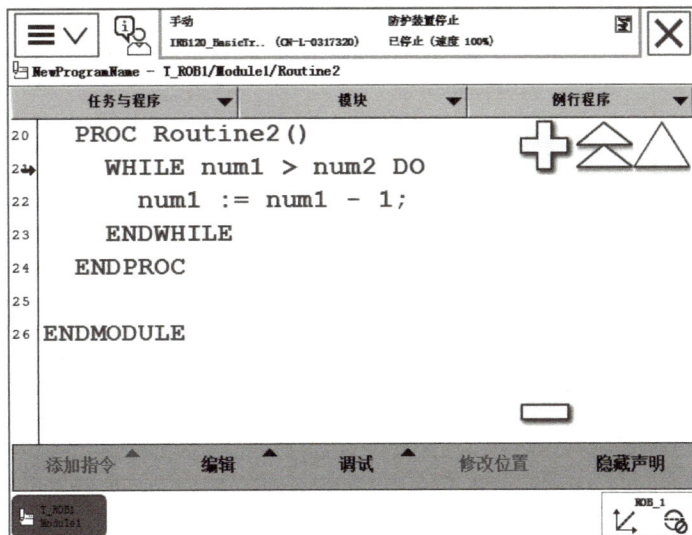

图 9-43　WHILE 指令的使用

（5）WaitTime 等待指令

WaitTime 等待指令用于程序在等待一个指定的时间后，再继续向下执行。

如图 9-44 所示，等待 4s 后，程序向下执行 Reset do1 指令。

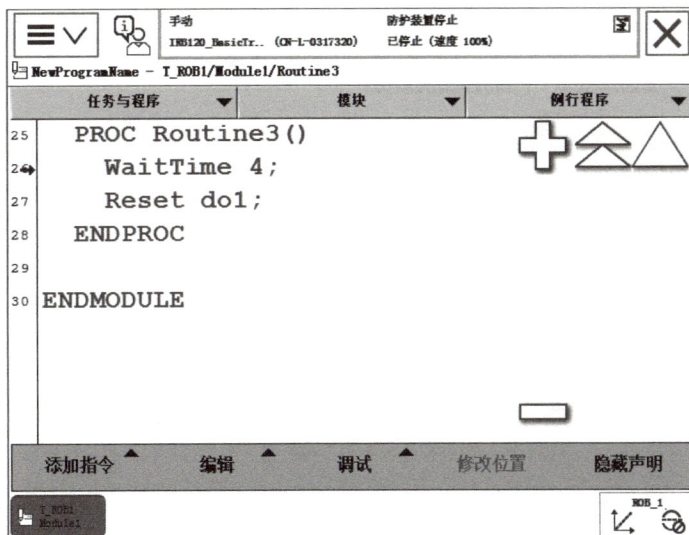

图 9-44　WaitTime 指令的使用

（6）ProcCall 调用例行程序指令

1）选中 "<SMT>" 为要调用例行程序的位置。

2）在指令列表中选择 "ProcCall" 指令。

3）选中要调用的例行程序，然后单击"确定"。

4）调用例行程序指令执行的结果，如图 9-45 所示。

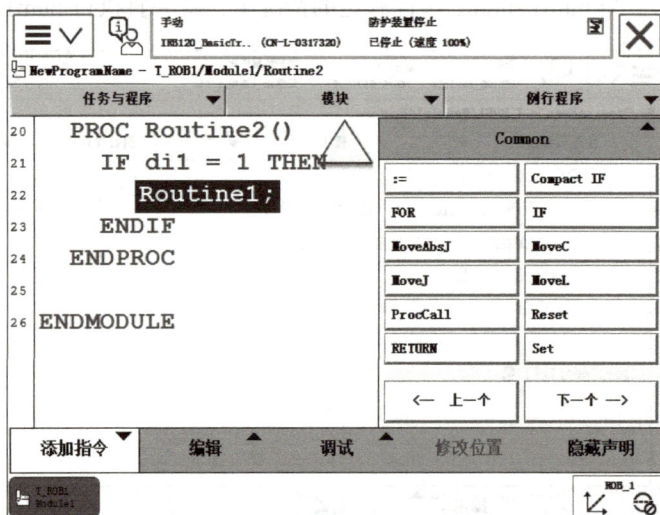

图 9-45　ProcCall 指令的使用

（7）RETURN 返回例行程序指令

RETURN 返回例行程序指令被执行时，则马上结束本例行程序的执行，程序指针返回到调用此例行程序的位置。

如图 9-46 所示，当 di1=1 时，执行 RETURN 指令，程序指针返回到调用 Routine2 的位置并继续向下执行 Set do1 指令。

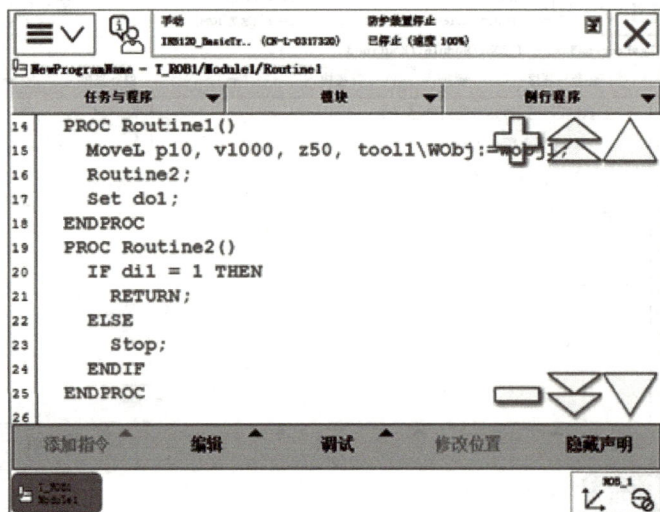

图 9-46　RETURN 指令的使用

5. 关节运动指令 MoveJ

关节运动指令是在对路径精度要求不高的情况下，机器人的 TCP 从一个位置移动到另一个位置，两个位置之间的路径不一定是直线，如图 9-47 所示。

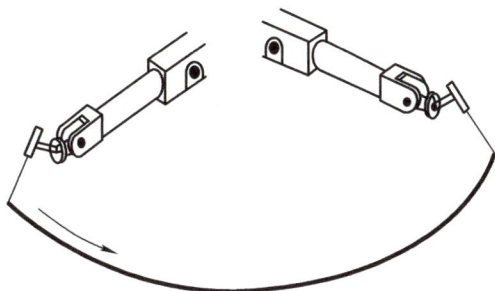

图 9-47　关节运动指令示意图

关节运动指令适合在机器人大范围运动时使用，不容易在运动过程中出现关节轴进入机械死点的问题。

关节运动指令的使用方式与线性控制指令相同。

6. 圆弧控制指令 MoveC

圆弧路径是在机器人可到达的空间范围内定义三个位置点，第一个点是圆弧的起点，第二个点用于确定圆弧的曲率，第三个点是圆弧的终点，如图 9-48 所示。

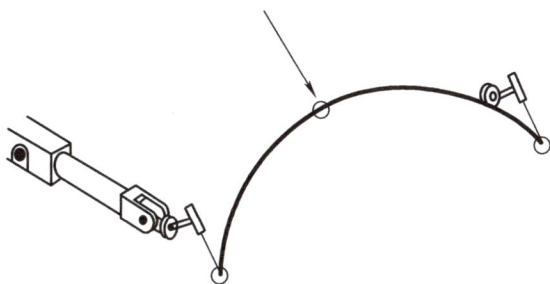

图 9-48　圆弧控制指令示意图

圆弧控制指令 MoveC 使用方式，如图 9-49 所示。

图 9-49　MoveC 指令的使用

圆弧控制指令 MoveC 解析，见表 9-2。

表 9-2　圆弧控制指令 MoveC 解析

参数	含义
p10	圆弧的第一个点
p30	圆弧的第二个点
p40	圆弧的第三个点
wobj1	工件坐标数据 定义当前指令使用的工件坐标

7. 绝对位置控制指令 MoveAbsJ

绝对位置控制指令是使用 6 个轴和外轴的角度值来定义目标位置数据，常用于机器人 6 个轴回到机械零点（0°）的位置。

MoveAbsJ 指令的使用如图 9-50 所示。

图 9-50　MoveAbsJ 指令的使用

8. I/O 控制指令

I/O 控制指令用于控制 I/O 信号，以达到与机器人周边设备进行通信的目的。

（1）Set 数字信号置位指令

Set 数字信号置位指令用于将数字输出（Digital Output）置位为"1"。

（2）Reset 数字信号复位指令

Reset 数字信号复位指令用于将数字输出（Digital Output）置位为"0"。

如果在 Set、Reset 指令前有运动指令 MoveJ、MoveL、MoveC、MoveAbsJ 的转变区数据，必须使用 fine 才可以准确到达目标点后输出 I/O 信号状态的变化。

（3）WaitDI 数字输入信号判断指令

WaitDI 数字输入信号判断指令用于判断数字输入信号的值是否与目标的一致。

在图 9-51 所示例子中，程序执行此指令时，等待 di1 的值为 1。di1 为 1，则程序继续往下执行，如果到达最大等待时间 300s（此时间可根据实际进行设定）以后，di1 的值还不为 1，则机器人报警或进入出错处理程序。

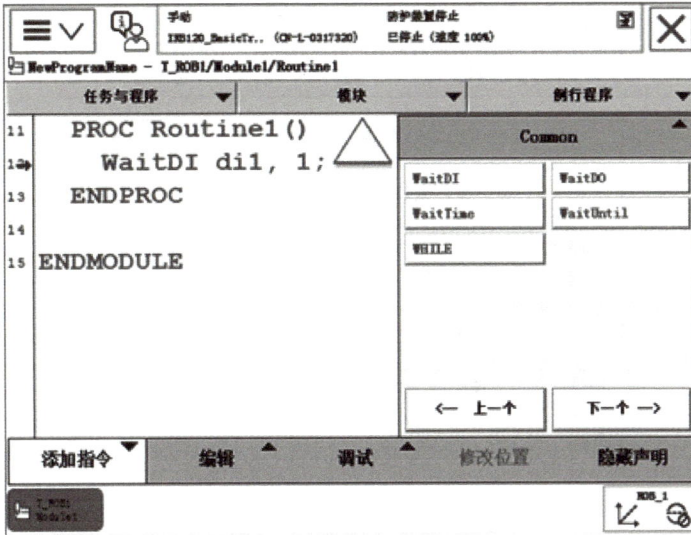

图 9-51　WaitDI 指令的使用

（4）WaitDO 数字输出信号判断指令

WaitDO 数字输出信号判断指令用于判断数字输出信号的值是否与目标的一致。

在图 9-52 所示例子中，程序执行此指令时，等待 do1 的值为 1。若 do1 为 1，则程序继续往下执行，如果到达最大等待时间 300s（此时间可根据实际进行设定）以后，do1 的值还不为 1，则机器人报警或进入出错处理程序。

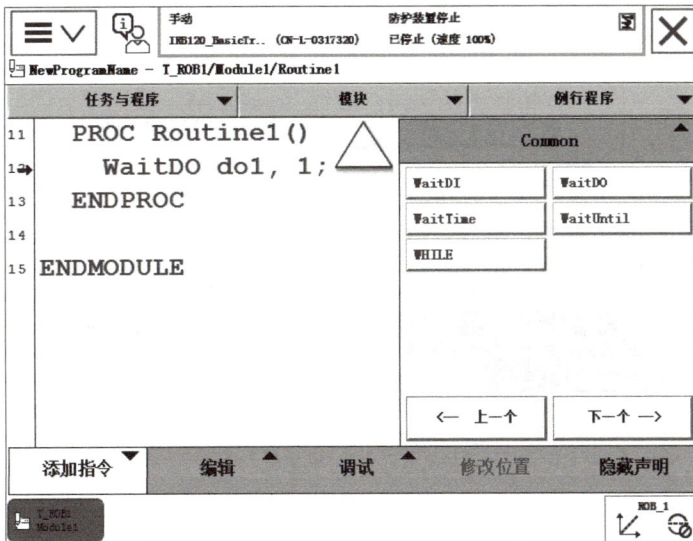

图 9-52　WaitDO 指令的使用

（5）WaitUntil 信号判断指令

WaitUntil 信号判断指令可用于布尔量、数字量和 I/O 信号值的判断，如果条件到达指令中的设定值，程序继续往下执行，否则就一直等待，除非设定了最大等待时间，如图 9-53 所示。

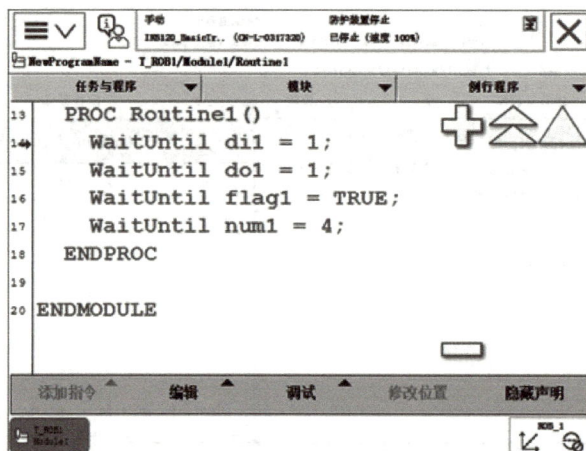

图 9-53　WaitUntil 指令的使用

9. 中断程序指令

ABB 工业机器人的中断指令允许程序在执行过程中被临时暂停或终止，以处理紧急情况或其他需要立即关注的事务。

如图 9-54 所示，当 di3=1 时，执行 Routine1 例行程序（ISignalDI 指令为使用一个数字输入信号触发中断）。

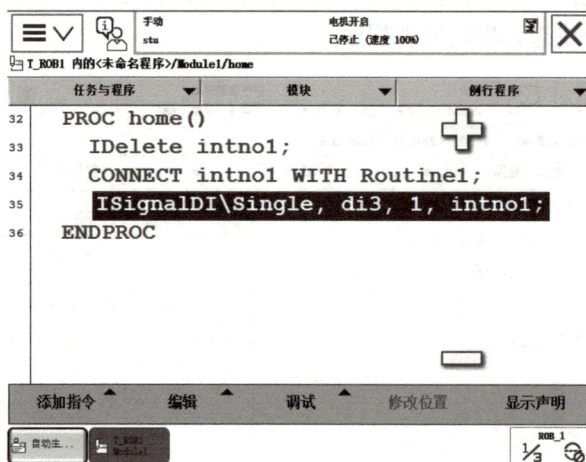

图 9-54　中断程序示意图

9.3　项目要求

通过中断指令编写机器人码垛程序，HL1（按钮）作为计次，HL2（按钮）作为启动。

当按下 HL1（按钮）一次后再按下 HL2（按钮），夹爪将物料从分拣站工位 1 搬运到码垛台 1 号位上，随后返回原点等待下次信号。

当按下 HL1（按钮）两次后再按下 HL2（按钮），夹爪将物料从分拣站工位 2 搬运到码垛台 2 号位上，随后返回原点等待下次信号。

当按下 HL1（按钮）三次后再按下 HL2（按钮），夹爪将物料从分拣站工位 3 搬运到码垛台 3 号位上，随后返回原点等待下次信号。

图 9-55 所示为机器人工作台实体。

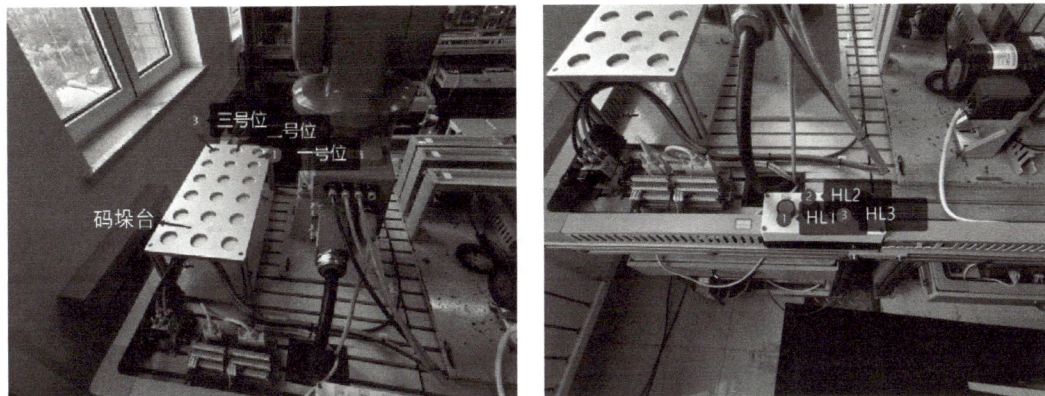

图 9-55　机器人工作台实体

9.4　项目实施

9.4.1　IRB120 示教器基本设置

1. 定义 DSQC652 板总线连接

ABB 标准 I/O 板都是下挂在 DeviceNet 现场总线下的设备，定义 DSQC652 板的总线连接的相关参数说明见表 9-3。

9-2　自动化生产线 ABB 工业机器人综合应用项目实施

表 9-3　DSQC652 板总线连接

参数名称	设定值	说明
Name	D652_10	设定 I/O 板在系统中的名字
Type of Unit	DSQC 652	设定 I/O 板的类型
Connected to Bus	Devicenetl	设定 I/O 板连接的总线
Address	10	设定 I/O 板在总线中的地址

其总线连接的操作步骤如下：

1）选择"控制面板"，选择"配置"，双击"DeviceNet Device"进行 DSQC652 模块的设定，如图 9-56 所示。

图 9-56　控制面板主界面

2）单击"添加",选择"使用来自模板的值"为 DSQC652,如图 9-57 所示。

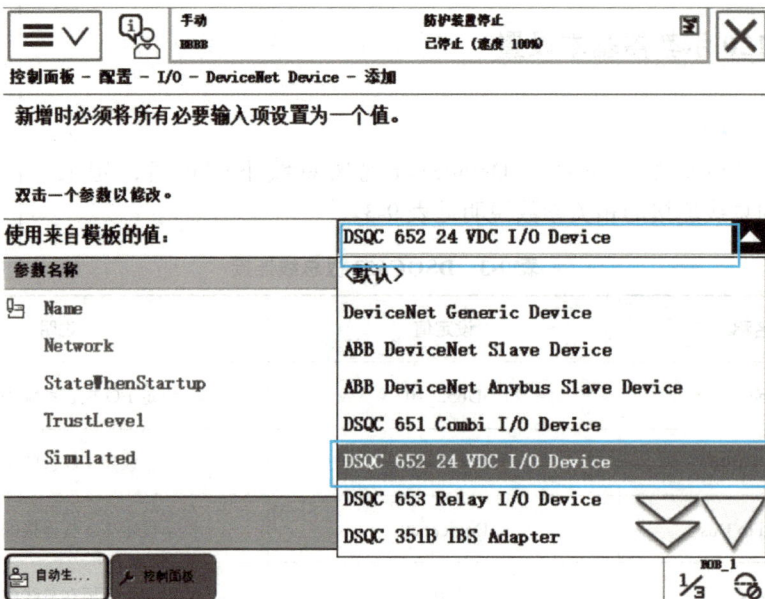

图 9-57　添加"DSQC652"

3）单击"Name",将名字更改为"D652_10",将 Address 的数值更改为 10(模块在 DeviceNet 总线中的地址),然后单击"确定",如图 9-58 所示。

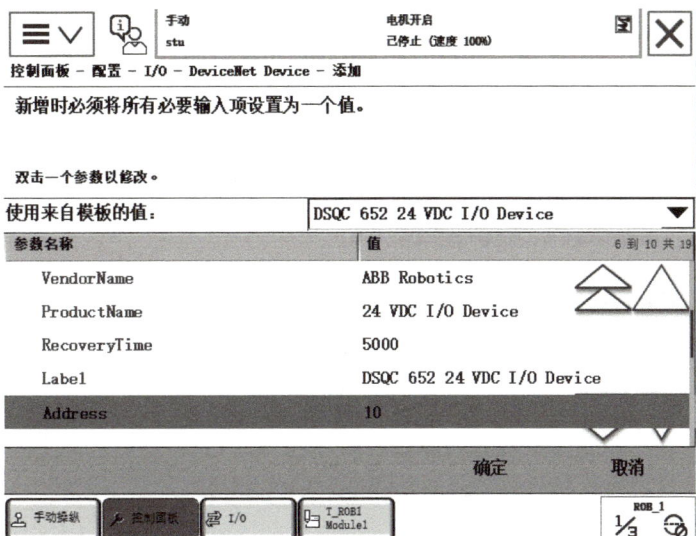

图 9-58 更改 DSQC652 板配置

4）最后单击"确认"后，弹出"重新启动"窗口，单击"是"，重启机器人，完成 DSQC652 板卡的建立。

2. 定义数字输入信号和数字输出信号

数字输入信号的相关参数，见表 9-4。

表 9-4 数字输入信号

参数名称	设定值	说明
Name	di1	设定数字输入信号的名字
Type of Signal	Digital Input	设定信号的类型
Assigned to Unit	D652_10	设定信号所占的 I/O 模块
Unit Mapping	0	设定信号所占用的地址

其操作如下：

1）选择"控制面板"，选择"配置"，双击"Signal"，单击"添加"，如图 9-59a、b 所示。

a)

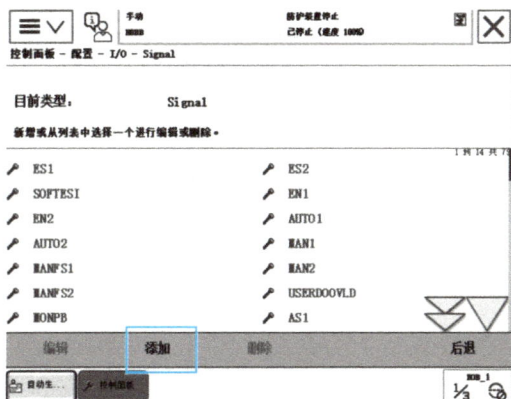

b)

图 9-59 配置界面

2）双击"Name"修改名称，单击"确定"，双击"Type of Signal"，选择"Digital Input"，双击"Assigned to Device"，选择"D652_10"，双击"Device Mapping"，输入"0"，单击"确定"，单击"是"完成，如图9-60所示。

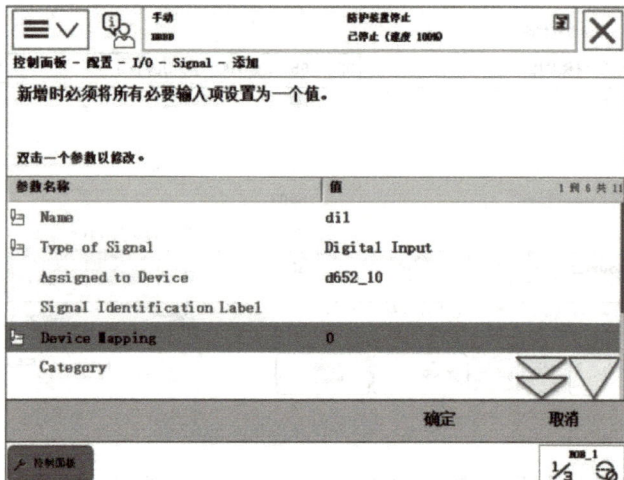

图9-60　输入信号配置

数字输出信号的相关参数，见表9-5。

表9-5　数字输出信号

参数名称	设定值	说明
Name	do1	设定数字输出信号的名字
Type of Signal	Digital Output	设定信号的类型
Assigned to Device	D652_10	设定信号所占的 I/O 模块
Unit Mapping	0	设定信号所占用的地址

其操作步骤同定义数字输入信号一致，只有相关参数的设定值不一致，请按表9-5所列进行设置，如图9-61所示。

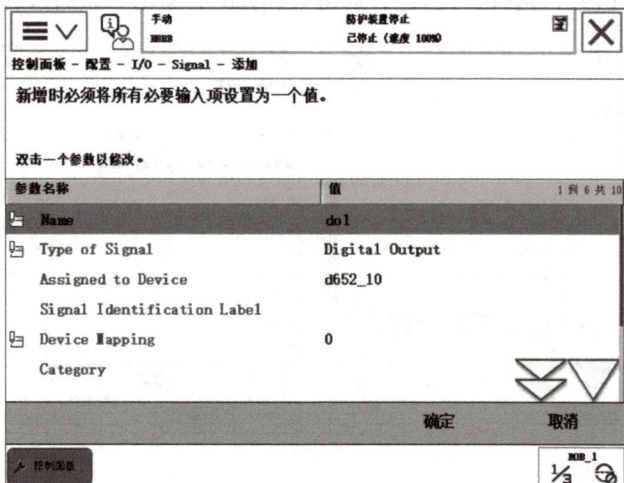

图9-61　输出信号配置

9.4.2　ABB 工业机器人典型搬运应用案例

1. 新建例行程序

例行程序建立模板如图 9-62 所示。

1）by1：将分拣站工位 1 的料块夹取到码垛台 1 号位。

2）by2：将分拣站工位 2 的料块夹取到码垛台 2 号位。

3）by3：将分拣站工位 3 的料块夹取到码垛台 3 号位。

4）home：执行中断程序与机器人初始化程序。

5）Routine1：中断程序（计数）。注意在建立 Routine1 中断程序时，类型选择"中断"，如图 9-62b 所示。

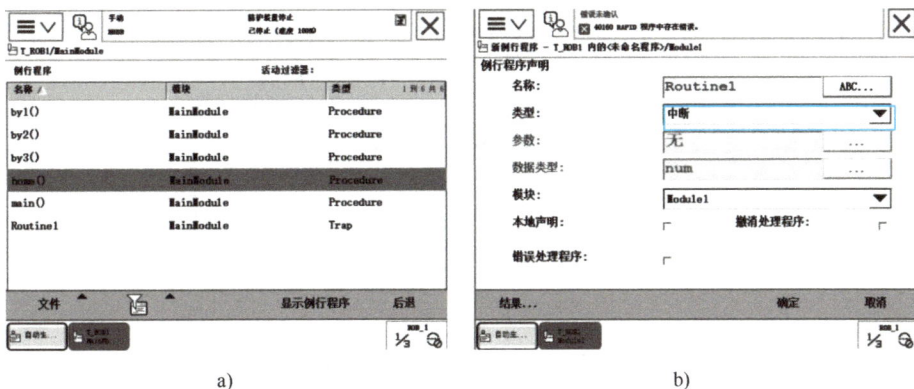

a)　　　　　　　　　　　　b)

图 9-62　例行程序建立模板

2. 编写指令

（1）home 例行程序编写

具体的操作步骤如下：

1）在 home 程序中添加指令。选择"Common"，在程序最上面添加 MoveAbsJ 指令，选择 *，单击"调试"，选择"查看值"，将 rax_1～rax_6 改为"0"，单击"确定"（使机器人返回到初始位置），如图 9-63a～c 所示。

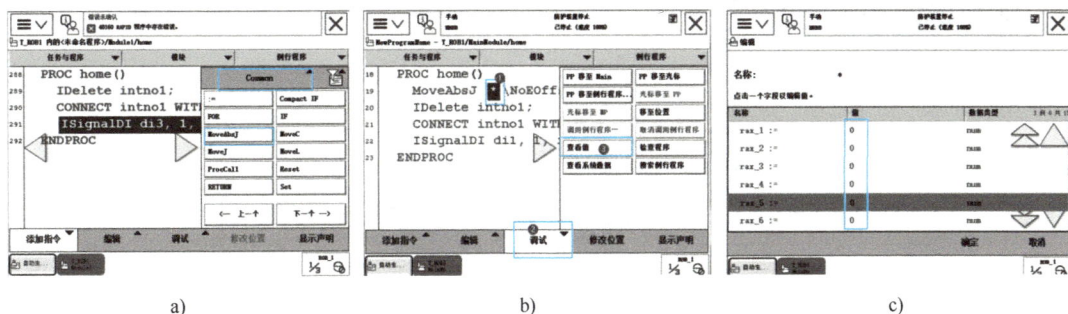

a)　　　　　　　　　　　b)　　　　　　　　　　　c)

图 9-63　MoveAbsJ 指令使用步骤

2）选择"IDelete"，单击新建 intno1，单击"确定"（清除中断信号，防止与其他程序的中断信号相连），如图 9-64a～c 所示。

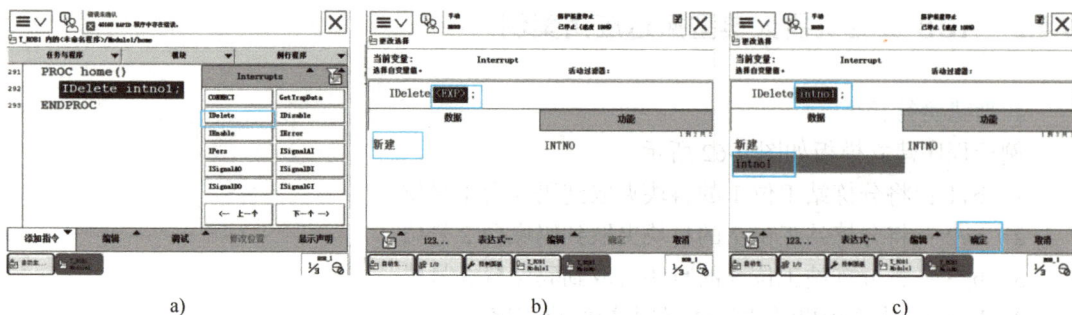

图 9-64 新建 intnol

3）选择"添加指令"，选择"Interrupts"，如图 9-65 所示。

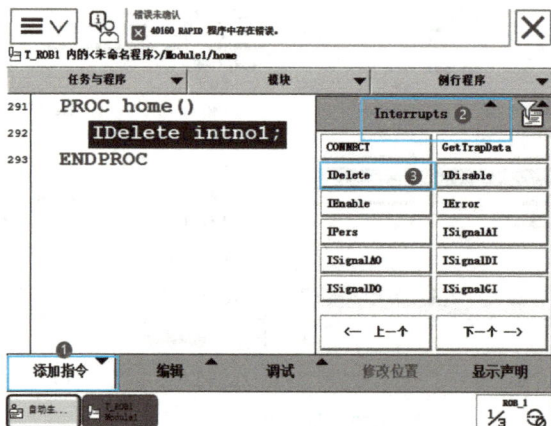

图 9-65 添加指令更改为 Interrupts

4）添加指令 CONNECT，"<VAR>"选择"intno1"，"<ID>"选择"Routinel"（中断信号触发中断程序），如图 9-66a、b 所示。

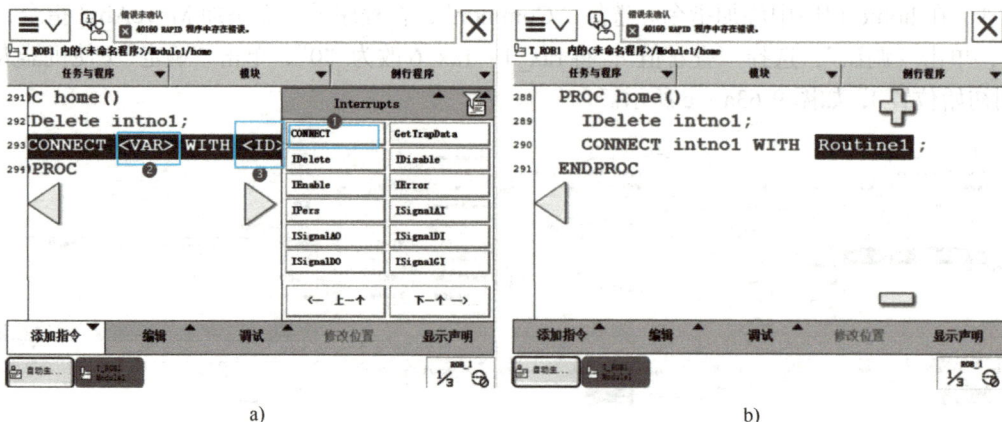

图 9-66 CONNECT 指令使用

5）选择"ISignalDI"，选择"di3"，单击"编辑"，选择"可选变元"，将 Single 从"已使用"改为"不使用"，单击"确定"（将 di3 连接中断信号，并设为可以连续触发），如图 9-67a ~ d 所示。

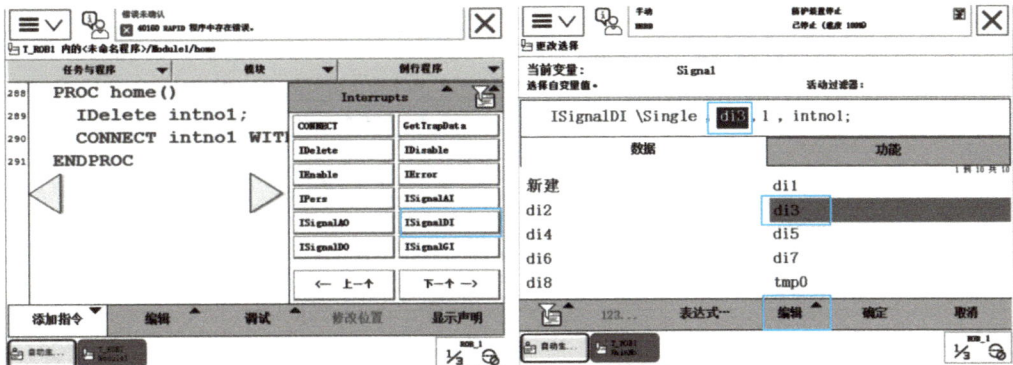

a)   b)

c)   d)

图 9-67 ISignalDI 指令使用步骤

6）在 home 程序里使用 Set、Reset、WaitTime、赋值指令，完成程序的编写，如图 9-68a、b 所示。

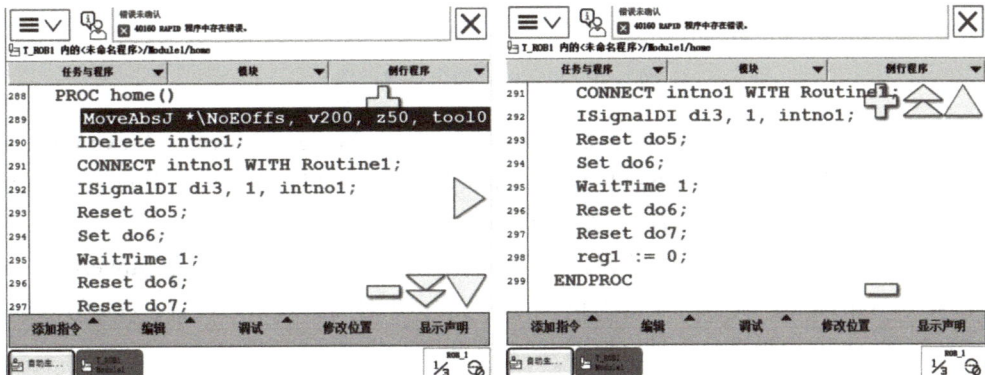

a)   b)

图 9-68 home 例行程序全部内容

7）Routine1 程序编写，如图 9-69 所示。在 Routine1 里添加指令，改为"Common"并添加指令 reg1:=reg1+1。

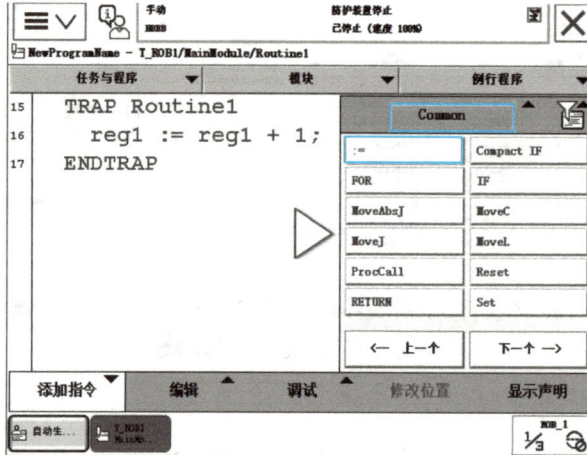

图 9-69　Routine1 例行程序全部内容

8）by1 例行程序编写。选择 by1 例行程序，使用 MoveJ、MoveL、MoveAbsJ、offs、Set 指令完成 by1 的编写（p10 为机器人原点位置，p20 为分拣站工位 1 物料位置，p30 为码垛台 1 号位位置），如图 9-70a、b 所示。

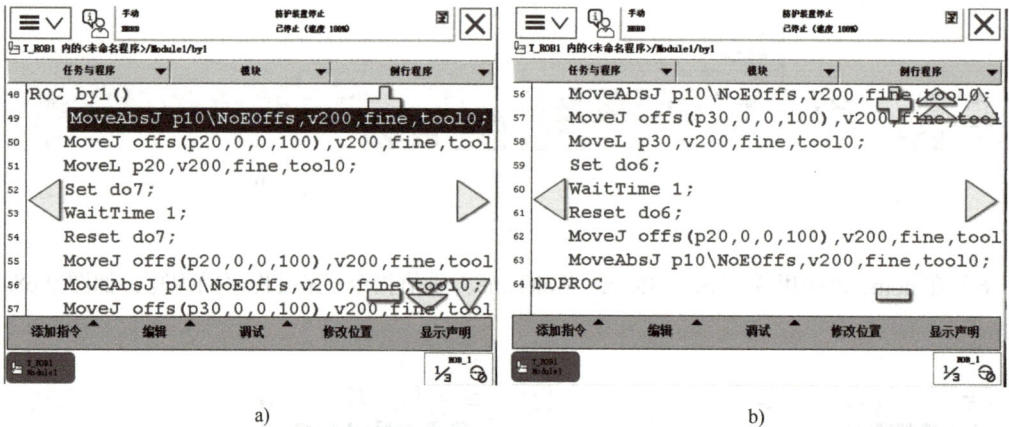

a)

b)

图 9-70　by1 例行程序全部内容

9）by2 例行程序编写。选择 by2 例行程序，使用 MoveJ、MoveL、MoveAbsJ、offs、Set、Reset、WaitTime 指令完成 by2 的编写（p10 为机器人原点位置，p40 为分拣站工位 2 物料位置，p50 为码垛台 2 号位位置），如图 9-71a、b 所示。

10）by3 例行程序编写。选择 by3 例行程序，使用 MoveJ、MoveL、MoveAbsJ、offs、Set、Reset、WaitTime、赋值指令完成 by3 的编写（p10 为机器人原点位置，p60 为分拣站工位 3 物料位置，p70 为码垛台 3 号位位置），如图 9-72a、b 所示。

（2）main 主程序编写

具体的操作步骤如下：

1）使用 procCall 指令，选择 home 例行程序。

2）添加 WHILE 指令，双击 "<EXP>"，选择 "TRUE"，双击 "<SMT>" 添加 IF 指令，如图 9-73a、b 所示。

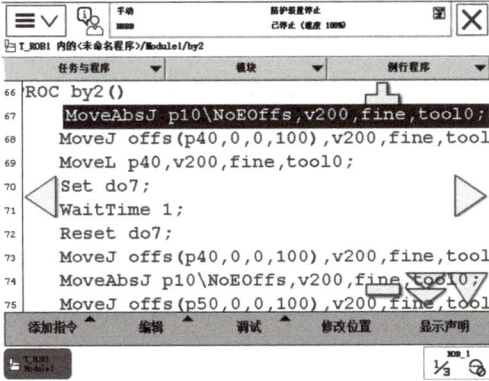
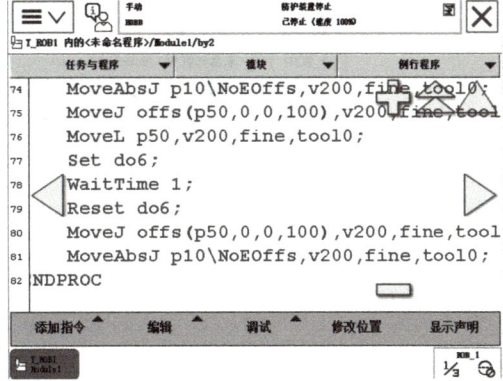

a)　　　　　　　　　　　　　　　　b)

图 9-71　by2 例行程序全部内容

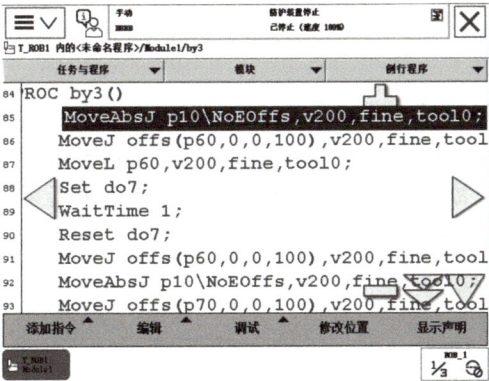
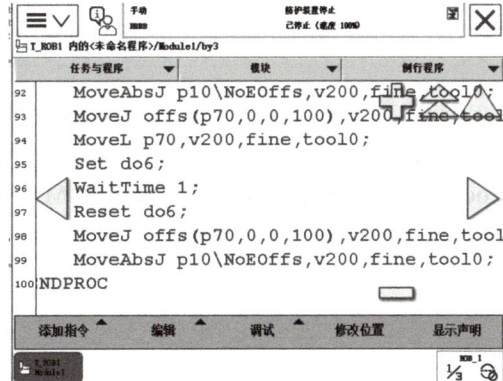

a)　　　　　　　　　　　　　　　　b)

图 9-72　by3 例行程序全部内容

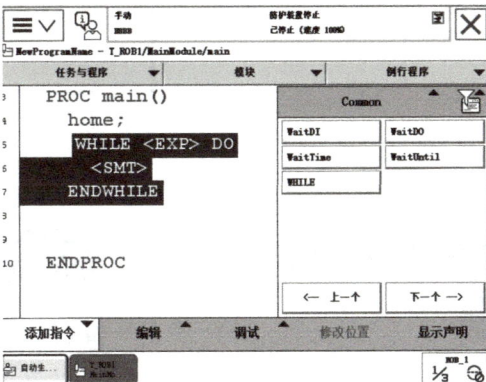
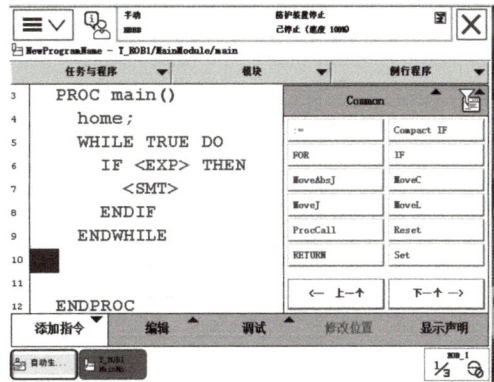

a)　　　　　　　　　　　　　　　　b)

图 9-73　添加 WHILE 指令与 IF 指令

3）双击 IF 指令，单击添加 ELSEIF，添加 3 个 ELSEIF，单击"确定"，如图 9-74 所示。

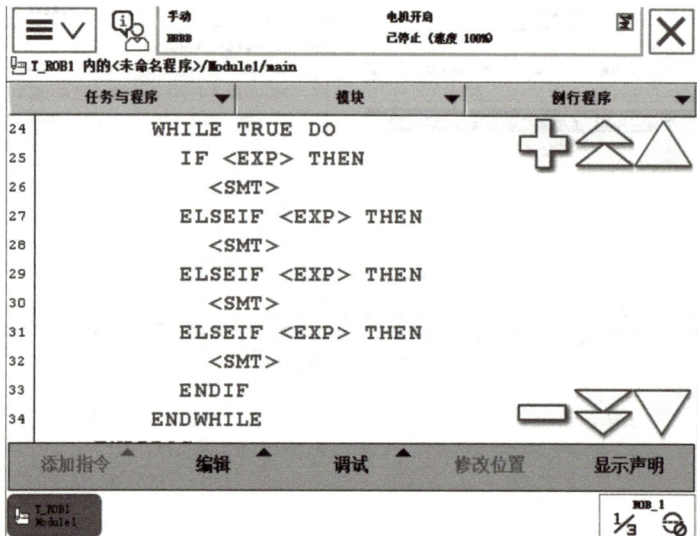

图 9-74　单击添加 ELSEIF

4）双击第一个"<EXP>"，输入 reg1=1 and di3=1；双击第二个"<EXP>"，输入 reg1=2 and di3=1；双击第三个"<EXP>"，输入 reg1=3 and di3=1；单击第一个"<SMT>"，添加指令 proccall，选择 by1；单击第二个"<SMT>"，添加指令 proccall，选择 by2；单击第三个"<SMT>"，添加指令 proccall，选择 by3。双击最后一个"<EXP>"输入 reg1>3；单击最后一个"<SMT>"，添加赋值指令，输入 reg1:=0。最后的程序如图 9-75 所示。

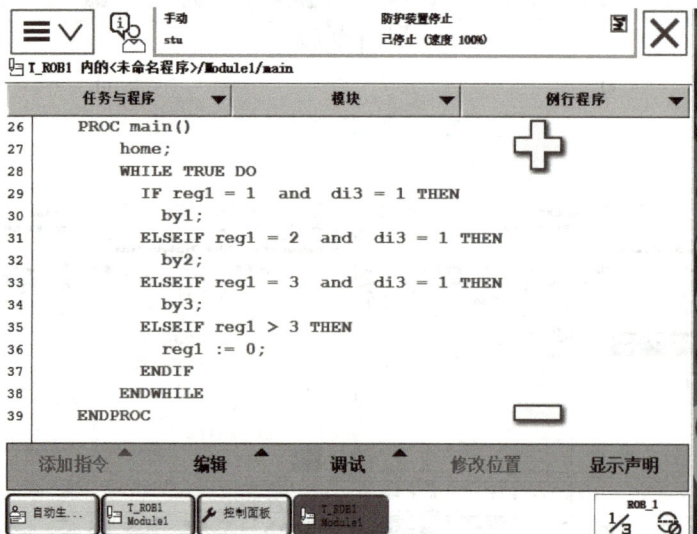

图 9-75　IF 指令编写

9-3　自动化生产线 ABB 工业机器人综合应用程序讲解

3. 总程序编写

总程序编写如下：

```
PROC main( )
    home ;
    WHILE TRUE DO
        IF reg1=1 and di3=1 THEN
            by1;
        ELSEIF reg1=2 and di3=1 THEN
            by2;
        ELSEIF reg1=3 and di3=1 THEN
            by3;
        ELSEIF reg1>3 THEN
            reg1:=0;
        ENDIF
    ENDWHILE
ENDPROC

PROC home( )
    MoveAbsJ p10\NoEoffs,v200,fine,tool0;
    IDelete intno1;
    CONNECT intnol WITH Routine1;
    IsignalDI\single,di3,1,intno1;
    Reset do5;
    set do6;
    WaitTime 1;
    Reset do6;
    Reset do7;
    reg1:=0;
ENDPROC

TRAP Routine1
    reg1:=reg1+1;
ENDTRAP

PROC by1( )
    MoveAbsJ p10\NoEOffs,v200,fine,too10;
    MoveJ offs(p20,0,0,100),v200,fine,too10;
    MoveL p20,v200,fine,too10;
    Set do7;
    WaitTime 1;
    Reset do7;
    MoveJ offs(p20,0,0,100),v200,fine,too10;
    MoveAbsJ p10\NoEOffs,v200,fine,tool0;
    MoveL offs(p30,0,0,100),v200,fine,too10;
    MoveL p30,v200,fine,too10;
    Set do6;
    WaitTime 1;
    Reset do6;
    MoveJ offs(p20,0,6,100),v200,fine,tool0,
    MoveAbsJ p10\NoEOffs,v200,fine,tool0;
```

```
ENDPROC

PROC by2( )
        MoveAbsJ p10\NoEOffs,v200,fine,tool0;
        MoveJ offs(p40,0,0,100),v200,fine,tool0,
        MoveL p40,v200,fine,too10;
        Set do7;
        WaitTime 1;
        Reset do7;
        MoveJ offs(p40,0,0,100),v200,fine,too10;
        MoveAbsJ p10\NoEOffs,v200,fine,tool0;
        MoveL offs(p50,8,0,100),v200,fine,too10;
        MoveL p50,v200,fine,too10;
        Set do6;
        WaitTime 1;
        Reset do6;
        MoveJ offs(p50,0,0,100),v200,fine,too10;
        MoveAbsJ p10\NoE0ffs,v200,fine,too10;
ENDPROC

PROC by3( )
        MoveAbsJ p10\NoEOffs,v200,fine,too10;
        MoveJ offs(p60,0,0,100),v200,fine,tool0;
        MoveL p60,v200,fine,too10;
        Set do7;
        WaitTime 1;
        Reset do7;
        MoveJ offs(p60,0,6,100),v200,fine,too10;
        MoveAbsJ p10\NoEOffs,v200,fine,tool0;
        MoveJ offs(p70,0,0,100),v200,fine,too10;
        MoveL p70,v200,fine,too10;
        Set do6;
        WaitTime 1;
        Reset do6;
        MoveJ offs(p70,0,0,100),v200,fine,tool0;
        MoveAbsJ p10\NoEOffs,v200,fine,too10;
ENDPROC
```

9.5 注意事项

1. 正确选择机器人的型号。

2. 注意 ABB 机器人的总线选择。

3. ABB 机器人每次修改完成后都需要进行重启以保存选项。

9.6　问题与思考

1. ABB 工业机器人 IRB120 的特点是什么？

2. 请写出利用关节运动指令实现 TCP 移动到 P20 位置的程序语句。

3. 在 ABB 工业机器人系统里，如何让机器人恢复到机械原点？

4. 简述建立 ABB 工业机器人虚拟工作站的步骤。

5. 使用 RAPID 指令完成 ABB 工业机器人绘制三角形的程序设计。

项目 10　自动化生产线虚拟仿真技术应用

【知识目标】

1. 认识西门子虚拟仿真软件 NX MCD。
2. 理解虚拟仿真技术的基本概念和原理。
3. 熟悉虚拟仿真软件 NX MCD 机电概念设计的基本功能模块。
4. 熟悉 NX MCD 的操作方法。

【能力目标】

1. 掌握虚拟仿真软件 NX MCD 的基本操作方法。
2. 能够应用 NX MCD 完成虚拟仿真设计与开发的能力。
3. 掌握虚拟 PLC 与虚拟模型的虚拟仿真联调的能力。

【素养目标】

1. 培养创新能力，能以创新思维运用 NX 虚拟仿真技术进行设计与开发。
2. 培养自主学习能力和终身学习意识。
3. 培养良好的心理素质和心理调适能力，保持积极乐观的心态。

10.1　项目描述

随着制造业的不断发展，自动化生产线的高效设计与优化需求日益增长，为了提升自动化生产线的设计质量和效率，本项目引入西门子旗下的 NX MCD 软件，对生产线的虚拟模型展开全面的仿真操作。我们可以直观地观察到各个生产环节的运行状态、零部件的运动轨迹以及整个生产线的协同工作情况。

通过对虚拟模型进行细致的仿真，我们能够深入分析和理解自动化生产线的工作原理、潜在问题以及优化方向。这种虚拟仿真不仅为我们提供了一个安全且高效的学习途径，还能在无需实际生产设备的情况下，提前预判和解决可能出现的问题。它就像是为我们打开了一扇通往自动化生产线奥秘的大门，使我们能够以独特的视角去探寻其中的精彩，并通过仿真结果来准确地回答一系列关于自动化生产线运行和设计的关键问题，为进一步提升我们的专业知识和实践能力奠定坚实基础。

10.2　相关知识

10.2.1　认识 NX MCD

NX 是一款功能强大的高端 CAD/CAM/CAE 一体化软件，被广泛应用于产品设计、工程分析、制造加工等领域，它具有强大而全面的功能。在三维建模方面，它能实现复杂、精确的模型构建，无论是机械零件还是大型工业装备，其装配设计功能允许用户模拟真实的装配过程、检测干涉等问题。在制造领域，它的数控加工编程功能可生成优化的加工程序，确保高效生产。

MCD 是 NX 软件的子模块，又称为机电概念设计，是一个极具创新性和实用性的虚拟环境。它提供了一个先进的平台，在 MCD 中，我们仿佛置身于一个高度真实的虚拟世界，能够对工件进行精准而细致的加工处理，完成机电一体化仿真。通过其丰富多样的功能，我们可以模拟真实的加工场景和操作流程，提前发现并解决可能出现的问题。

打开 NX 中 MCD（机电概念设计）环境的具体操作步骤如下：

1）打开 Siemens NX 软件。

2）在左上角单击"打开"，选择要打开的模型总装配文件。在生产线模型设计前期，通过把众多单独的模型，如气缸、电机、手爪等元器件模型进行组合，从而构建成与实际生产线一致的总模型，也就是总装配文件。此文件内有每个模型的装配位置信息，在本项目中要打开"01 总图 .prt"，如图 10-1 所示。

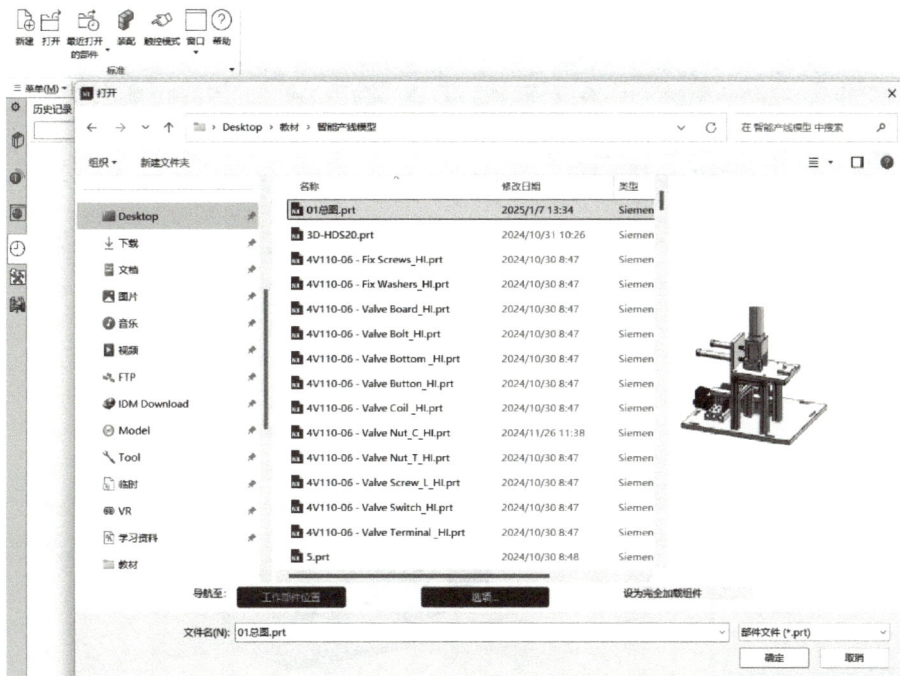

图 10-1　打开总装配文件

3）在总装配文件打开后，由于是第一次使用 NX，会进入默认的建模环境，如图 10-2 所示。单击菜单栏中的"应用模块"，可以切换各种仿真环境，在此单击"更多"，选择"机电概念设计"环境。

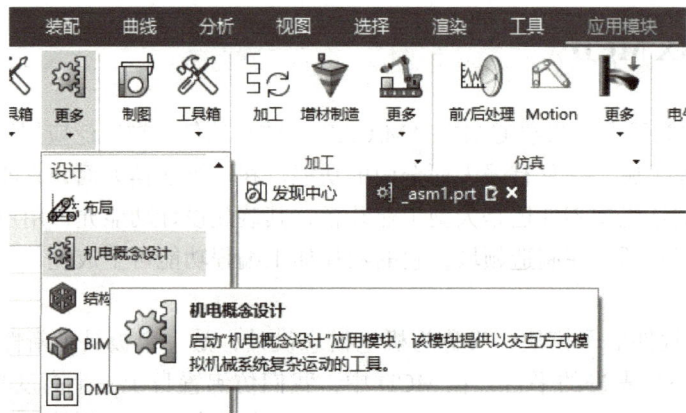

图 10-2　更改仿真环境

进入机电概念设计环境后，先认识一下 NX 的操作界面，如图 10-3 所示。

（1）资源条

图 10-3 所示的左侧框中为资源条，整合了多个对机电概念设计至关重要的功能模块。

1）机电导航器：管理机电概念设计创建的物理对象，如刚体、碰撞体、运动副、耦合副、传感器、执行器、信号、信号连接等。

2）运行时查看器：用来监视所选对象的运行时参数，并管理仿真数据。

3）运行时表达式：创建和管理当前工作部件中的运行时表达式。

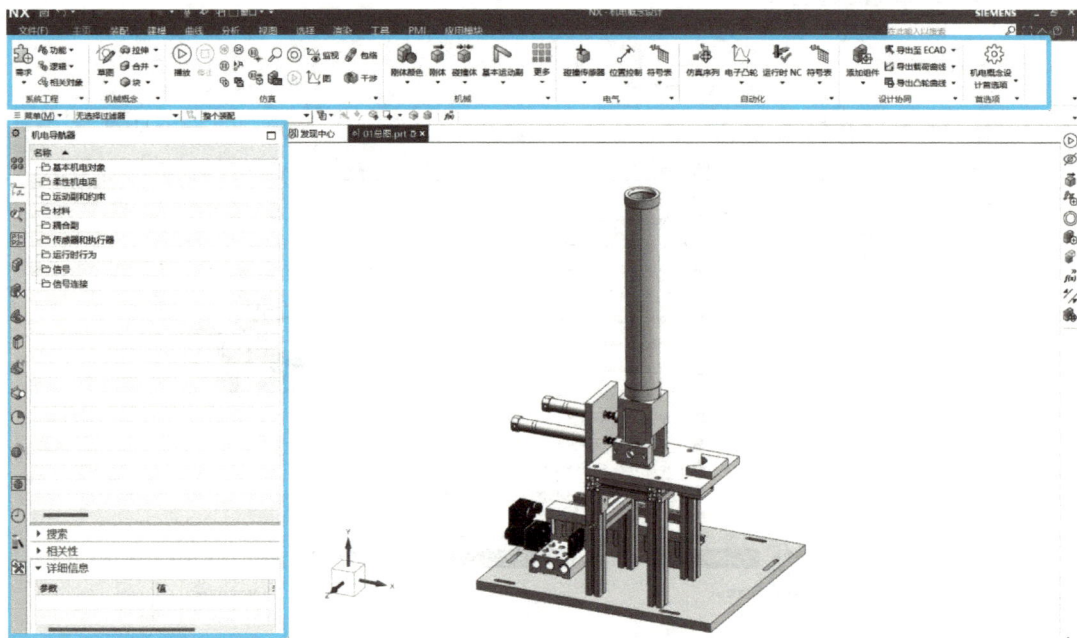

图 10-3　操作界面

4）装配导航器：管理复杂装配体的结构和组件关系，以便及时修改模型位置。

5）序列编辑器：一个导航器，用于显示和管理当前模型中的操作和仿真序列。

（2）功能区

图 10-3 所示的上方框中为功能区，集成了当前仿真环境的主要工具。当前为机电概念设计环境，主要为播放、刚体、碰撞体、运动副、速度位置控制和信号等工具。

1）播放工具：运行当前仿真环境，模拟模型间的交互，直观反映当前配置是否合格。

2）刚体工具：用于定义刚性物体，它是构建机电系统的基础。

3）碰撞体工具：用于为刚体创建碰撞面，实现刚体间的碰撞，进行推料、装配等操作。

4）运动副工具：可创建不同类型的运动副，以确定各个刚体之间的连接和运动方式。

5）速度位置控制工具：对已经建立运动副的刚体进行速度或位置的控制，以此实现气缸的伸出和缩回，或是伺服电机的精确定位。

6）信号工具：用于创建各种控制信号，结合资源条中的"运行时表达式"，通过改变信号状态，实现对速度位置控制等机电概念设计对象的控制。

10.2.2　机电对象功能实例

1. 刚体和碰撞体的建立

对于运动部件，刚体可模拟其刚性特性，让部件在运动中保持特定形态和行为规律。而碰撞体的设定能模拟部件间运动时的相互碰撞与交互。通过它们可实现多种关键效果，如精确预测和分析部件在不同运动状态下的表现，包括碰撞、反弹、滑行等，能优化设计、确保安全，提前发现问题。总之，正确设置刚体和碰撞体对准确的运动仿真意义重大，是完成机电一体化调试的关键。

1）在已经打开的模型内，单击"刚体"工具，可以看到"刚体"对话框，如图 10-4 所示。

2）首先选择要建立刚体的模型。这里先为供料站要推出的"大料块"建立刚体模型，单击"选择对象"选项，在窗口内单击"大料块"对应的模型，成功选择后，模型颜色会显示为橙色，"选择对象"后括号内的数字为当前刚体包含的模型数量，当前应为"选择对象（1）"。若遇到多个装配在一起的模型需要同时动作，就可以将它们统一放置在一个刚体内。

3）选择要建立的刚体模型后，还可以对刚体的质量、颜色等属性进行设置。"刚体"对话框的部分说明如下：

质量属性：①"自动"选项：MCD 会根据几何信息自动计算质心、坐标系、质量和惯性矩；②"用户定义"选项：用户根据需要指定质心、坐标系、质量和惯性矩。

初始平移速度：为刚体定义初始平移速度的大小和方向，该初速度在单击"播放"按钮时附加在刚体对象上。

刚体颜色：①指定颜色：为刚体指定颜色；②无：不为刚体指定颜色。

初始旋转速度：为刚体定义初始旋转速度的大小和方向，该初速度在单击"播放"按钮时附加在刚体对象上。

选择标记表单：为刚体指定标记属性的表单，该标记表单需要和读写设备、标记表配合使用。利用表单可以模拟一些类似于 RFID 的简单行为。

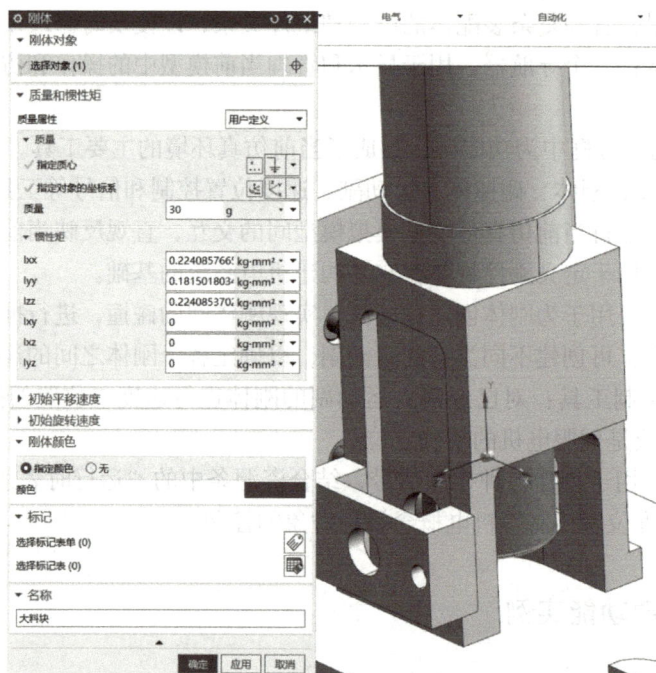

图 10-4 "刚体"对话框

4）刚体建立完成后，可以在左侧资源条内的"机电导航器"中看到。单击上方功能区的"播放"按钮，开始运行仿真，可以看到大料块受到重力影响，向下坠落，由于没有配置碰撞体，大料块穿过了供料站的平台，再次单击"停止"按钮，结束运行仿真。

5）接下来进行碰撞体的建立。打开"碰撞体"对话框，如图 10-5 所示，对大料块需要与其他模型接触的部分进行碰撞体的建立。现在要对大料块和供料站平台进行碰撞体的建立。

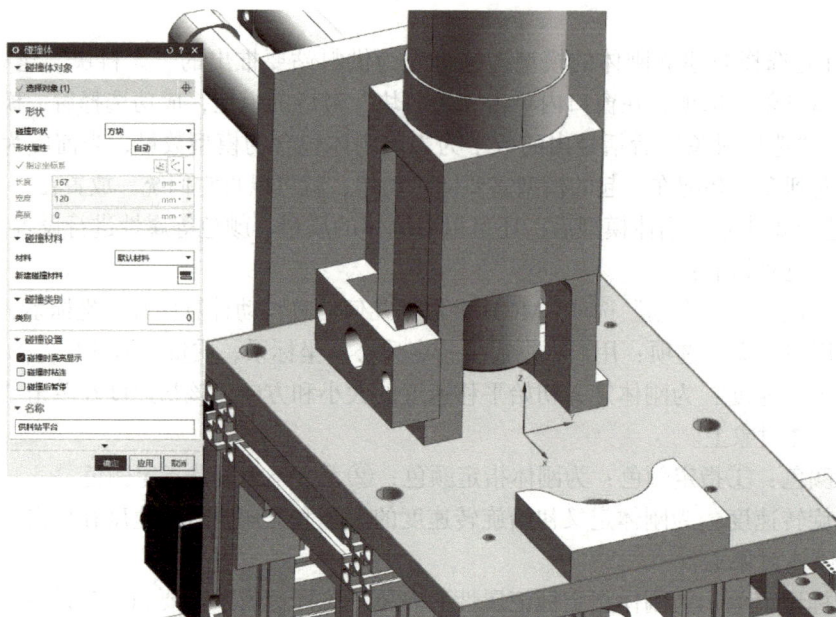

图 10-5 "碰撞体"对话框

6）首先单击"选择对象"选项，选择要建立碰撞体的对象，由于运行仿真环境要进行实时计算，碰撞体的面越多，计算时间就越长，与现实的运行时间不符，所以碰撞体在可以完成指定功能的前提下越简单越好。机电概念设计支持以下几种碰撞形状，计算性能从高到低依次是：方块、球体、圆柱体、胶囊体、凸多面体、多个凸多面体、网格面。

7）在选择好要碰撞的对象后，还可以对碰撞体的大小、厚度、摩擦力等属性进行设置。"碰撞体"对话框的部分说明如下：

碰撞形状：碰撞体支持方块、球体、圆柱体、胶囊体、凸多面体、多个凸多面体、孔、网格、用户定义凸多面体，共9种碰撞类型，不同类型的碰撞体具有不同的几何精度、可靠性和仿真性能。

形状属性：①"自动"选项：碰撞体会根据几何信息自动计算几何中心、坐标系和尺寸；②"用户定义"选项：用户根据需要指定几何中心坐标系和尺寸。

碰撞材料：为碰撞体指定碰撞材料信息。

类别：设置碰撞体类别的值，以指示哪些碰撞体将相互作用。默认情况下，只有相同类型的碰撞体之间才会相互作用。

碰撞设置：①碰撞时高亮显示：根据关系矩阵设置可以相互作用的背景下，碰撞体在发生接触的时候，碰撞体高亮；②碰撞时粘连：根据关系矩阵设置可以相互作用的背景下，碰撞体在发生接触时，碰撞体之间通过预设的粘结力粘连在一起。

8）为供料站平台建立碰撞体，由于供料站平台只有一个承载大料块的功能，所以只为供料站平台的顶面建立碰撞体。对于大料块的碰撞体，它需要被供料站推料气缸推出，在供料站平台上滑动，还需要承载小料芯，这里只需要两个碰撞体即可。

① 在供料站平台上滑动：使用"圆柱体"碰撞形状，选择大料块底部，形状属性保持默认即可，单击应用。

② 被供料站推料气缸推出和承载小料芯：使用"孔"碰撞形状，选择大料块内壁，如图10-6所示，勾选"厚度"选项框，修改厚度为5mm，这样内壁到外壁全部可以进行碰撞。

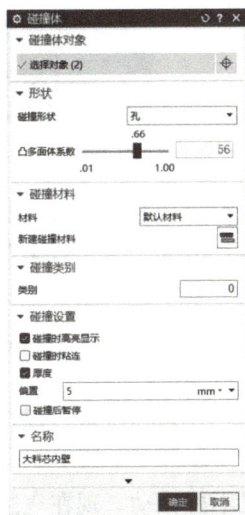

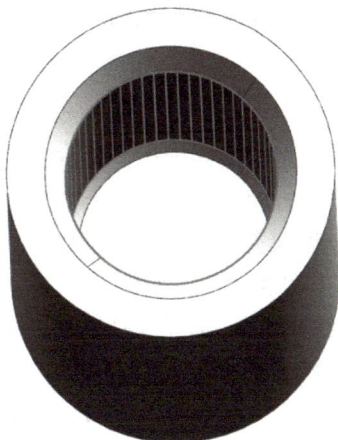

图 10-6　选择大料块内壁

2. 运动副的建立

设置运动副是为了定义和约束部件间相对运动，实现准确运动模拟与分析。运动副有旋转副、滑动副、柱面副、固定副等多种，常用的如旋转副、滑动副。通过速度和位置控制可精确控制运动，实现特定轨迹和动作序列，有利于机械设计验证、优化及自动化控制，达成复杂系统协调动作等目标。

1）首先为供料站推料气缸建立刚体和碰撞体，如图 10-7 所示。

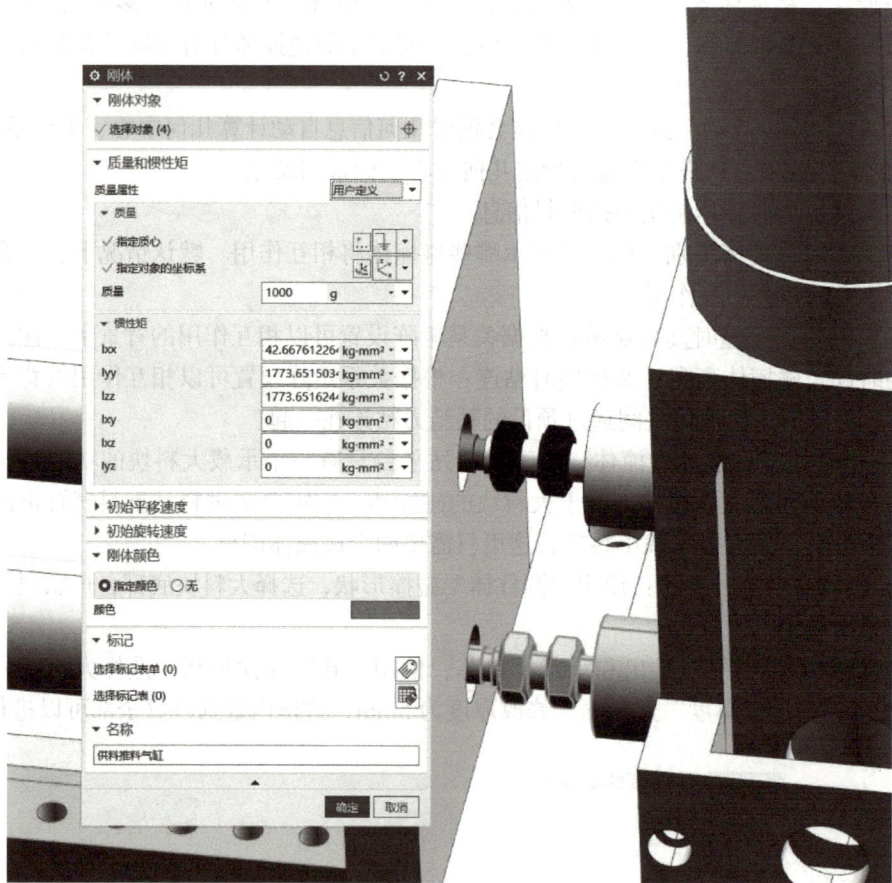

图 10-7　建立供料站推料气缸刚体和碰撞体

2）完成供料站推料气缸刚体和碰撞体的建立后，就可以进行运动副的设置了。这里运动副是为了模拟气缸伸出和缩回动作，只有一个方向的自由度，且具有限制，所以这里使用滑动副对气缸的动作进行模拟。先选择上方功能区里的"基本运动副"工具，在"基本运动副"对话框里，将运动副类型选择为滑动副，如图 10-8a 所示。设置完成后，单击选择连接体，选择建立好的供料站推料气缸刚体。

3）单击"指定轴矢量"，选择气缸伸出的方向，如图 10-8b 所示，现在供料站推料气缸就可以沿着指定的轴矢量方向移动。接下来，将"限制"组的"上限"和"下限"选项框勾选上，为滑动副设置一个可以移动的区间，到达上下限不再移动。现在气缸所在的位置是缩回状态，下限为 0，供料站推料气缸实物选用的是 70mm 行程的笔形气缸，上限为 70mm，这样就限制了模型的移动范围和方向，与实物相符。

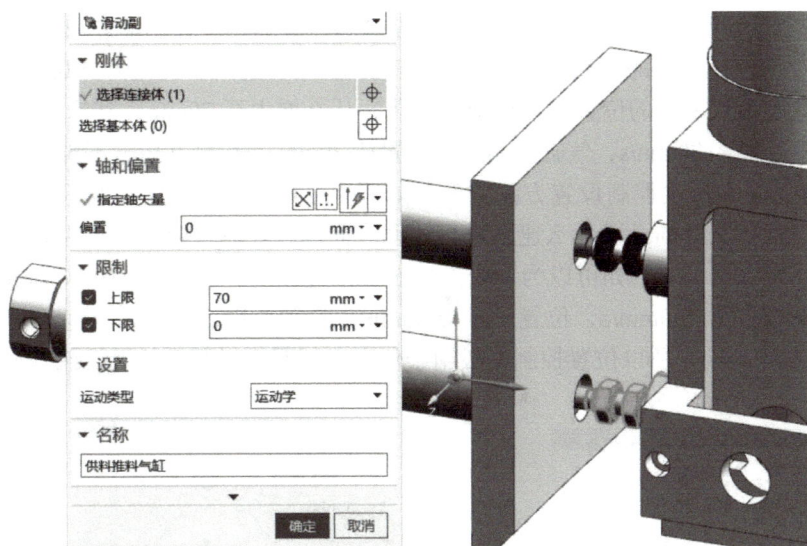

a)

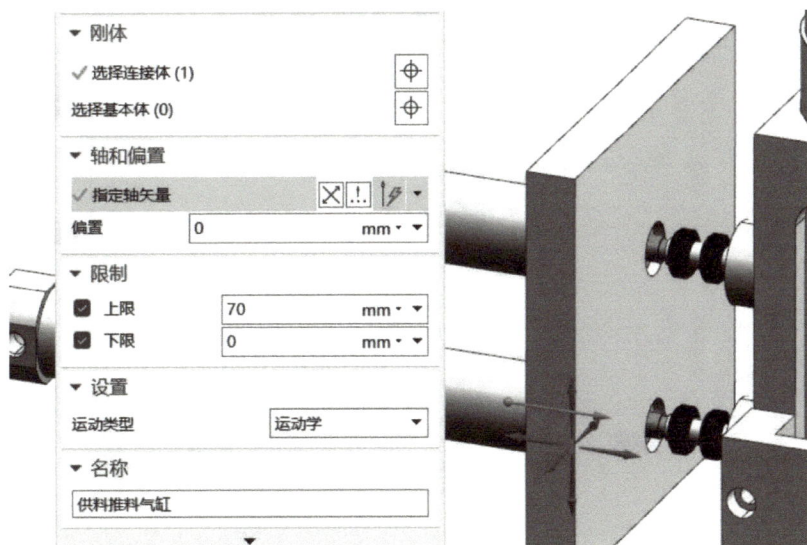

b)

图 10-8　建立供料站推料气缸的运动副

3. 速度控制和位置控制的设置

在建立运动副后，就可以通过设置速度控制和位置控制实现模型精确的移动或定位。速度控制可调节快慢，用于气缸或电机能实现平稳动作、调整节奏等，要注意合理设置速度；位置控制可精准定位或控制转轴角度，用于伺服电机的精确定位或者转盘角度的调节。

1）先选择上方功能区里的"速度控制"工具（先单击"位置控制"工具的下拉箭头，即可看到更多工具），在"速度控制"对话框内，单击"选择对象"，选择刚才建立好的供料站推料气缸滑动副，如图 10-9a 所示，这里先不进行速度的设置，在左侧"机电导航器"的"传感器和执行器"列表中右击"供料推料气缸的速度控制"，在弹出的选项框中选择"添加到查看器"。

2）单击"运行时查看器"，可以看到供料站推料气缸的速度控制的详细参数，如图 10-9c 所示，可以对其进行精确的调整。这里对速度参数进行调整，如设置为 100mm/s，可以看到气缸伸出，速度参数下方的位置参数也随着变化，从 0 增大至 70mm，到达上限后不再移动，这时将速度设置为 –100mm/s，气缸便缩回，位置从 70mm 减小至 0 后，不再移动。

3）位置控制和速度控制设置方法类似，如图 10-9b 所示，速度控制只能控制模型在上下限的范围内沿什么方向、以什么速度进行移动。而位置控制可以控制模型精确移动至上下限范围内的任意一个位置，如可以为一个滑块设置位置控制，它可以在 0 ~ 100mm 的范围内移动，将速度设置为 200mm/s，位置设置为 60mm，它就会以 200mm/s 的速度，从起始位置 0mm 移动至 60mm 处，所以位置控制一般用于仿真由伺服电机驱动的滑块或者转盘。

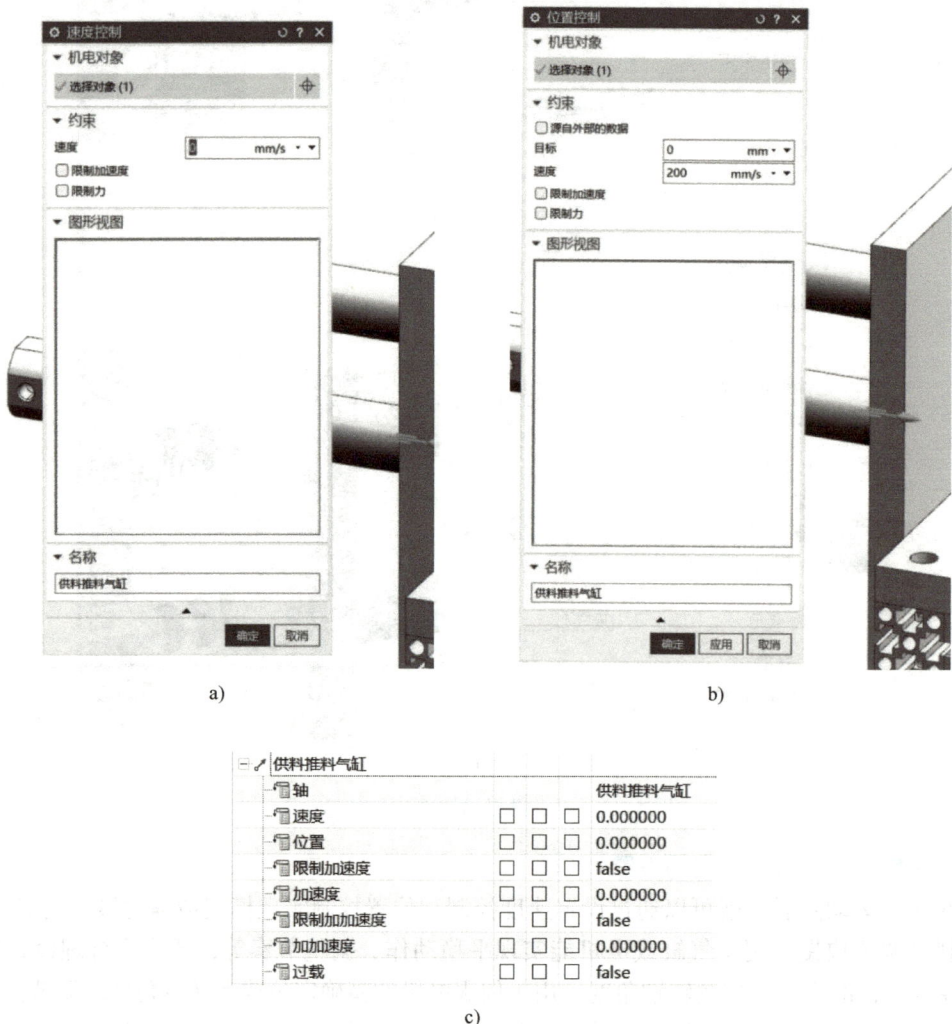

a)   b)

c)

图 10-9　供料站推料气缸速度控制和位置控制

4. 信号创建和运行时表达式功能使用

通过"运行时查看器"对气缸的伸出和缩回进行控制。接下来进行信号的创建，在运行时表达式里编写公式，实现通过改变信号的状态，就能实现气缸伸出或缩回的动作。通过这种方法，就可以将虚拟的气缸变成类似现实中的电磁阀，通过 PLC 控制。

1）在上方功能区，单击"符号表"下拉箭头，单击"信号"，创建信号对象，如图 10-10 所示。信号命令的作用是将信号连接到 MCD 对象，以控制运行时参数或者输出运行时参数状态，还可以创建布尔型、整数型和双精度型信号。利用信号命令在 MCD 内部控制机械运动，也可以将这些 MCD 信号用于与外部信号进行数据交换。MCD 信号与外部信号连接目前支持以下协议：OPC DA、SHM、OPC UA、TCP、UDP、PROFINET 等。MCD 可以与 MATLAB 进行联合仿真，通过 MATLAB 的控制逻辑驱动 MCD 的数字化执行机构。

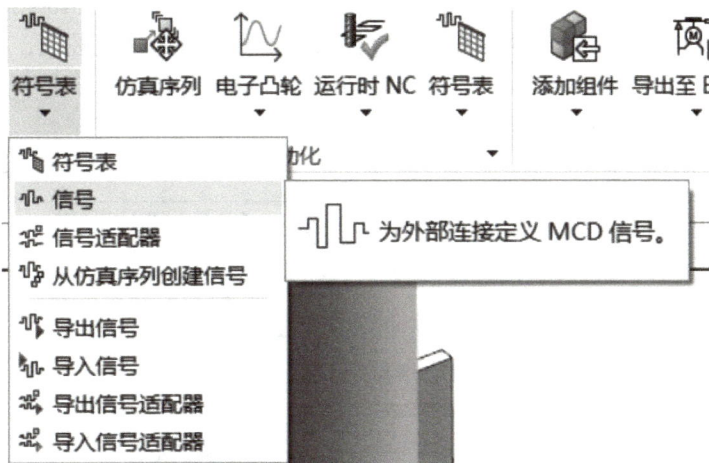

图 10-10　创建信号

2）"信号"对话框弹出后，可以对信号的名称、IO 类型和数据类型进行修改，如图 10-11 所示，这里将其命名为"供料推料气缸"，IO 类型改为输入型，数据类型保持默认的 bool 类型，初始值为 False（否），之后单击"确定"。第一次设置会弹出如图 10-12 所示的对话框，勾选"不再显示此消息"，再单击"取消"即可创建信号。

图 10-11　"信号"对话框

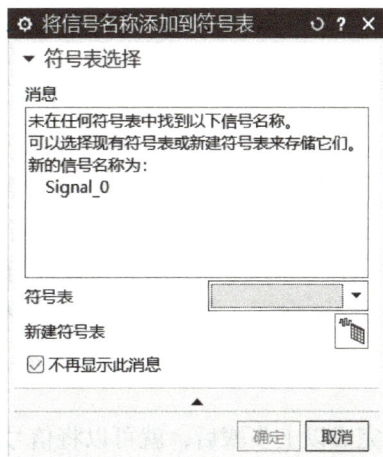

图 10-12　"将信号名称添加到符号表"对话框

"信号"对话框部分说明如下：

连接运行时参数：勾选表示信号与 MCD 对象直接关联，取消勾选表示信号不与任何 MCD 对象有直接关联。

选择机电对象：当勾选"连接运行时参数"之后可以选择机电对象，这里可以指定参数名称、IO 类型、数据类型和初始值。

名称：用户可以自己指定信号名称，或者从下拉菜单中选择信号名称。

3）创建信号后，进行运行时表达式的编写，让公式代替我们对速度控制进行赋值。在上方功能区，单击"更多"下拉箭头，单击"运行时表达式"，如图 10-13 所示，弹出"运行时表达式"对话框，"要赋值的参数"选择供料站推料气缸的速度控制，如图 10-14 所示，"属性"选择"速度"，"输入参数"选择刚才创建的对象，选择后，单击下方的"添加参数"对应的加号，将其添加到输入参数列表中。

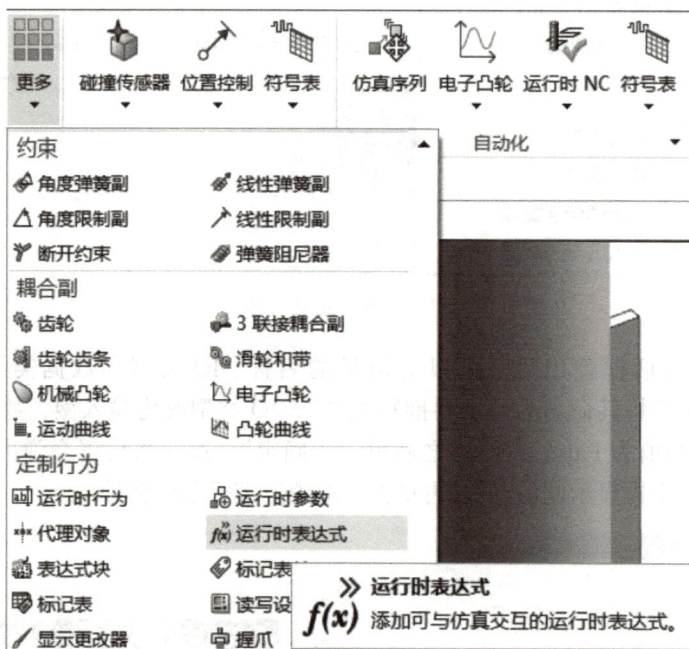

图 10-13　创建"运行时表达式"

4）进行公式编写。单击插入公式，如图 10-14 所示，弹出"条件构建器"对话框，如图 10-15 所示。对于供料站推料气缸，需要实现的效果是当供料站推料气缸信号为"1"或"True"（是）时，相当于 Q 点接通，将"200"赋值给供料站推料气缸的速度控制，让气缸向前移动，直至到达上限，所以在 If 后写入"供料推料气缸 =1"，Then 后写入"200"；如果想让气缸缩回，那就是供料站推料气缸信号不为"1"或"True"（是）时，所以在 Else（否则为）后写入"–200"，让气缸以 200mm/s 的速度反向运动，回到初始位置，完成缩回。

5）完成以上步骤后，就可以将信号添加到运行时查看器，对信号的值进行修改，默认值为"False"，双击即可将其变为"True"，可以观察到气缸伸出。

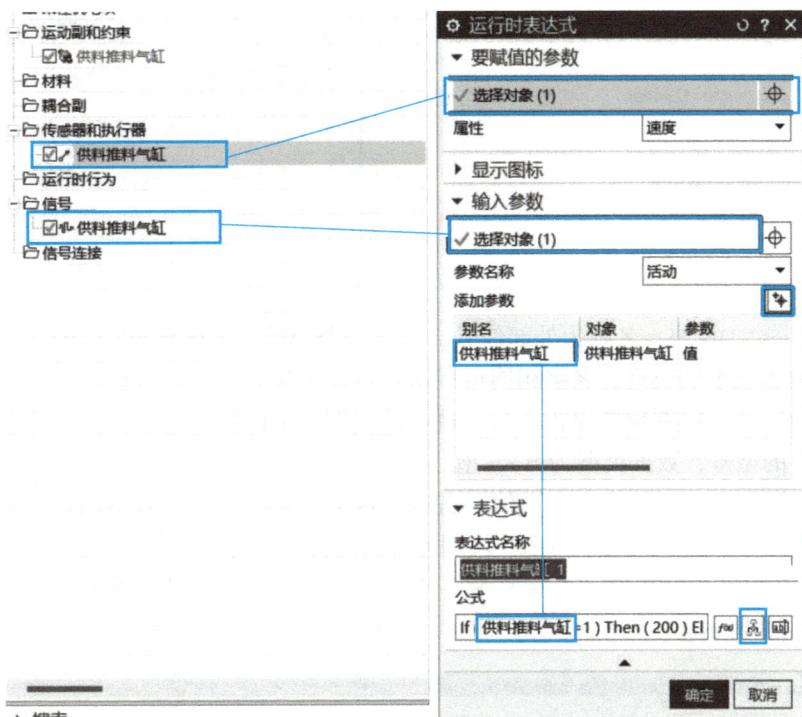

图 10-14　"运行时表达式"对话框

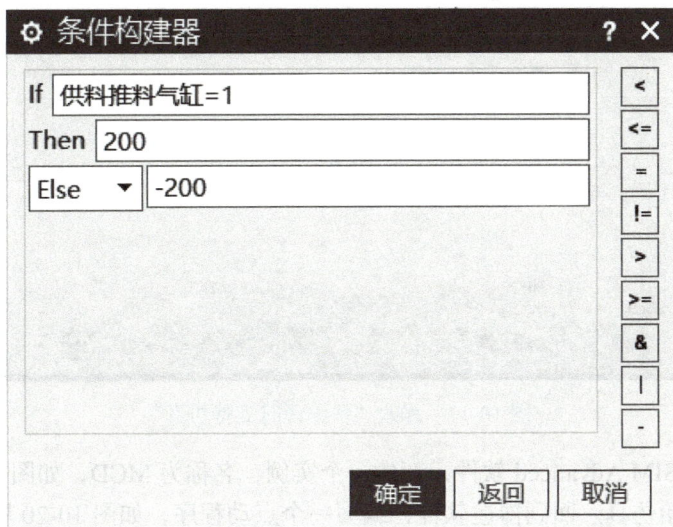

图 10-15　编写公式

5. 信号与外部设备连接

　　如果想通过外部设备对 NX 内的仿真模型进行控制，就要进行机电概念设计信号与外部信号的连接。这里将演示与 PLCSIM Advanced（PLC 高级仿真软件）的连接方法。

　　1）首先打开博途软件，创建一个项目，添加任意一个型号为 1500 系列的 PLC，这里添加一台 1511-1 PN，如图 10-16 所示。

图 10-16   创建 PLC

2）创建一个 DB 块，名称为外部信号，添加一个变量，名称与 NX 内的名称相同，若名称不同，后期需要手动连接，名字相同可以执行自动连接。对于信号量大的仿真模型，可以将 NX 内部的信号直接右键导出为表格，再将其复制到 DB 块内。这里演示只添加一个"供料推料气缸"的型号，数据类型为 Bool 型。

3）接下来设置 PLC 的仿真和通信。右击项目（此处项目名称为 MCD），单击"属性"，在弹出对话框的"保护"列表中勾选"块编译时支持仿真"，如图 10-17 所示。右击 PLC，单击"属性"，在弹出对话框的"连接机制"中勾选"允许来自远程对象的 PUT/GET 通信访问"，如图 10-18 所示。

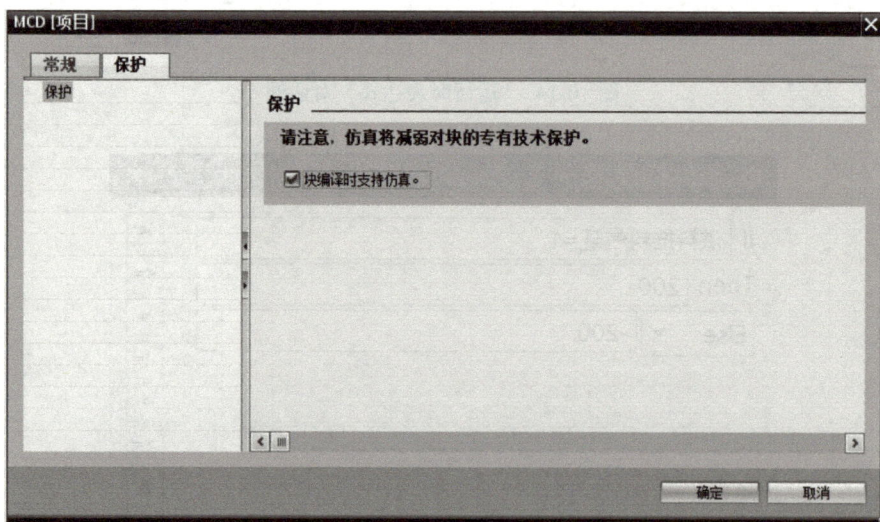

图 10-17   修改"块编译时支持仿真"

4）打开 PLCSIM Advanced 软件，新建一个实例，名称为 MCD，如图 10-19 所示，单击"Start"按钮，开始仿真。回到博途软件，编写一个点动程序，如图 10-20 所示，再将硬件配置和程序下载到虚拟 PLC 内。

5）虚拟 PLC 切换至 Run 模式后，回到 NX，进行外部信号配置和信号映射，单击"自动化"功能区的"符号表"工具的下拉箭头，如图 10-21 所示，单击"外部信号配置"工具，在弹出的对话框中可以看到上方有各种通信方式，如图 10-22 所示。这里选择"PLCSIM Adv"，然后单击右侧按钮添加实例，添加名称为"MCD"的实例。添加成功后，修改"更新选项"的"区域"为"DB"，单击"更新标记"，可以看到下方出现了在 DB 块中创建的信号，勾选左侧选择框，单击"确定"。

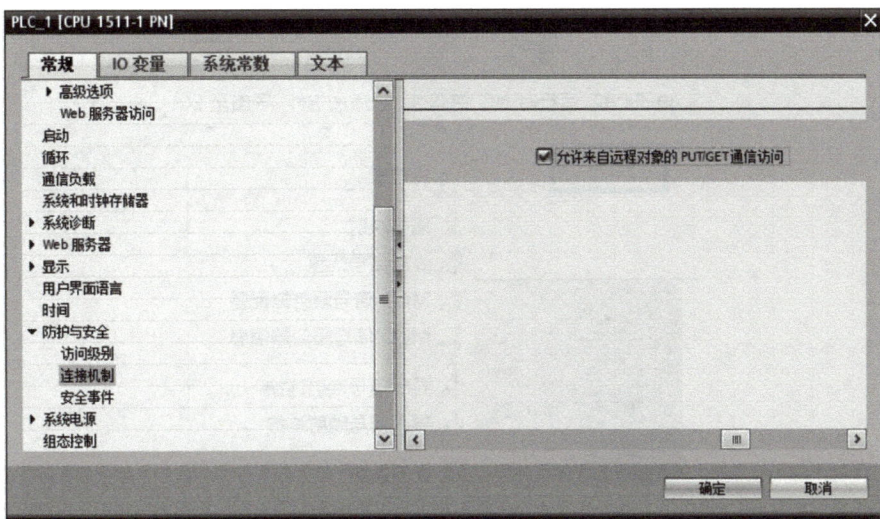

图 10-18　修改"允许来自远程对象的 PUT/GET 通信访问"

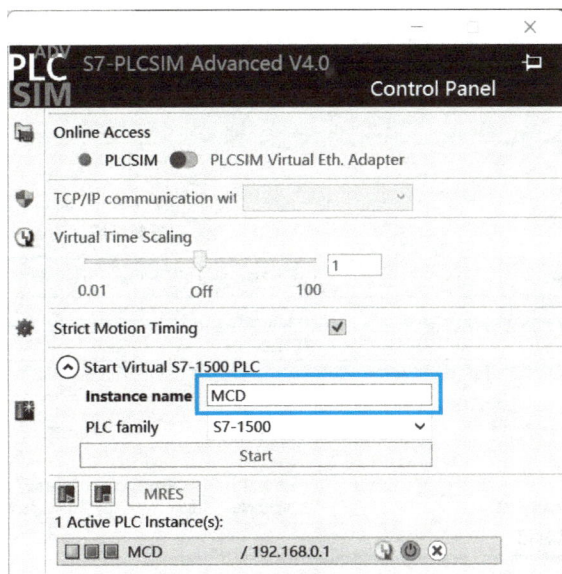

图 10-19　新建实例

图 10-20　编写点动程序

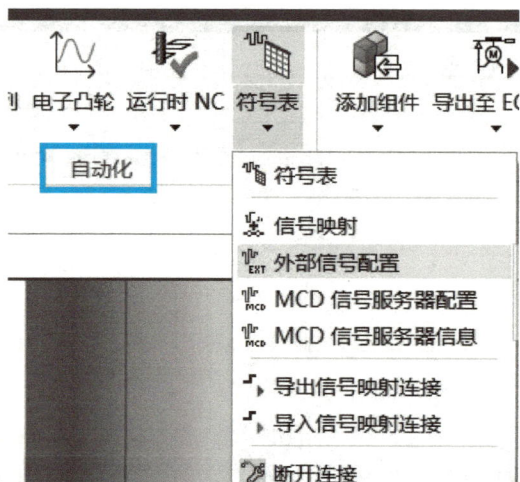

图 10-21　外部信号配置和信号映射

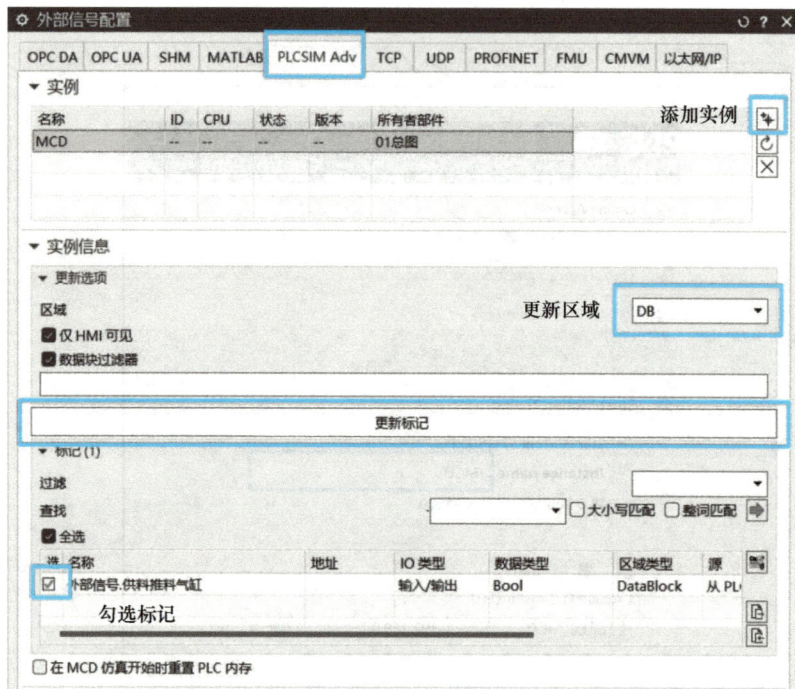

图 10-22　外部信号配置

　　6）完成外部信号配置，就可以将外部信号与 NX 的机电概念设计信号进行连接，也就是"信号映射"。单击"信号映射"工具，进入"信号映射"对话框，将类型选择为 PLCSIM Adv，如图 10-23 所示。单击"执行自动映射"，NX 会将名称相同的信号进行映射，可以看到"映射的信号"新增了一条，方向为"外部信号"指向"MCD 信号"。这里的方向由信号的 IO 类型决定，现在气缸作为被控对象，IO 类型为"输入"，若需要将 NX 内的信号数据发送给 PLC 或其他设备，则需要将信号的 IO 类型设置为"输出"，方向也会变为"MCD 信号"指向"外部信号"，单击"确定"，完成信号映射。

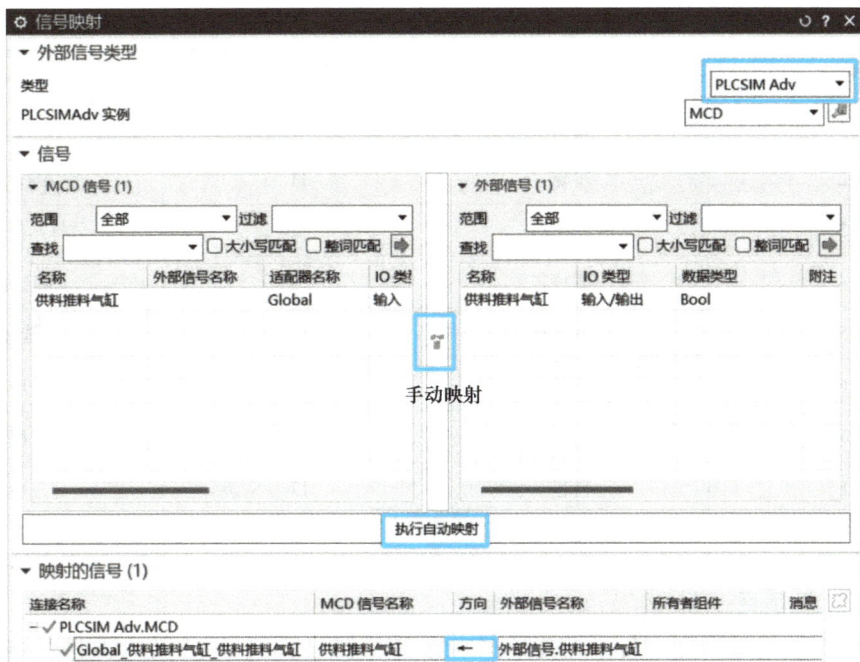

图 10-23　信号映射

7）回到博途软件，对 M10.1 的值进行修改，供料站推料气缸随之动作。

10.3　项目要求

三种物料与三种料芯随机组合进行分拣，可以通过虚拟 HMI 选择分入一库与二库的物料，符合推入对应的库位，均不符合的推入三库。

初始状态：虚拟 HMI 上一库与二库物料选择均为"请选择物料种类"，NX 分拣站上无物料。

启动状态：在虚拟 HMI 上对一库与二库物料进行选择，在 NX 中随机生成一种物料与料芯来进行组合，单击虚拟 HMI 上的启动按钮，传送带带着物料进行运动，符合虚拟 HMI 一库与二库的推入对应的料槽，均不符合的推入三库。

10.4　项目实施

10.4.1　创建虚拟 PLC 与虚拟模型

1. 编制 DB 分配表

编制 DB 分配表，见表 10-1。

10-1　自动化生产线虚拟仿真技术应用项目实施

表 10-1　DB 分配表

序号	DB 名称	序号	DB 名称
1	启动	10	推杆 2
2	步骤	11	推杆 3
3	一库物料	12	分拣站传送带
4	一库料芯	13	1 选择
5	二库物料	14	2 选择
6	二库料芯	15	一库
7	物料	16	二库
8	料芯	17	三库
9	推杆 1		

2. 创建工程项目

双击桌面上的　图标，打开博途软件，选择"创建新项目"，输入项目名称"智能分拣"，选择项目保持路径，然后单击"创建"按钮创建项目。

3. 虚拟 PLC 组态

1）选择"添加新设备"，添加设备名称为 PLC_1 的设备 CPU 1511-1 PN，如图 10-24 所示。

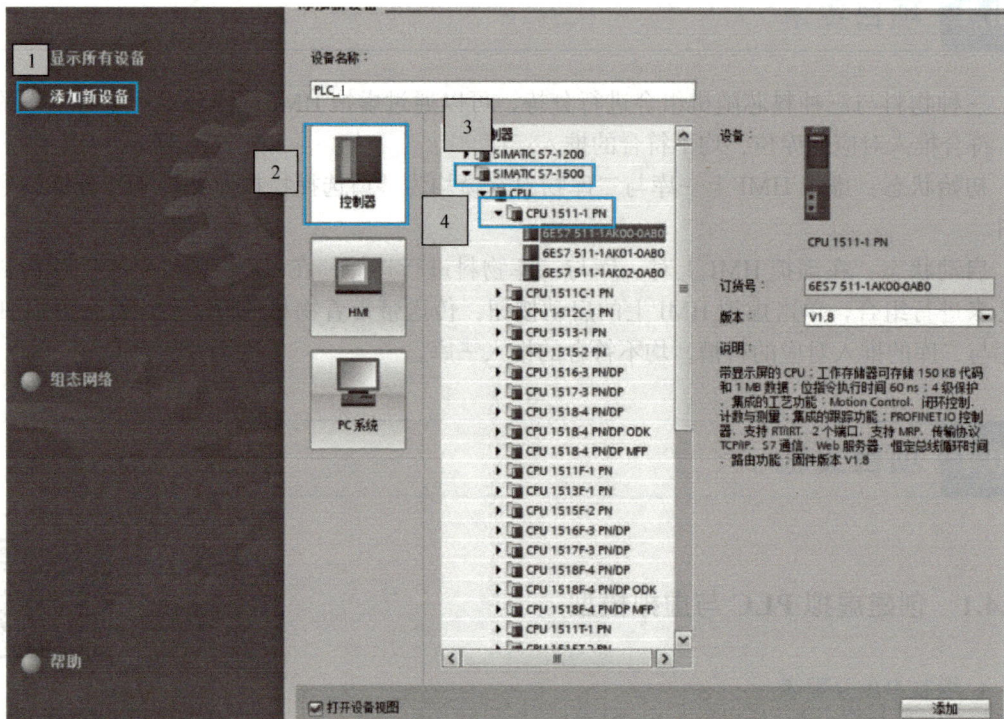

图 10-24　添加 PLC

2）在项目视图的项目树中，选择"项目 1"并右击，选择"属性"→"保护"，勾选"块编译时支持仿真"选项，如图 10-25 所示。

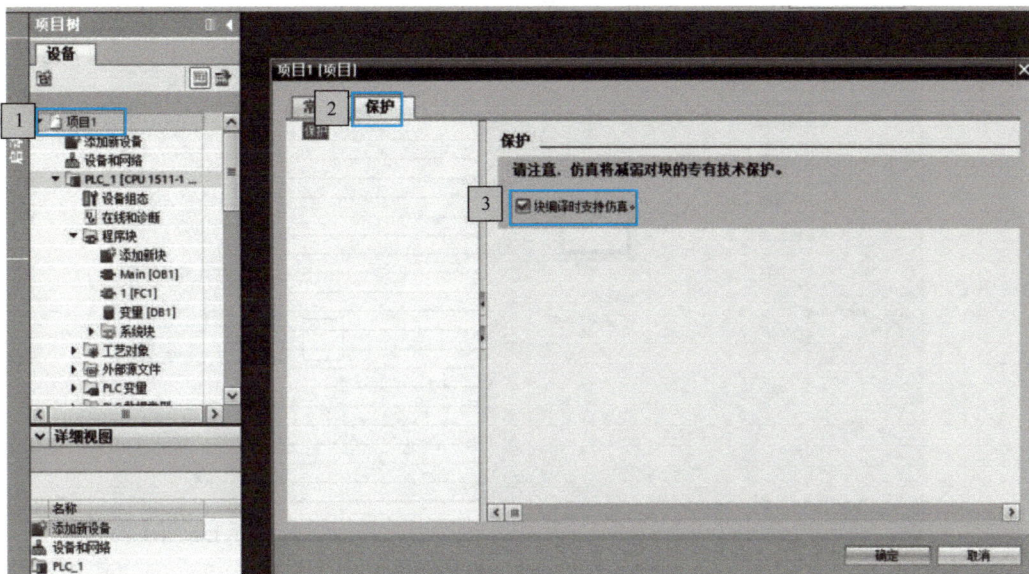

图 10-25 启用 PLC 仿真

3）在项目视图的项目树中选择"添加新设备"选项，启用设备向导，添加设备名称为 HMI_1 的"SIMATIC 精智面板"→"7″显示屏"的设备，如图 10-26 所示。

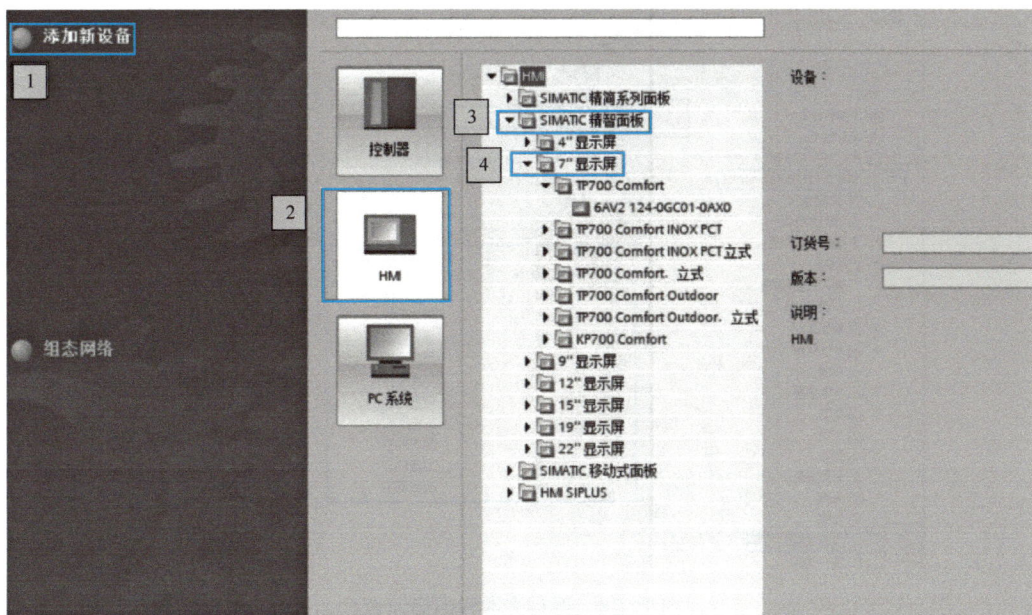

图 10-26 添加触摸屏

4）启用设备向导后，左边橙色"圆球"用来表示当前进度，在"浏览"下拉列表中选择项目中的 PLC 名称后，实现 HMI 设备与 PLC 设备连接，如图 10-27 所示。

图 10-27　PLC 与触摸屏连接

5）在项目视图的项目树中，选择 HMI_1，选择"文本和图形列表"并双击打开，来进行文本的命名，如图 10-28 所示。

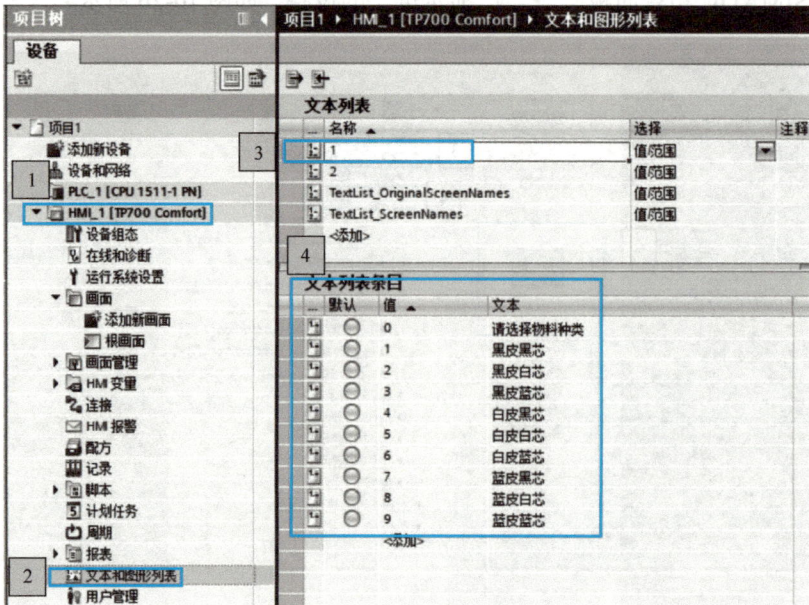

图 10-28　编写文本和图形列表

6）添加符号 IO 域。选择工具箱中的"元素"，从"元素"栏中选择"符号 IO 域"，在符号 IO 域的"常规"属性中，设置变量为 PLC"DB 块"→"1 选择"，如图 10-29a 所示，"内容"的"文本列表"选择上一步建好的文本，如图 10-29b 所示。

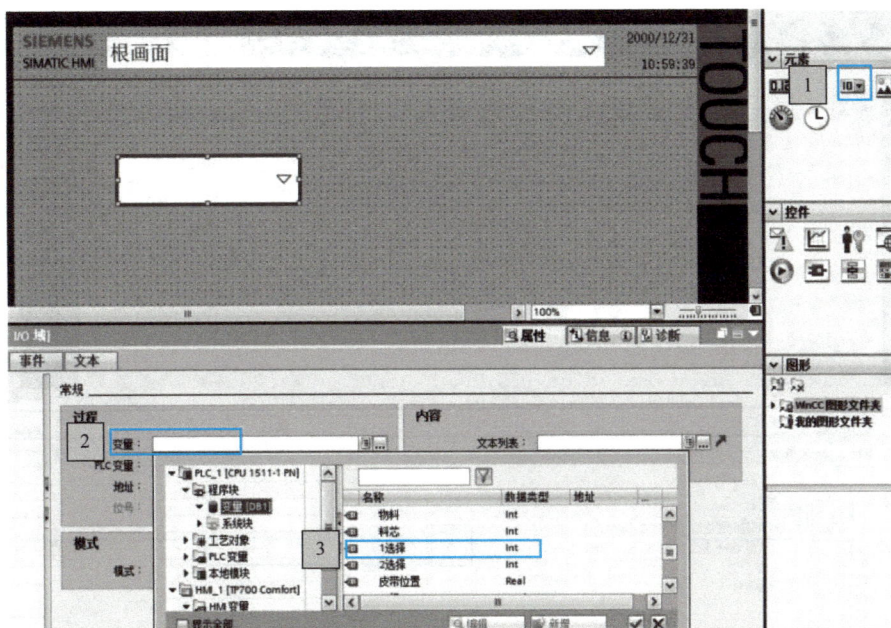

a)

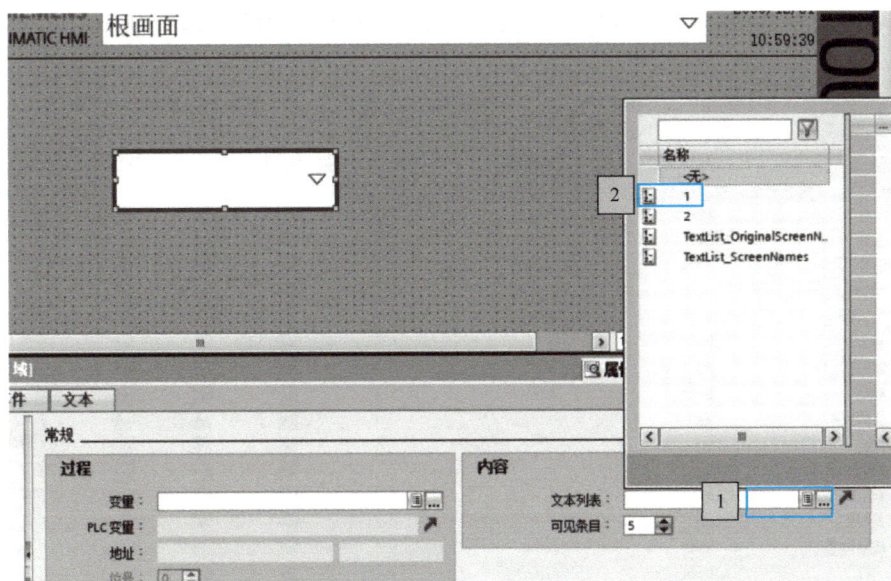

b)

图 10-29　关联文本列表

7）添加启动按钮。选择工具箱中的"元素"，从"元素"栏中选择"按钮"，在按钮的"常规"属性中，设置标签的文本属性为"启动"，在按钮的"按下"事件中，选择"按下按键时置位位"，对应的变量为 PLC "DB 块"→"启动"，如图 10-30 所示。

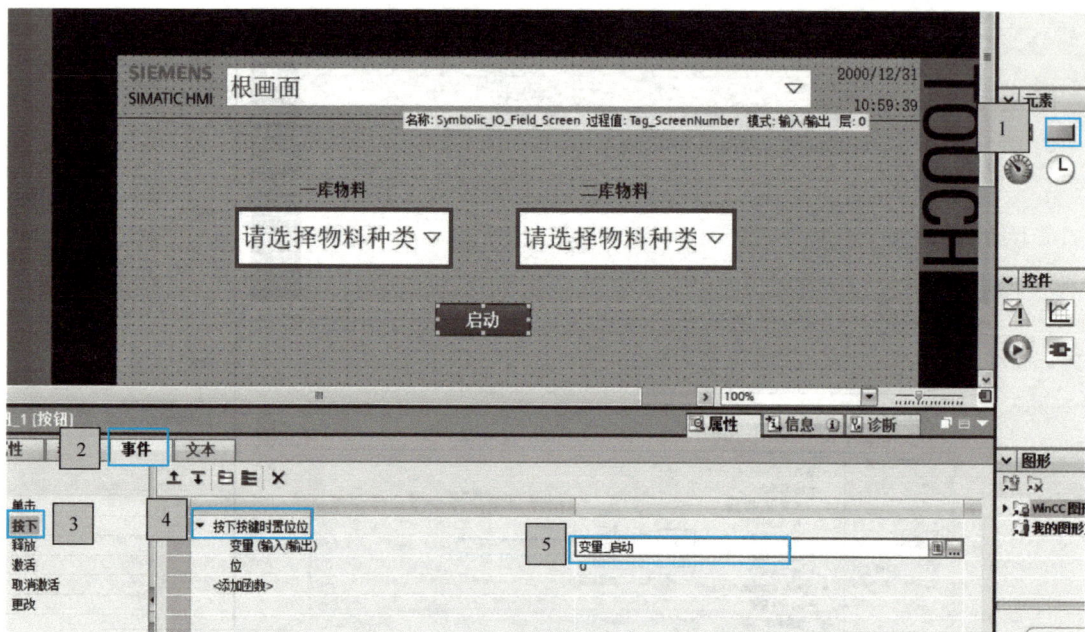

图 10-30　设置启动按钮

8）设计变量表。双击 PLC_1 的"添加新块"文件夹，单击"数据块"→"更改变量名称"→"更改数据类型"，完成分拣单元 PLC 控制的变量表，如图 10-31 所示。

	名称	数据类型	起始值	保持	从 HMI/OPC..	从 H..	在 HMI...	设定值	监控
1	▼ Static								
2	一库	Bool	false	☐	☑	☑	☑	☐	
3	二库	Bool	false	☐	☑	☑	☑	☐	
4	三库	Bool	false	☐	☑	☑	☑	☐	
5	1物料	Int	0	☐	☑	☑	☑	☐	
6	2物料	Int	0	☐	☑	☑	☑	☐	
7	1料芯	Int	0	☐	☑	☑	☑	☐	
8	2料芯	Int	0	☐	☑	☑	☑	☐	
9	启动	Bool	false	☐	☑	☑	☑	☐	
10	步骤	Int	0	☐	☑	☑	☑	☐	
11	物料	Int	0	☐	☑	☑	☑	☐	
12	料芯	Int	0	☐	☑	☑	☑	☐	
13	1选择	Int	0	☐	☑	☑	☑	☐	
14	2选择	Int	0	☐	☑	☑	☑	☐	
15	皮带位置	Real	0.0	☐	☑	☑	☑	☐	
16	一杆	Bool	false	☐	☑	☑	☑	☐	
17	二杆	Bool	false	☐	☑	☑	☑	☐	
18	三杆	Bool	false	☐	☑	☑	☑	☐	

图 10-31　设置分拣的数据块变量

4. NX 模型搭建

1）打开 NX 模型，将物料与料芯都复制三个，选中物料与料芯，右击打开菜单栏，选择"编辑对象显示"→"颜色"，可更改为黑色、白色、蓝色三种颜色，如图 10-32～图 10-35 所示。

图 10-32 菜单栏

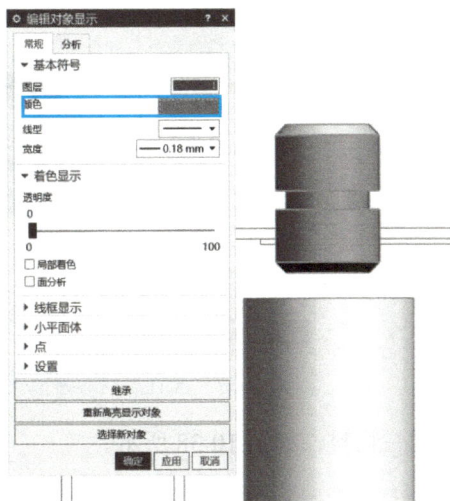

图 10-33 编辑对象显示

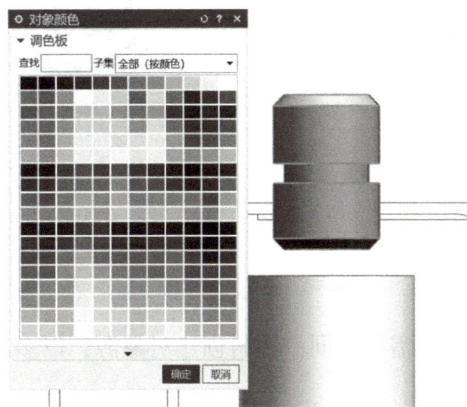

图 10-34 更改物料颜色

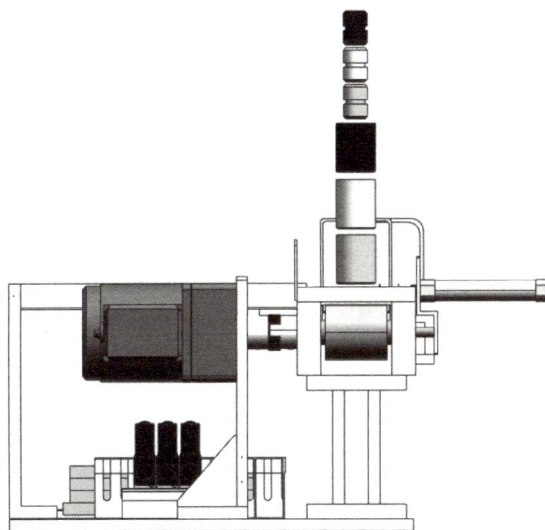

图 10-35 物料颜色

2）对物料与料芯分别进行配置刚体，如图 10-36 所示，配置碰撞体，如图 10-37 所示。

图 10-36　配置小料芯刚体

图 10-37　配置小料芯碰撞体

3）需要对同一物料创建对象源，以多次生成同一物料，如图 10-38 所示。

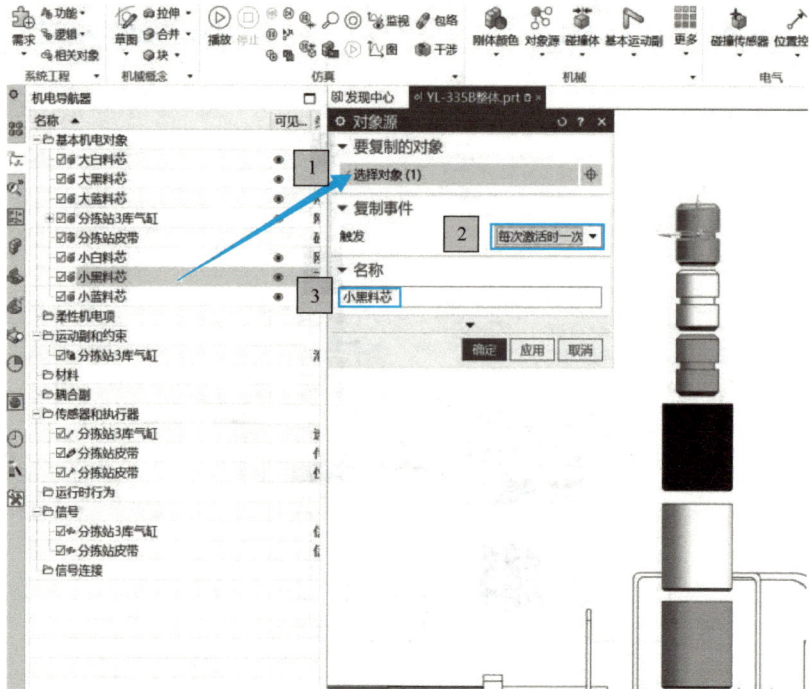

图 10-38　设置对象源

4）为分拣站三个推料气缸建立刚体和碰撞体，如图 10-39 和图 10-40 所示。

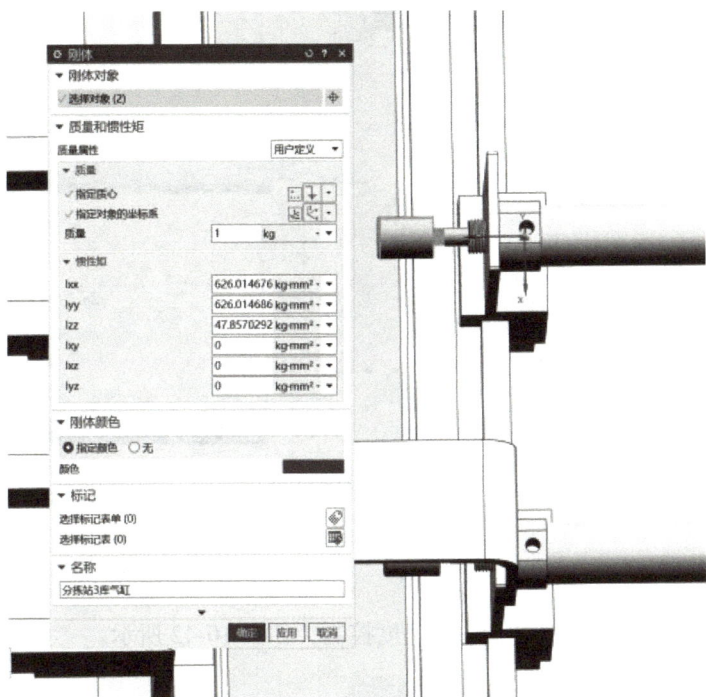

图 10-39　创建气缸刚体

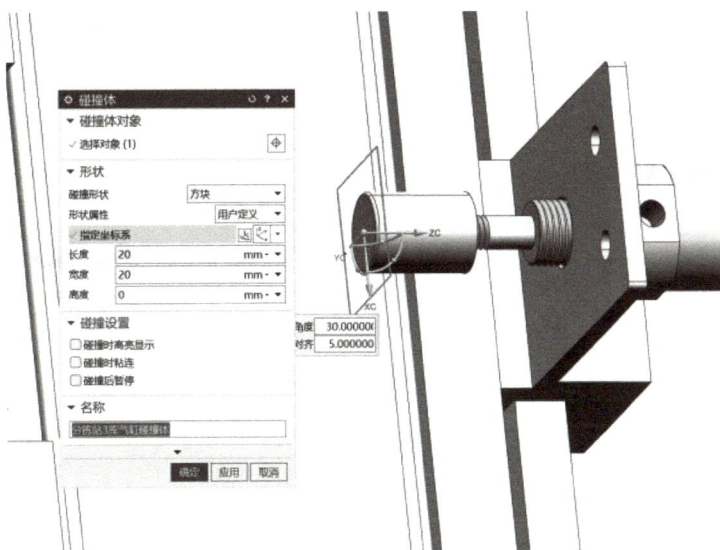

图 10-40　创建气缸碰撞体

5）对分拣站三个推料气缸进行构建运动副，如图 10-41 所示。

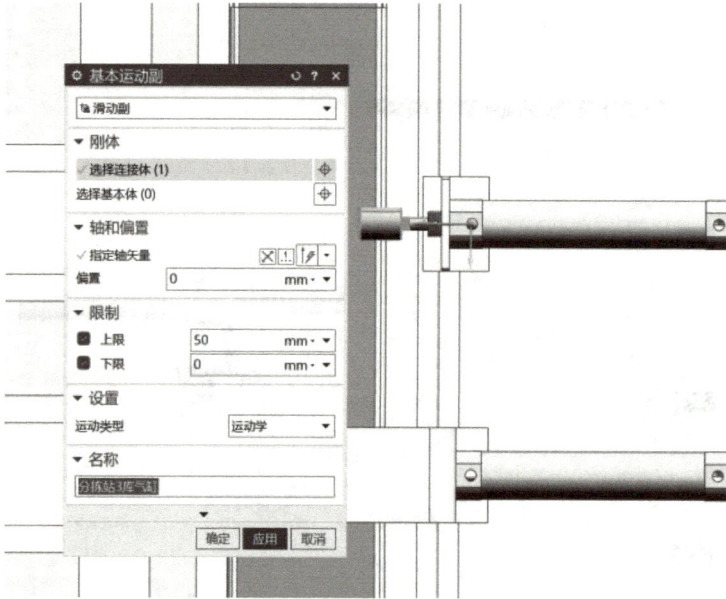

图 10-41　设置运动副

6）对分拣站三个推料气缸进行构建速度控制，如图 10-42 所示。

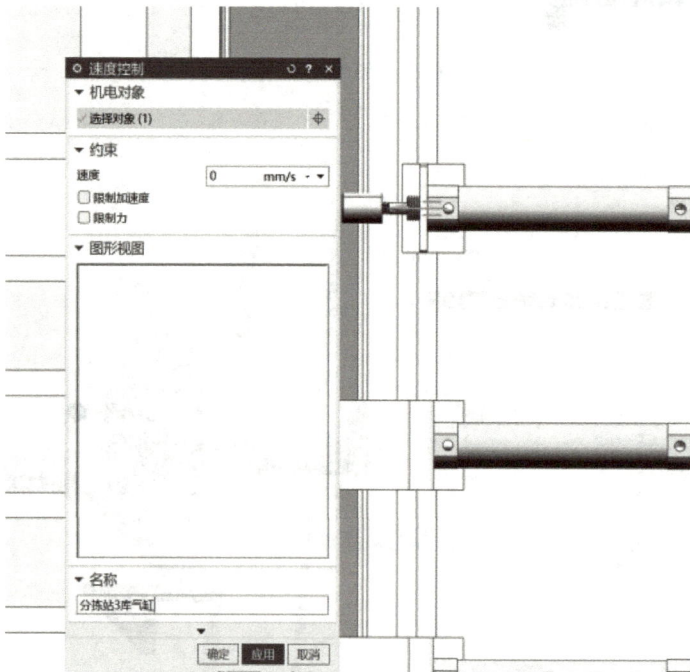

图 10-42　设置速度控制

7）选择"电气"一栏，单击"传输面"，选择传送带，构建传输面，指定矢量方向为物料运动方向，如图 10-43 所示。

图 10-43 设置传输面

8）为分拣站的传输面构建一个位置控制，将其速度改成 300mm/s，如图 10-44 所示。

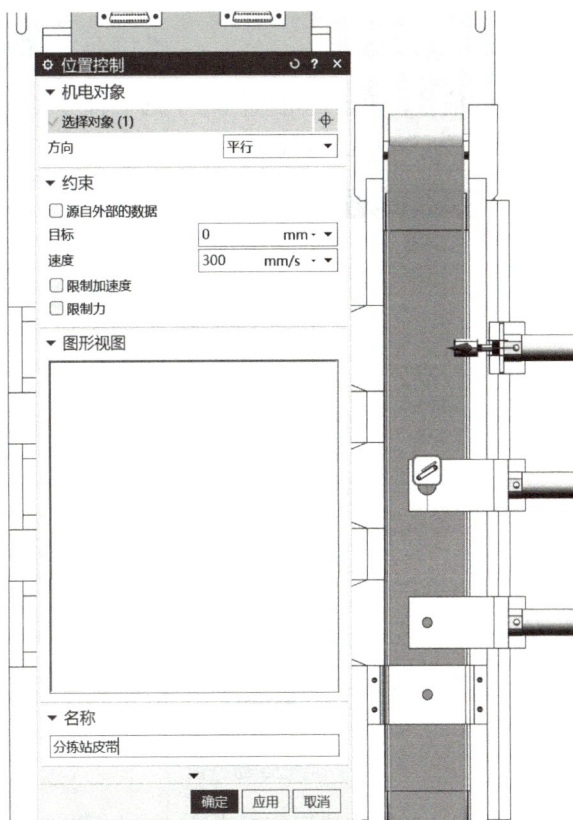

图 10-44 设置位置控制

9）创建气缸与传送带的信号。单击"电气"栏中的"符号表"→"信号"，将气缸的 IO 类型改为"输入"，数据类型为"bool"，如图 10-45 所示。将传送带的 IO 类型改为"输入"，数据类型改为"double"，如图 10-46 所示。

图 10-45　配置气缸信号

图 10-46　配置传送带信号

10）创建不同颜色物料的信号，单击"电气"栏中的"符号表"→"信号"，将物料的 IO 类型改为"输出"，数据类型为"int"，如图 10-47 所示。

图 10-47　配置物料信号

11）为分拣站传送带与分拣站气缸构建运行时表达式，如图 10-48 和图 10-49 所示。

12）创建运行仿真序列来将生成物料种类的信号发送给 PLC，如图 10-50 所示。

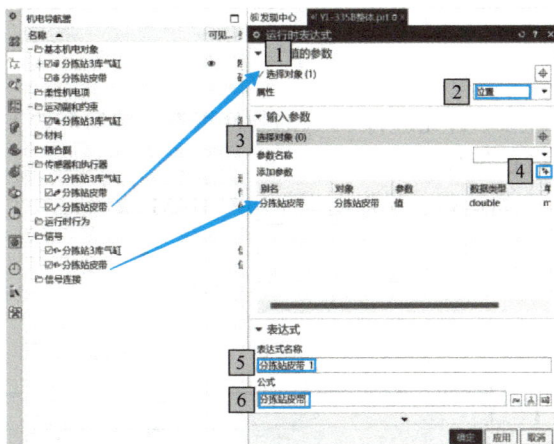

图 10-48　分拣站传送带运行时表达式

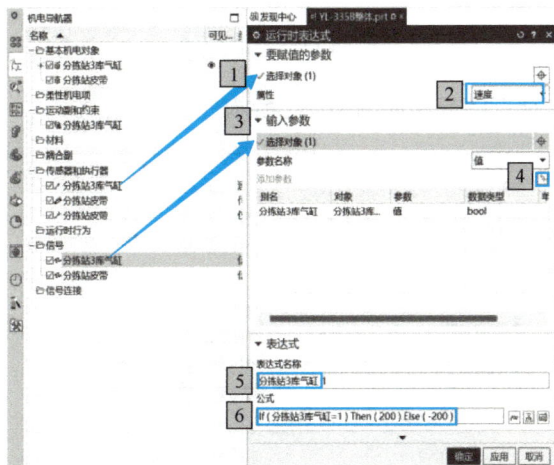

图 10-49　分拣站气缸运行时表达式

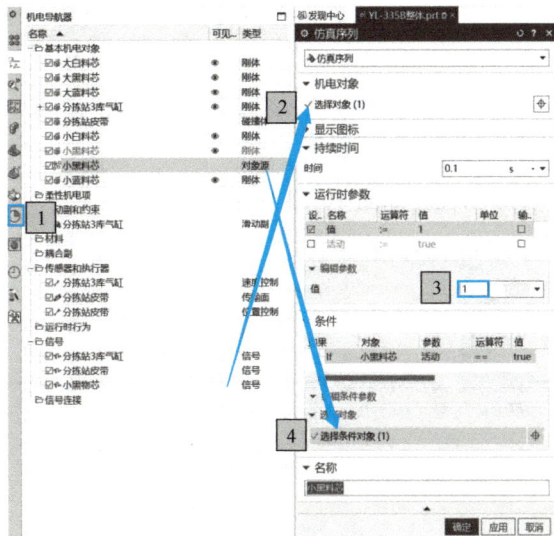

图 10-50　分辨物料的颜色及种类

10.4.2　智能分拣调试

根据要求进行项目组态。首先进行 PLC 的硬件组态，然后配置 NX 的机电对象。接下来进行 PLC 编程。

1）给出启动信号，开始运行，梯形图程序如图 10-51 所示。

10-2　自动化生产线虚拟仿真技术应用讲解

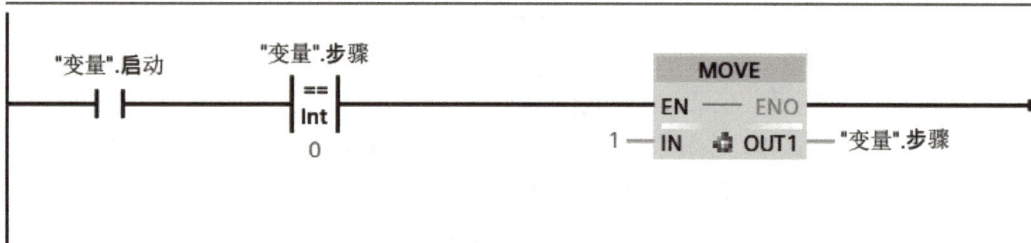

图 10-51　启动信号

2）物料开始分拣，梯形图程序如图 10-52 所示。

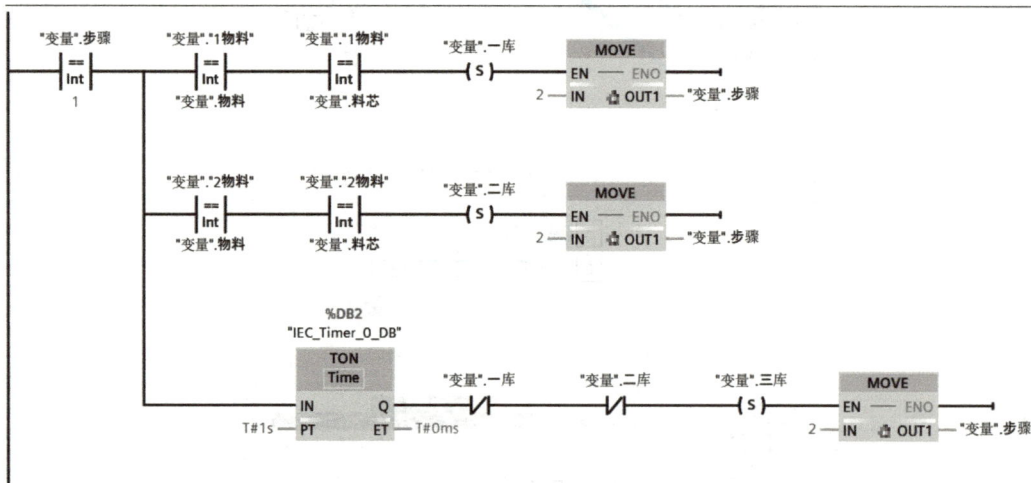

图 10-52　物料分拣

3）分拣完成复位，梯形图程序如图 10-53 所示。

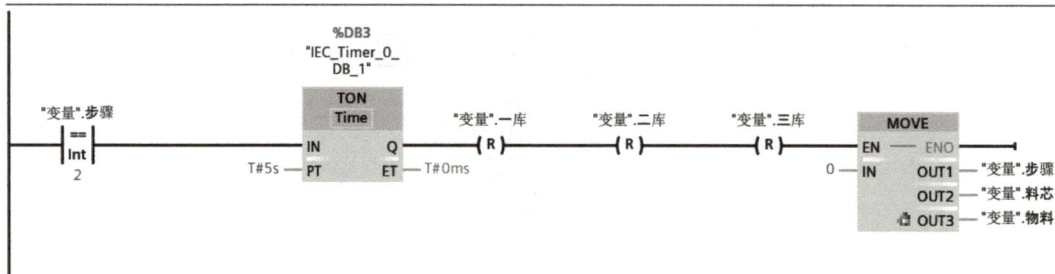

图 10-53　分拣完成复位

4）分拣一库流程，梯形图程序如图 10-54 所示。

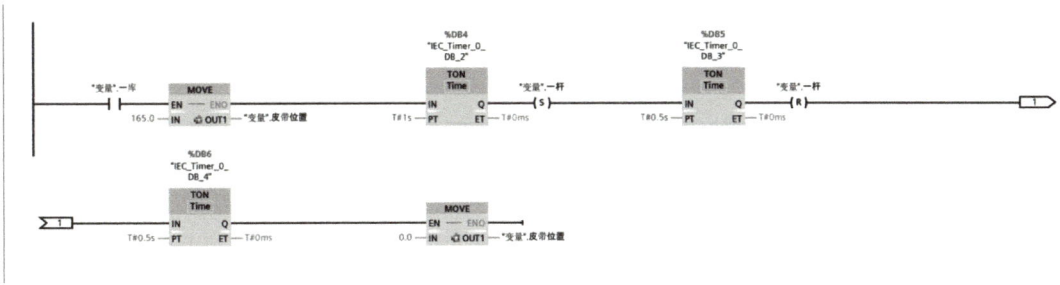

图 10-54　分拣一库流程

5）分拣二库流程，梯形图程序如图 10-55 所示。

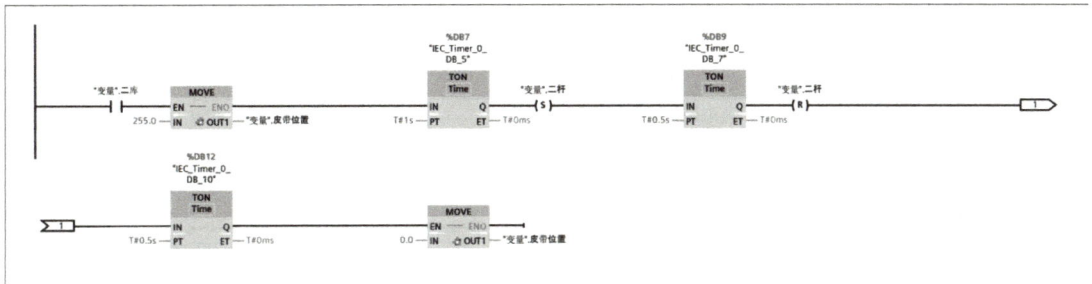

图 10-55　分拣二库流程

6）分拣三库流程，梯形图程序如图 10-56 所示。

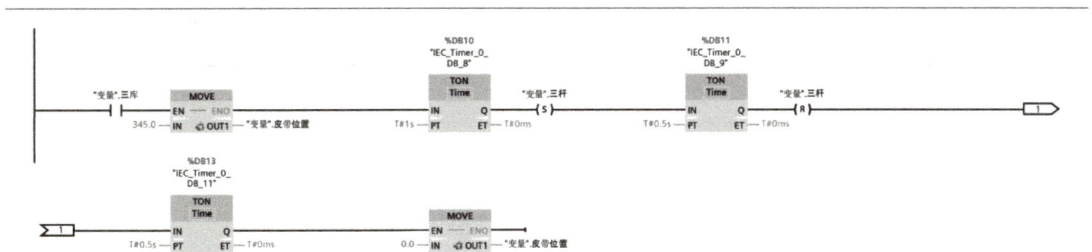

图 10-56　分拣三库流程

7）触摸屏分拣一库的选择种类，梯形图程序如图 10-57 所示。

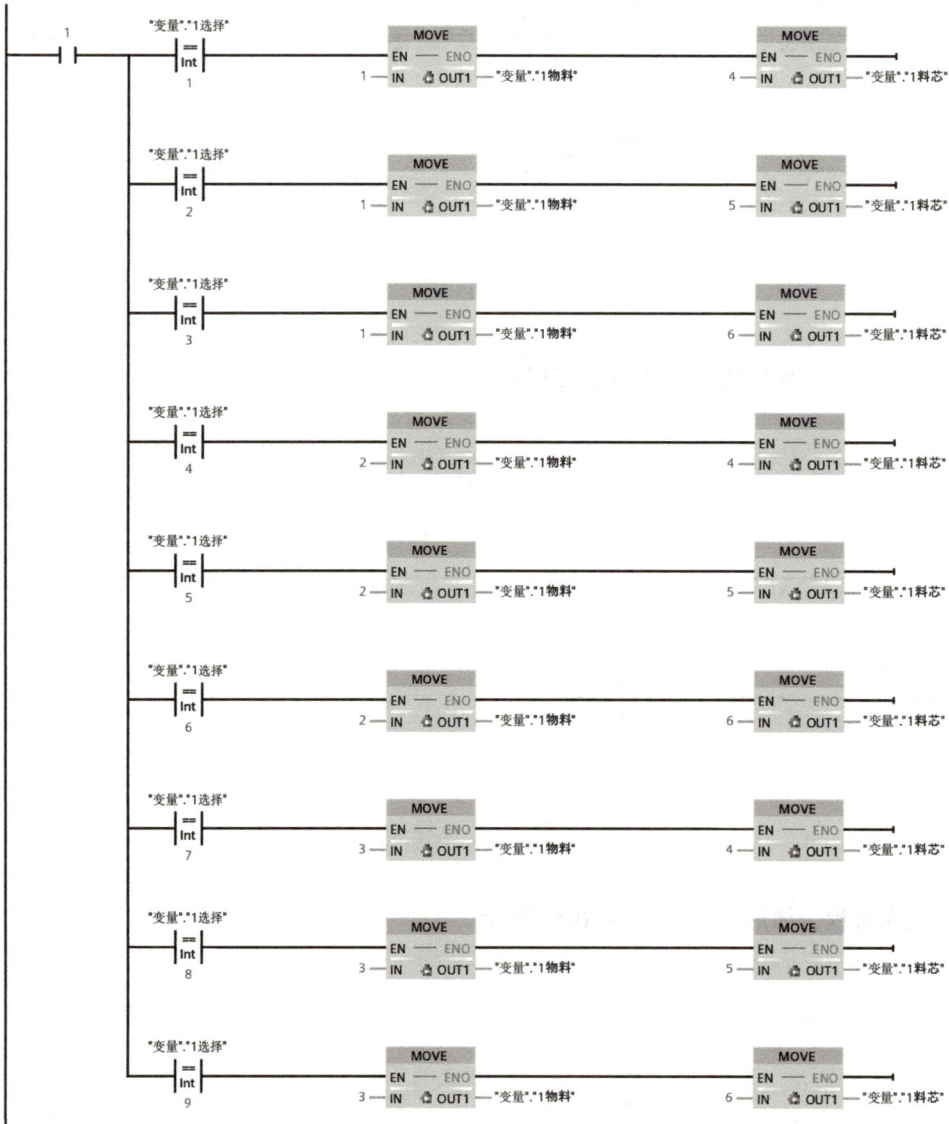

图 10-57　分拣一库选择

8）触摸屏分拣二库的选择种类，梯形图程序如图 10-58 所示。

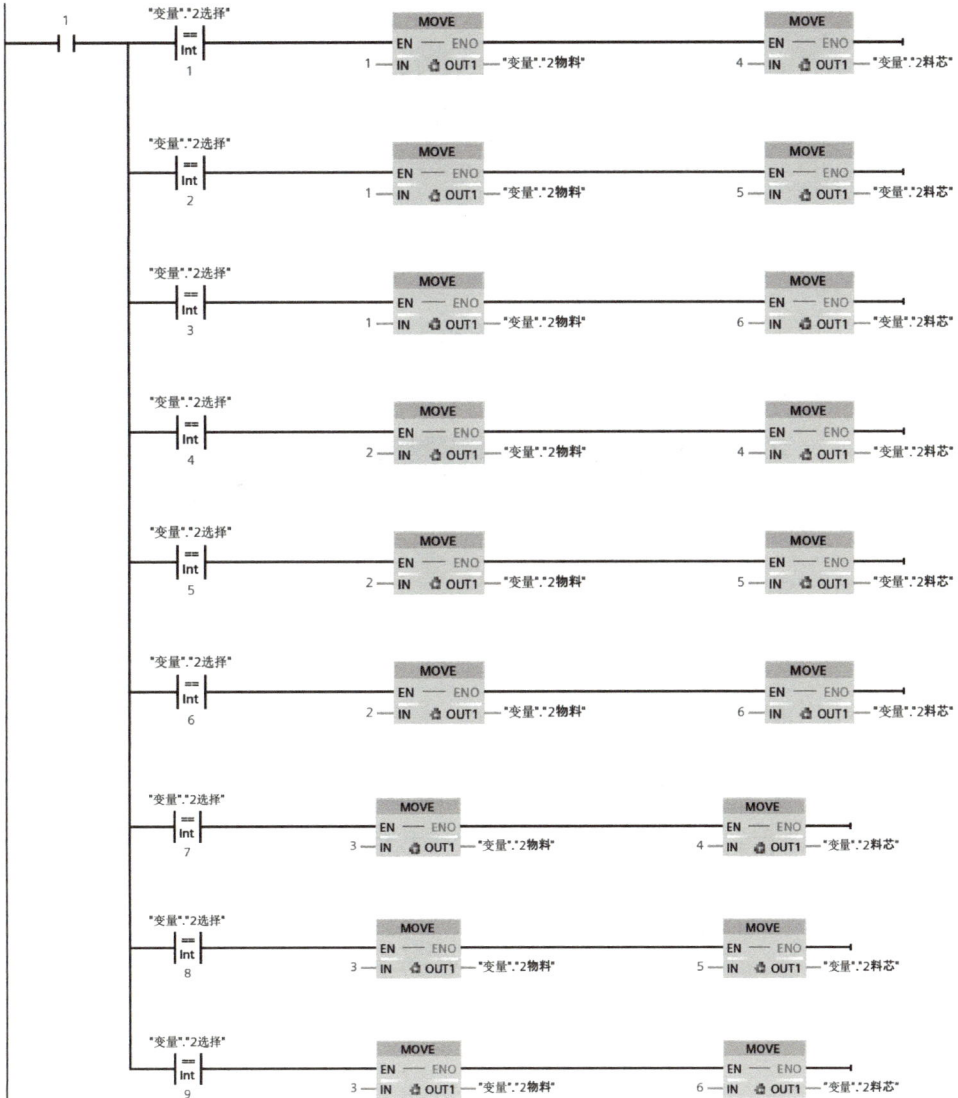

图 10-58　分拣二库选择

9）触摸屏调试，如图 10-59 所示。

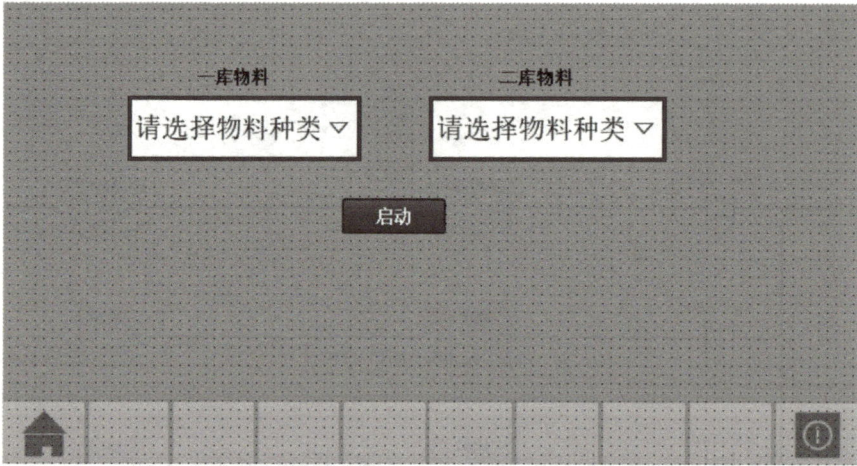

图 10-59　触摸屏调试

10）启用 PLCSIM Advanced，并对 PLC 程序进行下载，如图 10-60 所示。

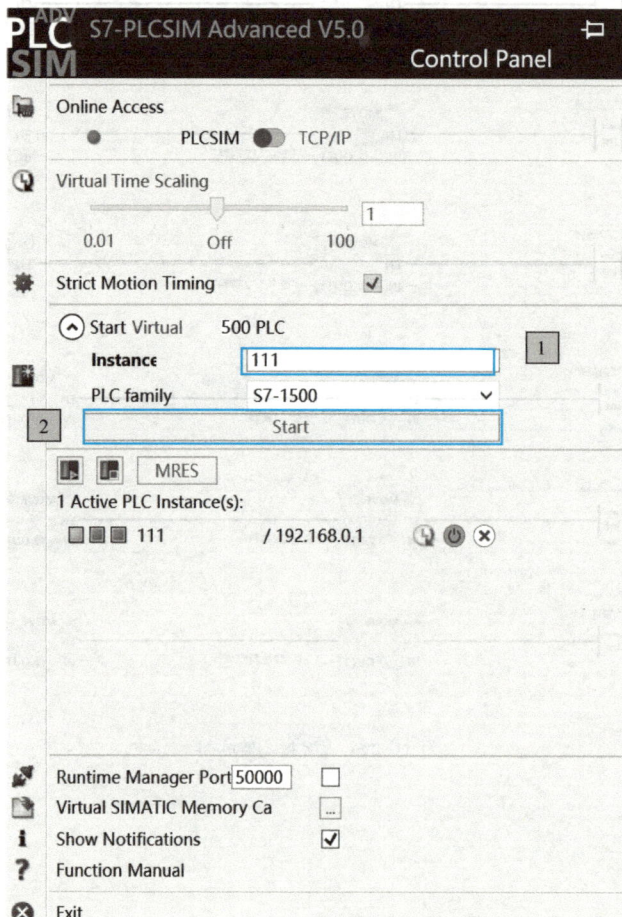

图 10-60　设置分拣的 DB 块变量

11）NX 连接 PLCSIM Advanced，外部信号配置虚拟 PLC 里 DB 块的变量，更新标记，找到所需要的变量进行勾选，如图 10-61 所示。

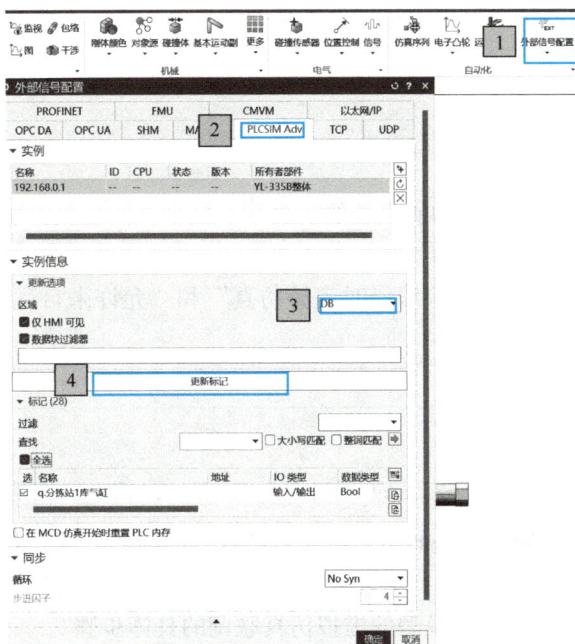

图 10-61　外部信号配置

12）打开外部信号映射，找到 PLCSIM Adv 的变量进行 NX 与 PLC 的信号映射，如图 10-62 所示。

图 10-62　信号映射

13）最后调试程序。在 NX 中随机选择生成一种大物料以及一种小料芯，并在触摸屏上选择分一库与二库的物料，单击触摸屏上的启动按钮，开始分拣物料，符合一库与二库的物料，对应的推料气缸将其推入料槽中，都不符合的则推入三库。

10.5 注意事项

1. 正确配置碰撞体，在保证功能完善的前提下，减少碰撞面数，缩短计算时间。
2. 运动副的上下限要与实际的气缸行程一致。
3. 注意在博途项目中启用"块编译时支持仿真"和"允许来自远程对象的 PUT/GET 通信访问"。

10.6 问题和思考

1. 如果一个气缸的初始状态是伸出，该如何设置运动副的矢量方向？
2. 尝试使用两个信号，结合运行时表达式，实现输送面的正反输送。
3. 简述完成虚拟 PLC 与虚拟模型的虚拟仿真联调的具体步骤。
4. 简述虚拟仿真技术在智能制造领域的重要地位。
5. 自动化生产线虚拟模型和实际生产线完成虚实联调需要哪些前提条件？

参考文献

[1] 吕景泉，王兴东 . 自动化生产线安装与调试 [M]. 北京：中国铁道出版社，2020.

[2] 赵春生 . 西门子 PLC 编程全实例精解 [M]. 北京：化学工业出版社，2020.

[3] 侍寿永 . 西门子 S7-1200PLC 编程及应用教程 [M].3 版 . 北京：机械工业出版社，2024.